"十四五"国家重点出版物出版规划项目

国家出版基金项目
NATIONAL PUBLICATION FOUNDATION

生态环境损害鉴定评估系列丛书　总主编　高振会

陆地生态系统与景观损害鉴定评估

主　　编　郑培明　刘　建　王　蕙　王仁卿

副主编　张淑萍　戴九兰　贺同利　杨国娇
　　　　　吴　盼　曹　茜　董继斌

参　　编　方娇慧　王仁卿　王　蕙　王　宁
　　　　　刘　建　张淑萍　杨国娇　吴　盼
　　　　　郑培明　贺同利　曹　茜　董继斌
　　　　　戴九兰

主　　审　达良俊　杨永川

U0238726

山东大学出版社
SHANDONG UNIVERSITY PRESS
·济南·

内容简介

本书以陆地生态系统为主要研究对象,介绍了景观损害鉴定评估。本书首先介绍了生态学基本概念、基础知识和技术,然后分别就生物多样性、森林生态系统、草地生态系统、湿地生态系统、农田生态系统和地质景观等部分的损害及其鉴定评估、适用的相关法律法规作了阐述和分析,并提供了相应的案例。本书旨在为有关部门、机构和专业人员在陆地生态系统损害鉴定评估、修复、生态补偿、赔偿途径等方面提供生态学知识、技术和案例。

本书可供生态环境损害科研院所研究人员参考使用,也可作为高等院校环境类相关专业本科生、研究生教材,还可作为生态环境损害司法鉴定人员资格考试培训教材。

图书在版编目(CIP)数据

陆地生态系统与景观损害鉴定评估/郑培明等主编
.一济南:山东大学出版社,2024.10
　　(生态环境损害鉴定评估系列丛书 / 高振会总主编)
　　ISBN 978-7-5607-7524-1

　　Ⅰ.①陆… Ⅱ.①郑… Ⅲ.①陆地－生态系－环境污染－危害性－评估－教材 Ⅳ.①X826

中国国家版本馆 CIP 数据核字(2023)第 104332 号

责任编辑　祝清亮
文案编辑　曲文蕾
封面设计　王秋忆

陆地生态系统与景观损害鉴定评估

LUDI SHENGTAI XITONG YU JINGGUAN SUNHAI JIANDING PINGGU

出版发行	山东大学出版社
社　　址	山东省济南市山大南路 20 号
邮政编码	250100
发行热线	(0531)88363008
经　　销	新华书店
印　　刷	济南乾丰云印刷科技有限公司
规　　格	787 毫米×1092 毫米　1/16
	19.5 印张　414 千字
版　　次	2024 年 10 月第 1 版
印　　次	2024 年 10 月第 1 次印刷
定　　价	66.00 元

生态环境损害鉴定评估系列丛书
编委会

总　序

　　生态环境损害责任追究和赔偿制度是生态文明制度体系的重要组成部分,有关部门正在逐步建立和完善包括生态环境损害调查、鉴定评估、修复方案编制、修复效果评估等内容的生态环境损害鉴定评估政策体系、技术体系和标准体系。目前,国家已经出台了关于生态环境损害司法鉴定机构和司法鉴定人员的管理制度,颁布了一系列生态环境损害鉴定评估技术指南,为生态环境损害追责和赔偿制度的实施提供了快速定性和精准定量的技术指导,这也有利于促进我国生态环境损害司法鉴定评估工作的快速和高质量发展。

　　生态环境损害涉及污染环境、破坏生态造成大气、地表水、地下水、土壤、森林、海洋等环境要素和植物、动物、微生物等生物要素的不利改变,以及上述要素构成的生态系统功能退化。因此,生态环境损害司法鉴定评估涉及的知识结构和技术体系异常复杂,包括分析化学、地球化学、生物学、生态学、大气科学、环境毒理学、水文地质学、法律法规、健康风险以及社会经济等,呈现出典型的多学科交叉、融合特征。然而,我国生态环境司法鉴定评估体系建设总体处于起步阶段,在学科建设、知识体系构建、技术方法开发等方面尚不完善,人才队伍、研究条件相对薄弱,需要从基础理论研究、鉴定评估技术研发、高水平人才培养等方面持续发力,以满足生态环境损害司法鉴定科学、公正、高效的需求。

　　为适应国家生态环境损害司法鉴定评估工作对专业技术人员数量和质量的迫切需求,司法部生态环境损害司法鉴定理论研究与实践基地、山东大学生态环境损害鉴定研究院、中国环境科学学会环境损害鉴定评估专业委员会组织编写了生态环境损害鉴定评估系列丛书。本丛书共十二册,涵盖了污染物性质鉴定、地表水与沉积物环境损害鉴定、空气污染环境损害鉴定、土壤与地下水环境损害鉴定、海洋环境损害鉴定、生态系统环境损害鉴定、其他环境损害鉴定及相关法律法规等,内容丰富,知识系统全面,理论与实践相结合,可供环境法医学、环境科学与工程、生态学、法学等相关专业研究人员及学生使用,也可作为环境损害司法鉴定人、环境损害司法鉴定管理者、环境资源政府主管部门相关人员、公检法工作人员、律师、保险从业人员等人员继续教育的培训教材。

鉴于编者水平有限,书中难免有不当之处,敬请批评指正。

2023 年 12 月

前　言

习近平总书记高度重视生态文明建设,提出了"绿水青山就是金山银山"的理念和"山水林田湖草是生命共同体"的论断,强调要加强生态文明制度建设,并亲自对处理祁连山和秦岭的生态破坏作出批示,先后考察和指导了长江流域和黄河流域的生态保护。党的十八大以来,党和政府加大力度推进生态文明建设,陆续出台一系列重大决策和文件,涉及生态保护、生态修复、生态红线、生态补偿、自然保护地建设等多个方面,全国上下的生态环保意识不断提高,生态保护与修复力度不断加大,生态文明建设已经步入科学、规范、法制的道路,生态保护和修复的成效越来越明显,为世界各国作出了表率。同时,我国加大巡视、治理和处罚力度,使生态文明建设步入法治轨道,生态环境损害及其鉴定评估越来越受关注,有关内容已进入国家生态文明法制建设体系,其中也包括陆地生态系统损害鉴定评估这一基础性工作。

生态环境损害鉴定评估实际上包含了生态方面、环境方面以及两者交错的情况。相比较而言,环境方面的损害鉴定已经开展多年并有一些成功的做法、经验和案例,如海洋石油污染方面的司法鉴定、水体和土壤污染方面的司法鉴定。而生态方面的损害鉴定评估,特别是陆地生态系统损害鉴定评估,到目前为止仍然相对薄弱。除了在一些珍稀濒危动植物物种以及森林、湿地等方面的破坏有一些鉴定案例和经验外,群落、生态系统甚至景观等方面的生态损害鉴定依然存在空白和不足,急需加强这方面的工作进程和力度。我们需要科学、准确、规范地了解和回答陆地生态系统损害的范畴、类别、程度、潜在风险,修复治理难度和途径,生态补偿的依据和适用的法律条例等生态和法规问题。

本书首先介绍了生态学基本概念、基础知识和技术,然后分别就生物多样性、森林生态系统、草地生态系统、湿地生态系统、农田生态系统和景观等几个主要生态层次和类型的损害及其鉴定评估、适用的相关法律法规作了阐述和分析,并提供了相应的参考案例。本书旨在为有关部门、机构和专业人员在陆地生态损害鉴定评估、修复、生态补偿依据和赔偿途径等方面提供生态学知识、技术和案例,可供从事生态环境损害司法鉴定的专业人员使用,也可供高校师生、科研管理等部门的工作人员参考。

本书作为教材使用时,可以按照理论课 32 课时、实验与实践课 16~32 课时安排,也可以根据具体情况安排。

由于缺少国内相关的参考资料和教材,加之编者的学科知识限制和对生态环境损害司法鉴定的认识存在不足,本书难免会存在一些不当之处。我们诚恳希望有关专家和专业技术人员对本书的内容、编排、观点、用语等提出批评和改进建议。我们期待经过一段时间的使用后,根据各方面的意见和建议对本书再次进行修编,使其作为教材更加规范、通俗、适用,为生态环境损害司法鉴定队伍的培养和我国生态环境损害司法鉴定评估制度的建立、完善和实施做出贡献。

编 者

2023 年 11 月

目　录

第1章 生态环境损害司法鉴定的 生态学基础

生态学(ecology)是研究生物与生物、生物与周围环境之间相互作用机制的科学,具有综合性、交叉性、实践性、拓展性等特点。传统生态学是在个体、种群、群落和生态系统等不同层次上研究生物与环境的关系及规律的科学,现代生态学几乎已经渗透到人类社会的各个领域,生态学的原理、方法和技术在生命、环境、经济、社会、政治、文化等诸多方面得到了广泛应用,尤其在环境保护领域的实践和应用成效最突出、最明显。

20世纪以来,工业革命和城市化发展造成的环境污染、植被退化、全球气候变化、生物多样性丧失、生态系统功能衰退等生态环境问题日益严峻,促进了生态学新的分支和方向的发展,保护生物学、修复生态学、植被恢复、可持续发展、生态系统服务价值评估、生态产品价值实现、生态文明等应用生态学领域和分支如雨后春笋般出现,为人类解决各类生态环境问题、探索可持续发展路径和生态文明建设可行模式提供了生态学思路和方案。

进入21世纪以来,随着人们生态环保意识的提高和生态保护与修复力度的增大,生态补偿和修复对生态司法方面的理论和依据支撑需求不断增强,这就使得生态环境破坏带来的生态环境损害及其鉴定越来越受关注。我们需要了解和回答生态环境损害的范畴、类别、程度、潜在风险、修复治理难度和途径,生态补偿的依据和法规等生态和司法问题。本章将从生态学基本概念和基础理论出发,讲述生态学的研究内容和方法,探讨群落演替的规律和植被恢复的科学路径,解析生态系统结构和服务功能的评估及管理应用,进而讨论这些概念、原理、方法和实践对于生态环境损害鉴定的应用意义,为生态环境损害鉴定评估、修复、赔偿提供生态学方面的理论支持。

1.1 生态学的基本概念

1.1.1 生态学概念的提出

1866年,德国动物学家E.赫克尔(E. Haeckel)首次对"生态学"下了这样的定义:生态学是研究生物同有机和无机环境的全部关系的科学。"ecology"一词来源于希腊文

"ecologos"，"eco"表示住所或栖息地，"logos"表示研究或学科，即生态学是关于生活环境的研究。生态学与经济学（economics）同一词根，"nomics"是管理的意思，即经济学是对家庭管理的研究。生态学从开始就与经济学有着不可分割的密切关系，现在依然如此，所以生态学也被称作"自然的经济学"（the economy of nature）。

1.1.2 生态学的定义

由于研究角度和尺度不同，不同学者对生态学有不同的定义。英国生态学家 C. S. 埃尔顿（C. S. Elton）认为，生态学是科学的自然历史。澳大利亚生态学家 H.G.安德雷瓦塔（H. G. Andrewartha）认为，生态学是研究有机体的分布与多度的科学，强调了对种群动态的研究。美国生态学家 E. P. 奥德姆（E. P. Odum）认为，生态学是研究生态系统的结构与功能的科学。我国著名生态学家马世骏认为，生态学是研究生命系统和环境系统相互关系的科学。目前，生态学者普遍认为，生态学是研究生物与环境（生物的、非生物的环境因子）之间相互关系（影响、适应等）和作用机理（分布、过程等）的科学。实际上，生态学的不同定义也代表了生态学的不同发展阶段（自然历史阶段、种群生态学阶段和生态系统阶段），同时也反映了生态学综合、交叉、多样的特点。

1.1.3 生态学的发展简史

生态学作为生物科学的独立分支，只有 150 多年的历史。但生态学思想和内容的出现与人类的发展密切相关。生态学的形成与发展大致可分为三个阶段：生态学思想的产生、生态学的建立和生态学的发展。

1.1.3.1 生态学思想的产生

生态学思想的产生，当属我国最早。先秦时期人们已重视对野生生物资源的保护和管理，如按季节采伐、渔猎等。《尔雅》一书中对所记载的数百种植物的外部形态和环境间关系进行了详细描述。《诗经》中记载了一些动物之间的关系，这是人类对动物生态学知识的最早认识。《管子·地员篇》中记载了江淮平原上沼泽植物的带状分布与水文土质的生态关系，并注意到了水生演替，这实际上说明的是一个以水为主导因子的生态系列。上述事例表明，我国古代已具有朴素的生态学思想和知识。

公元前 450 年，古希腊的恩培多克勒（Empedocles）注意到了植物营养与环境的关系。而亚里士多德（Aristotle）不仅描述了动物不同类型的栖息地，还按动物生活环境将动物分为水栖动物和陆栖动物两大类，又按食性将动物分为肉食动物、草食动物、杂食动物及特殊食动物四类。亚里士多德的学生提奥夫拉斯特（Theophrastus）也注意到植物与自然环境的关系，其中包括气候及植物生长的不同位置对植物生长的意义，并注意到植物的色泽变化是对环境的适应。因此，提奥夫拉斯特曾被认为是有史以来的第一位生态学家。在此之后,西方生态学研究停滞了 2000 年左右。1670 年,R. 波义耳(R. Boyle)做了低气压对动物影响的试验,标志着动物生理生态学的萌芽。法国博物学家 G. L. L.布封(G. L. L. Bulffon)提出了物种的可变性及生物的数量动态的概念,他的"生物变异基于环境影响"的原理,对近代生态学的发展具有很大影响。T. R. 马尔萨斯(T. R. Malthus)的《人口原理》一书阐明了人口增长与粮食的关系,为种群生态学的产生奠定了基础。德国科学家 A. V. 洪堡(A. V. Humboldt)出版了《植物地理学知识》一书,创造性地把植物分布与地理和气候因子结合起来,阐明了物种的分布规律,创造了植物地理学。C. R. 达尔文 (C. R. Darwin)出版了《物种起源》一书,创立了生物进化论,为遗传生态学打下了基础。

1.1.3.2　生态学的建立

H. D. 梭罗(H. D. Thoreau)在其书信中提出了"生态学"一词,但未给出确切定义。法国的 E. G. 圣伊莱尔(E. G. Saint-Hilaire)首创了"ethology"一词,以表示有机体与其环境间的关系,但后来将此词译为"行为学"。1866 年,德国生物学家 E. 赫克尔首次给生态学下了明确的定义。1877 年,德国的 A. F. 莫比乌斯(A. F. Mobius)创立了"生物群落"(biocoenose)的概念。1890 年,美国动物学家 C. H. 梅里厄姆(C. H. Merriam)首创了"生命带"(life zone)的概念。1895 年,丹麦植物学家 J. E. B. 瓦尔明(J. E. B. Warming)的著作《以植物生态地理为基础的植物分布学》(1905 年译为英文版时改名为《植物生态学》)和德国植物学家 K. F. 兴柏(K. F. Schimper)的著作《以生理学为基础的植物地理分布》的刊行,标志着植物生态学的诞生。瓦尔明和兴柏等为生态学奠定了生态、生理和进化三个发展方向。奥地利的 A. 肯纳(A. Kerner)介绍了研究群落结构和动态的方法等。1896 年,德国的 J. 斯洛德(J. Schroter)始创"个体生态学"(autoecology)和"群体生态学"(synecology)。

20 世纪初,生态学已成为一门年轻的科学。根据研究对象的不同,生态学可分为两大分支,即植物生态学和动物生态学。植物生态学的研究开始以地区性特点为背景,形成了四大学派(分别为英美学派、法瑞学派、北欧学派和苏联学派)及若干较小的学派。英美学派以英国的 A. G. 坦斯利(A. G. Tansley)和美国的 J. 克莱门兹(J. Clements)为代表,研究区域以英国诸岛及北美洲大陆为主,研究对象为森林、草原、海滨和湖滩植被及其利用。J. 克莱门兹的代表作为《普通植物生态学》,A. G. 坦斯利的代表作为《不列颠群岛的植被》,这两本书的影响最大、最深,演替和顶极、生态系统、生态平衡等概念都是该学派第一次提出来的。法瑞学派以法国的 J. 布劳恩-布兰奎特(J. Braun-Blanquet)为代表,他们以阿尔卑斯山和地中海植被为主要研究对象,其代表作为布劳恩-布兰奎特的《植物社会学》。该学派的特点是在群落分析上强调区系成分,以特征种为群落生态和分类的依据。北欧学派以 G. E. 杜里茨(G. E. Du Rietz)为代表,主要研究对象是温带森林,研究区域以瑞典和斯堪的纳维亚半岛为主。该学派的特点是生态学的分析方法比较细致,重视优势种的作用。苏联学派以 B. H. 赛卡耶布(B. H. Cykayeb)为代表,主要以欧亚大陆寒温带的草原、森林及其与土壤的关系为研究对象和内容,着重于草原利用、沼泽开发、北极的资源评价等,形成了生态植物学和生物群落学分支,代表作为《苏联植被》。

实际上,这些学派的形成也与这些国家和地区的历史、气候、文化、科学等相关。如法瑞学派所处的南欧,历史较悠久,科学文化发达,从事动植物分类研究的科学家很多,加上第四纪冰期使动植物受到较大影响,这里的动植物分类研究特别细致,也造就了以区系成分和特征种为植被分类基础的学派特点。另外,1942 年美国生态学家 R. L. 林德曼(R. L. Lindeman)通过对湖泊生态系统的研究,提出了"食物链""金字塔营养级"等概念和"百分之十"定律,为生态系统的研究奠定了基础,植物生态学也从此形成了比较完善的科学体系。这一时期中国的植物生态研究处于初始期,早期有影响的植物生态学家有钱崇澍、李继侗、李顺卿、刘慎谔、曲仲湘等。

动物生态学的研究分三个阶段:①动物行为学的创立阶段,英国 H. S. 詹宁斯(H. S. Jennings)的《无脊椎动物的行为》和美国 R. 帕尔(R. Pearl)的《蚂蚁的社会性行为》为该阶段的代表作。②群落中动物组成的生态演替研究阶段,代表性的有美国 C. C. 亚当斯(C. C. Adams)对鸟类生态演替的研究,美国 V. E. 希尔福德(V. E. Sheoford)对虎斑瓢虫(Cicindela)的分布与植物演替关系的研究。美国达尔波特(Davenport)创立了动物群落生态学。20 世纪 20 年代,物理、化学、生理学、气象学、统计学等领域的发展促进了动物生态学的发展,尤其是测定技术和研究方法的改进。亚当斯的《动物生态的研究指南》和约丹(Jordan)、凯洛格(Kellogg)的《动物的生活与进化》为该阶段的代表作。③种群生态学的创立阶段,如帕尔(Paal)利用数学方法分析种群生长,A. J. 洛特卡(A. J. Lotka)提出了两个种间竞争的数学模型。

20 世纪 30 年代,生态学已较为成熟,大量生态学代表著作问世,如 R. N. 查普曼(R. N. Chapman)以昆虫为重点研究内容的《动物生态学》,J. W. 比尤斯(J. W. Bews)的《人类生态学》,博登海默(F. S. Bodenheimer)的《动物生态学问题》,洛里默(Lorimer)的《种群动态》等。我国鱼类学家费鸿年于 1937 年出版的《动物生态学纲要》为我国第一部动物生态学著作。在 20 世纪 40 年代,美国的 E. A. 伯奇(E. A. Birge)和 C. 朱岱(C. Juday)通过对湖泊能量收支的测定提出了"初级生产力"的概念。1942 年,R. L. 林德曼(R. L. Lindeman)的工作使生态系统能流分析的研究发生了巨大飞跃。

1.1.3.3　生态学的发展

20 世纪 50 年代以来,随着世界人口的急剧增长,能源耗费大量增大,粮食短缺加剧,自然资源贮量减少,工业"三废"、农药化肥残毒、交通车辆尾气、城市垃圾等不断增多,造成了严重的环境污染。自然生态系统有序性的维持、人口的控制、环境质量的评价和改善成为人们极为关切的问题。人口膨胀、粮食短缺、资源消耗、能源不足和环境污染五大危机的解决与生态学理论和方法密切相关。在解决这些重大环境与社会问题的过程中,生态学理论和方法技术得以应用和推广,并与其他学科相互渗透、相互促进。再加上科学技术的迅速发展,共同促进了现代生态学的发展。

在此时期,个体生态学的研究也有了一定进展。布朗(Brown)的《生物钟》和帕尔默(Palmer)的《海洋生物的生物钟》阐明了生物对周期性环境变化的适应规律。B. 斯拉维克(B. Slavik)的《植物与水分关系研究法》、R. J. 罗森堡(R. J. Rosenberg)的《小气候——生物环境》和 W. 拉夏埃尔(W. Larcher)的《植物生理生态学》描述了生物与生存环境因子间的相互关系及其生理生态作用特点。随着科技的发展,环境的控制和测定、环境反应的生理生态效应、比较生理生态及抗性生理生态等方面的研究进展很快。个体的适应性研究也已从形态方面深入到生理效应、物质转化以及能量测定等方面的定量研究。个体生态学的研究为个体水平评估建设项目的环境影响研究和生态环境损害鉴定提供了理论和方法基础。

种群生态学发展迅速(尤其是动物种群生态学发展得更快),已成为生态学研究的热点领域。英国 D. 拉克(D. Lack)的《动物数量的自然调节》、澳大利亚 H. G. 安德雷瓦塔(Andrewarth)的《动物的分布与多度》、J. J. 克里斯汀(J. J. Christian)的内分泌调节学说、W. 爱德华兹(W. Edwards)的行为调节学说以及 D. 奇蒂(D. Chitty)的遗传调节学说等研究成果,从不同角度对动物种群的分布机制进行了理论探讨,促进了种群生态学的发展。20 世纪 60 年代以后,种群生态学有了重大进展,施韦特费格(Schwertfegeer)的《种群动态学》、E. B. 福特(E. B. Ford)的《生态遗传学》、R. M. 梅(R. M. May)的《理论生态学》、J. L. 哈珀(J. L. Harper)的《植物种群生物学》、M. 贝贡(M. Begon)和 M. 莫蒂默(M. Mortimer)合著的《种群生态学——动物和植物的统一研究》、J. W. 锡尔弗敦(J. W. Silvertown)的《植物种群生态学导论》、M. F. 威尔逊(M. F. Willson)的《植物生殖生态学》、R. 迪尔佐(R. Dirzo)的《植物种群生态学展望》、E. C. 皮洛(E. C. Pielou)的《数学生态学》以及陈兰荪的《数学生态学模型与研究方法》等著作的问世,使种群生态学的研究更加系统化、理论化和数量化。加拿大 C. J. 克雷布斯(C. J. Krebs)的生态学教材《生态学:分布和多度的实验分析》强调了自然种群的实验分析,发展了实验种群的研究。种群生态学的发展为珍稀濒危物种的保护与恢复、种群数量动态的精细评估以及重要物种的生态环境损害鉴定提供了理论基础。

植物群落生态学和植被生态学的研究进入了新阶段。植物群落是一定地段植物有规律的组合,植被是植物群落的总体,二者密切相关。H. J. 奥斯汀(H. J. Osting)的《植物群落的研究》、R. F. 道本迈尔(R. F. Daubenmire)的《植物群落——植物群落生态学教程》以及 D. 米勒-唐布依斯(D. Mueller-Dombois)和 H. 埃伦伯格(H. Ellenberg)合著的《植被生态学的目的和方法》系统阐述了植物群落的研究方法及群落生态学的基本原理。德国 R. 克纳普(R. Knapp)主编的《植被动态》全面论述了植被的动态问题,促进了植被动态的研究,进一步完善了演替理论。英国 J. L. 蒙特思(J. L. Monteith)的《植被与大气——原理》、美国 R. H. 惠特克(R. H. Wittaker)的《群落与生态系统》以及美国 H. 里思(H. Lieth)和 R. H. 惠特克(R. H. Whittaker)合著的《生物圈的第一性生产力》综合论述了群落与环境的相互关系,系统阐述了生态系统中第一性生产力的现状及特征,强调了群落与生态系统的关系。R. H. 惠特克(R. H. Whittaker)的《植物群落分类》和《植物群落排序》、加拿大 E. C. 皮洛(E. C. Piolou)的《生态学数据的解释》以及 A. K. 肯尼斯(A. K. Kenneth)和 H. L. 约翰(H. L. John)合著的《定量与动态植物生态学》强调了植被的"连续性概念"。群落生态学和植被生态学的群落构建和演替的机制为退化植被的恢复和科学修复提供了全新的视角和方法技术,为生态环境损害鉴定评估提供了分类、动态、功能等方面的理论和技术。

1.1.3.4 生态系统的研究引领生态学

对生态系统的研究已从实验生态系统转向自然生态系统。E. P. 奥德姆(E. P. Odum)的《生态学基础》对生态系统的研究产生了重大影响。H. T. 奥德姆(H. T. Odum)和G. E. 哈钦森(G. E. Hutchinson)分别从营养动态的概念着手,进一步开拓了生态系统的能流和能量收支的研究。奥文顿(Ovinton)、罗丹(Rodin)及巴齐列维奇(Bazilevic)相继研究了营养物质循环。E. P. 奥德姆(E. P. Odum)和 R. 马格列夫(R. Margalef)进一步研究了生态系统中结构和功能间的调节及相互作用。美国 F. H. 鲍曼(F. H. Bormann)和G. E. 莱肯斯(G. E. Likens)合著的《森林生态系统的格局与过程》系统阐述了北方针叶林生态系统的结构、功能和发展。美国 H. H. 苏格雷特(H. H. Shugart)和 R. V. 奥尼尔(R. V. O'Neill)的《系统生态学》、J. N. R. 杰弗斯(J. N. R. Jeffers)的《系统分淅及其在生态学上的应用》等著作应用系统分析方法,研究了生态系统,促进了系统生态学的发展,使生态系统的研究在方法上有了新的突破,从而丰富和发展了生态学的理论。1997 年,G. 戴莉(G. Daily)提出了"生态系统服务"的概念,并建立了一系列进行生态系统服务价值评估的模型和方法,这些理论和方法能够为生态环境损害的司法鉴定提供有力的技术和理论支持,在生态评估、生态补偿等方面的应用越来越广泛。

自 E. 赫克尔提出"生态学是研究动物同有机和无机环境的全部关系的科学"的定义后,生态学发展至今,其内涵和外延都有了变化。最重要的变化是,随着人类活动强度的激增和范围的日趋广阔,人与自然的协调关系出现了问题,这促使生态学的研究内容扩展到人类社会,渗入到人类的经济活动中,并成为当代各国政府指导有关发展和建设决策的理论依据。结合这些动向,生态学的现代定义为:研究生物和人类生存条件、生物体与环境相互作用的过程和规律的科学,也是人类用以指导协调自身发展与整个自然界(自然、资源与环境)关系的科学。有些生态学的文献中把"ecology"一词庸俗化,这不是生态学家自视清高或排斥"生态学"概念在政治上的使用,而是希望它能够被准确使用。

20 世纪 60 年代以来,全球环境不断恶化,涉及大气、水体和土壤污染,热带森林破坏,水土流失和土地沙化。同时,人口爆炸、粮食短缺、自然资源过耗等对地球系统(包括人类的生存条件)造成了极大压力。R. 卡逊(R. Carson)的著作《寂静的春天》(*Silent Spring*)第一次向世人敲响了地球环境严重污染的警钟。1972 年,联合国在斯德哥尔摩召开人类环境会议,开启了全球共同关心环境的时代。1987 年,联合国环境与发展世界委员会发表的《我们共同的未来》(*Our Common Future*)给"可持续发展"下了定义:可持续发展指既满足当代的需求,又不对后代满足其需求的能力构成危害的发展。1992 年 6 月,联合国在里约热内卢召开环境与发展大会(UNCED),183 个国家代表团、102 位国家元首或政府首脑、70 个国际组织的代表,共同讨论了全球环境和可持续发展问题,最后签署了 5 个文件,分别为《环境与发展的里约宣言》《21 世纪日程》《森林公约》《气候变化框架公约》《生物多样性保护公约》。这些行动标志着生态学又进入了新的历史阶段。20 世纪 90 年代后期,全球变化、可持续发展、生物多样性保护、生态恢复等成为生态学新的研究热点,生态学又开始了继 20 世纪 60 年代后的第二个黄金时代。

我国生态学经历了从跟跑、并进到在一些领域领先的发展过程。从中华人民共和国成立前到 20 世纪 90 年代,我国的生态学基本处于跟跑阶段,但在一些领域也产生了一定影响。例如,马世骏的种群生态、侯学煜的土壤生态和植被生态在国际上都有较大影响,而且对我国的生态保护、大农业的发展等作出了巨大贡献。进入 21 世纪,一大批年轻的生态学家脱颖而出,带领我国生态学工作者继续开展生态学基础理论和应用方面的研究,方精云、傅伯杰等在植被生态、碳循环、资源和地理方面的研究走在世界前列,并促使生态学在服务国家生态文明建设方面发挥了越来越重要的作用,生态学的地位也不断提高。2011 年,生态学科一级博士点从生物科学中独立出来。在我国的"双一流"学科建设过程中,把生态学作为一流学科建设的高校达 11 所,位列所有学科的前六位,这也说明了生态学的重要性。

1.1.4　生态学的研究内容

生态学是研究生物及其环境及生物与生物之间相互关系的一门科学,生物与环境是不可分割的统一体。生态学不仅研究生物本身的生态特性,更重要的是研究环境变化对生物的作用和生物的生态响应。只有通过对具体生物和具体环境的研究,我们才能弄清和掌握生物与环境的生态作用规律及机理。经典生态学的研究内容主要包括个体生态学、种群生态学、群落生态学和生态系统生态学,现代生态学则在与生态文明建设相关的景观生态、生态修复、生物多样性保育、可持续发展等新兴领域有更快的发展和更多的成就。根据生态环境损害鉴定的工作内容及其对生态学原理的重点需求,本章将着重介绍群落生态学和生态系统生态学。

1.2　生态学的研究方法

生态学的研究方法很多,经典生态学的研究方法可以分为三大类:野外调查和定位观测、实验研究以及数学建模。

1.2.1 野外调查和定位观测

野外调查来源于生态学的博物学传统。自然界是生态学天然的实验场,种群和群落均与特定自然生境不可分割。生态现象涉及因素众多,联系形式多样,相互影响随时间推移不断变化,观测的角度和尺度不一,迄今尚难以或无法使野外生态现象全面地在实验室内再现。在野外可以观察到所有的生态学现象和生态过程,我们可以用野外调查和定位观测两种方法来观察生态学现象。当代卫星和遥感技术是一种新的观测手段,极大地拓展了人类的感知、认知范围。

1.2.1.1 野外调查

野外调查常用于考察特定种群或群落与自然地理环境的空间分异关系。具体操作时,首先要划定生境边界,然后在确定的种群或群落生存活动空间范围内进行种群行为或群落结构与生境因子相互作用的观测记录。

种群生境边界的确定因物种生物学特性而异。动物种群活动范围通常是变化的,其巢穴或防御领地范围可能很小,但取食空间范围可能很大。对有定期长距离迁徙或洄游行为的动物种群进行原地观测时,往往要扩大观测范围至更广泛的地区。考察动物种群活动可能要用飞机、遥感或标志追踪技术,如对于鸟类和大型哺乳动物,现在更多地使用无人机和红外摄影技术观测、记录其活动。若大范围内出现群落连续,或大范围内群落过渡性较强时,则要借助群落学统计或航测遥测技术。野外考察种群或群落的特征、测计生境的环境条件时,我们不可能在原地进行观测,可选择适合于各类生物的规范化抽样调查方法,如动物种群调查中的取样方法、标志重捕法、去除取样法等。种群水平的野外考察项目主要有个体数量(或密度)、水平与垂直分布样式、适应形态性状、生长发育阶段或年龄结构、物种的生活习性等。群落水平的考察项目主要由群落的种类组成,即对组成该群落的植物种类进行分类鉴定和记录,考察各种动物的生态习性和行为,观察各种动植物种群的多度、频度、显著度、分布样式、年龄结构、生活史阶段、种间关联和群落结构等。同时,也要注意考察种群或群落生境的主要环境因子特征,如生境的总面积、形状、海拔高度、大气物理、水、土壤、地质、地貌等环境因子。野外调查是生态环境鉴定的必要手段。人为建设项目可能直接影响种群数量和群落的物种组成,也可能通过改变环境因子来间接影响种群数量和群落的物种组成。在生态环境损害鉴定过程中,要注意根据实际情况选择合适的反映环境损害程度的生态指标和观测方法。

1.2.1.2 定位观测

定位观测常用于考察某个种群或群落结构的功能与其生境相互关系的动态变化。定位观测时,先要设立一块可供长期观测的固定样地,样地必须能反映所研究的种群或群落及其生境的整体特征。定位观测的时限取决于研究对象和目的,若观测种群生活史动态,则微生物种群的观测时限是几天,昆虫种群的观测时限是几个月到几年,脊椎动物的观测时限是几年到几十年,多年生草本植物和树木的观测时限是几十年到几百年。若是观测群落演替,所需时限更长。若是观测种群或群落功能或结构的季节或年度的动态,时限一般是一年或几年。定位观测的项目除野外考察的项目外,还要增加对生物量增长、生殖率、死亡率、能量流、物质流等结构功能过程的定期观测。长期定位观测对于生态环境损害鉴定非常重要,只有通过长期的观测才能获得有意义和价值的数据及参数。因此,我们应建立数据库,为鉴定标准的制订和违法事件定量鉴定提供可对比、可信赖的依据。

1.2.2　实验研究

实验研究来源于个体生态学的生理生态学研究传统,根据其对实验检验因子的控制程度,可分为就地实验和控制实验两类。

1.2.2.1　就地实验

就地实验是指仅控制某一因子,观测不同水平生态效应的研究方法。例如,在牧场上进行围栏实验,可获得牧群活动对草场中种群或群落的影响;在森林或草地群落里人为去除其中的某个种群,或引进某个种群,从而辨识该种群对群落及生境的影响。就地实验可通过进行补食、施肥、遮光、改变食物资源条件等措施,了解资源供应对种群或群落动态的影响和机制。原地或田间的对比实验是野外考察和定位观测的一个重要补充,不仅有助于阐明某些因素的作用和机制,还可作为设计生态学控制实验或生态模拟实验的参考或依据。

1.2.2.2　控制实验

控制实验是控制所有或者部分因子,观测某一个或某几个因子不同水平的生态效应的研究方法。例如,“微宇宙”模拟系统是在人工气候室或人工水族箱中建立的自然生态系统模拟系统,研究人员可在光照、温度、土质、营养元素等大气物理或水分营养元素的数量与质量都完全可控的条件下,通过改变其中某一个因子,或同时改变某几个因子,来研究实验生物的个体、种群以及小型生物群落系统的结构功能、生活史动态过程和其变化的原因、机理。

随着现代科学技术工艺的进步,实验生物材料和生物测试技术逐渐完善,受控生态实验的规模和生态系统模拟水平也日趋扩大、完备。20 世纪 70 年代,研究人员在海洋生态学研究中创造了一种受控生态系统技术,用一个巨大的塑料套在浅海里围隔出一个从海面到海底的受控水柱,可以在其中进行持续的、包括生物及环境在内的多项控制实验。但是,生态控制实验无法完全呈现自然的真实状态,总是相对简化的,存在不同程度的干扰,因而模拟实验取得的数据和结论最后都要回到自然界中进行验证。生态环境损害鉴定在很多情况下可能需要就地实验或者控制实验,从而验证生态破坏的程度,探究损害机理等。

1.2.3　数学建模

从 20 世纪 50 年代起,系统概念和计算数学的方法融入生态学研究领域。此后,越来越多的学者采用数学模型来描述生态现象,预测未来趋势。计算结果与实测数据的相互印证有助于检验理论的有效性。另外,人们还可以用计算机进行模拟实验。计算机模拟在性质和规模上都摆脱了原地实验的局限性,利用改变有关参数的方法来分析系统中的因果关系,而计算结果也可以再拿到现场进行检验。这不仅大大加快了研究进度,而且开拓了新的研究领域。

一般说来,建立数学模型的方法大体上可分为两大类:一类是机理分析,另一类是测试分析。机理分析是根据对现实对象特性的认识,分析其因果关系,找出反映内部机理的规律,建立的模型常有明确的物理或现实意义。测试分析将研究对象视为一个"黑箱"系统,无法直接寻求内部机理,可以测量系统的输入输出数据,并以此为基础,运用统计分析方法,按照事先确定的准则在某一类模型中选出一个与数据拟合得最好的模型,这种方法又称为"系统辨识"。将这两种方法结合起来也是常用的建模方法,即用机理分析建立模型的结构,用测试分析确定模型的参数。

数学模型仅仅是现实生态学系统的抽象,每种模型都有一定的限度和有效范围。生态学系统建模并没有绝对的法则,但必须从确定对象系统过程的真实性出发,充分把握其内部相互作用的主导因素,提出合适的生态学假设,再采用恰当的数学形式来加以表达或描述。

建模的第一步是对模式精确描述,然后通过进一步观测确定导致所观察模式的生物和环境过程,建立机制模型,进行理论解释,并根据一定的前提条件,经理论化逻辑推导揭示出新的现象。一旦理论解释建立,就可以引导人们进行有目的的观察或实验。

生态学模型主要包括描述模型、机制模型和预测模型三类。描述模型通常是统计学模型,如动植物的生长函数。机制模型的模型参数具有较明确的生态学含义,同时具有较强的假设,如 Logistic 模型、Lotka-Volterra 模型以及结构种群的 Leslie 模型等。目前,生态学的复杂性使得这类模型在数学方法上较难实现。预测模型是根据生态学概念模型建立的复合模型系统,通常利用计算机进行数值计算来实现,算法不一定非常严谨,但要符合生态学理论。生态环境损害鉴定同样需要生态学模型,例如不同的物种、不同的群落、不同的生态系统的受损和恢复模拟。

1.2.4　分子标记和基因组、转录组测序技术

20 世纪 70 年代以来,分子生物学技术在生态学(特别是种群遗传多样性和遗传结构研究)中得到了广泛应用,极大地推动了分子水平生物对环境的适应和响应机制的研究,并催生了生态学新的分支学科——分子生态学(molecular ecology)。限制性片段长度多

态性(restriction fragment length polymorphism，RFLP)、随机扩增多态 DNA (random amplification polymorphism DNA，RAPD)、简单重复序列(simple sequence repeat，SSR)、表达序列标签(expressed sequence tags，EST)、DNA 条形码(DNA barcoding)等分子标记技术逐渐成熟。伴随着基因测序技术的普及，借助第二代、第三代测序技术，单核苷酸多态性(single nucleotide polymorphism，SNP)、限制性位点关联 DNA 标记(restriction site associated DNA markers)、测序基因分型(genotyping by sequencing，GBS)、基因组关联研究(genome-wide association study，GWAS)以及基因组和转录组重测序技术等技术也逐渐在生态学研究中得以深度应用，对于资源物种的基因资源开发和珍稀濒危物种的遗传资源保护起到了重要作用。在生态环境损害鉴定方面，分子生物学技术将发挥越来越重要的作用，如在珍稀物种生态损害鉴定、水生生态系统和土壤生态系统损害鉴定方面的应用。

1.2.5　生态学研究方法的发展趋势

生态学研究方法的发展趋势主要表现在以下几个方面：

(1)研究对象时空尺度的扩展。在空间尺度方面，研究对象从分子发展到全球；在时间尺度方面，研究对象从叶片气孔瞬时动态发展到地质历史时期；在组织水平方面，研究对象从个体发展到生物圈。

(2)相关学科方法技术的引进。随着分子生物学的发展，分子生物学已完全融入生态学，形成了一门新的学科——分子生态学。例如，蛋白质标记技术、DNA 标记技术以及基因组和转录组测序技术等分子生物学工具已广泛应用于种群生态学、地理变异、遗传多样性检测、遗传分化等研究中。

(3)数量化、信息化工具以及大规模的控制实验。数量化、信息化工具有"3S"集成、空间数据库与数据管理、数据分析软件等。大规模的控制实验包括生物圈 2 号、FACE 实验、群落增温实验、计算机模拟实验等。

1.3　个体生态学

1.3.1　个体生态学的概念

个体生态学是以生物个体及其栖息地为研究对象，研究栖息地环境因子对生物的影响，生物对栖息地的适应，适应的形态、生理及生化机制的学科。它是从生理学的角度来研究生态问题的，也可称为"环境生理学"(environmental physiology)。由于个体生态学涉及生物个体以及生物种的生存和进化，因此可以定义个体生态学是研究生物个体发育和系统发育及其与环境相互关系的生态学分支学科。

1.3.2　个体生态学的研究内容

生物个体是生态学研究的起点和基础,环境条件在生物进化过程中约束了其形态、生理、习性和行为特征的进化,而生物的生命活动又影响着环境的变化。因此,了解各物种的个体与环境之间的相互关系是通往生态学更高层次和更深入研究的必经之路。个体生态学以个体生物为研究对象,研究个体生物与环境之间的关系,特别是生物体对环境的适应。

经典生态学的最低研究层次是有机体(即个体)。物理环境(如温度、湿度、光照等)通过影响有机体的基础生理过程,进而影响它们的生存、生长、繁殖和分布。而生物为了成功地把基因传递下去,在形态、生殖、行为等各种性状上对环境形成了适应。按研究的大部分问题来看,目前的个体生态学绝大部分属于生理生态学(physiological ecology)范畴,是生态学与生理学的交叉学科。当然,近代一些生理生态学家更偏重于研究个体从环境中获得资源,资源分配给维持、生长、生殖、修复、保卫等方面的进化和适应对策,而生态生理学家则偏重于研究个体对各种环境条件的生理适应及其机制。但更多的学者把生理生态学和生态生理学视为同义。

个体生态学就是研究各种生态因子对生物个体影响的学科。各种生态因子包括阳光、大气、水分、温度、湿度、土壤和环境中的其他相关生物等。各种生态因子对生物个体的影响主要表现在引起生物个体生长发育、繁殖能力和行为方式等方面的改变。图1.1体现了阳光对生物个体的影响,图1.2体现了水分对生物个体的影响。总的来说,个体生态学主要研究有机体如何通过特定的生物化学、形态解剖学、生理学和行为学机制去适应生存环境。就植物而言,个体生态学研究的是植物个体的发芽、生长、开花、结果、落叶、休眠等各个阶段的形态变化、生理变化反应与环境的关系;就动物而言,个体生态学研究的是动物个体的适应性、耐受性、食性、迁移、繁殖、生活史等。

图1.1　紫穗槐在遮阴处理下长出的
幼苗(左边两盆)和在充足光
照下长出的幼苗(右边两盆)

图1.2　麻栎在充足水分下长出的幼
苗(前排左)和在干旱缺水条件
下长出的幼苗(后排和前排右)

1.3.3　个体生态学的原理

生物是在自然环境的选择压力下进化的,既受到环境的制约,又能积极影响其生长环境。

1.3.3.1　生态位互补原理

在资源谱中配置生态位互补的生物定位就是该生物的生态位。在生物多样性利用中,正确认识生物的生态位是十分重要的。例如,茶树和咖啡都需要半荫蔽环境,因此可以考虑在茶园或者咖啡园中种植遮阴树。在淡水养殖中,鳙鱼和草鱼需要水体含氧量比较高,适宜生活在鱼塘的中上层,但是鲤鱼和鲫鱼对含氧量低的水体有比较好的耐受性,常常生活在鱼塘的下层,这样就可将鳙鱼、草鱼、鲤鱼、鲫鱼安排在一个鱼塘中,充分利用不同的层次。在农业生产中,我们需要了解农业资源的状况和各种生物的生态位。一方面,要尽量避免生物之间的生态位重复,防止恶性竞争的发生;另一方面,要尽量安排生态位不同的生物,提高资源的利用范围。

1.3.3.2　按生态型对位入座原理

同种生物长期在不同的环境中生活会产生适应,并形成可以遗传的差异,导致了该物种的不同生态型。例如,水稻在相对低温的条件下形成了粳稻亚种,在相对高温的条件下形成了籼稻亚种。南方晚稻逐渐适应开花成熟期的短日照条件,而南方早稻的生育期就仅仅对温度敏感,在水分条件不同的区域长期种植就分别形成了浮水稻、深水稻、水稻、陆稻等水分生态型。小麦在冬季温度不同的条件下形成了生长所需春化温度的差异,形成了各种类型的冬性小麦和春性小麦等生态型。由于农作物长期在不同的环境条件下种植和选育,出现了很多适应不同环境的生态型,人们可以通过发掘它们来获得适应各种条件的品种。

1.3.3.3　生活型互换原理

不同种类的生物长期生活在同一个环境条件下,可能产生趋同适应,形成同类的生活型。例如,尽管适应水中生活的鱼、企鹅、鲸鱼属于不同纲的物种,但是在水中都有流线形体形,而且都有用于产生推力的"前肢"。适应飞行的鸟、蝙蝠、飞蛾也在分类学上属于不同的纲,但却都有轻盈的身体和舒展的翅膀。在农田能够产生固氮能力的作物有花生、大豆、豌豆、菜豆、紫云英,匍匐生长的作物有各种瓜类、草莓、甘薯,直立高大喜光的作物有甘蔗、高粱、玉米等,这为农业生态系统寻找适应特定生境或需要特定功能的组分带来了选择的灵活性和设计的主动性。

1.3.3.4　限制因子去除原理

对生物起作用的生态环境因子有很多,但是对生物生长起限制作用的因子是其中最小的因子,这就是生态学的限制因子原理。人们将这个原理叫作"水桶定律",即一个木桶能够盛多少水,取决于最短的桶板。因此要想生物生长得好,关键是要找到限制因子这个"短板",然后想方设法打通"瓶颈",消除其限制作用。例如,如果水资源是当地农业生产的限制因子,那么就需要集中力量收集有限水资源,种植耐旱作物,进行节水灌溉,从而提高产量;如果土地贫瘠是限制因子,则需要通过种植养地作物(如豆科作物),多施有机肥,选择种植耐贫瘠的作物。

1.4　种群生态学

1.4.1　种群的概念

种群是指在一定空间里同种生物个体的集合。种群虽然是由个体组成的,但种群内个体并不是孤立的,而是通过种内关系组成的一个统一整体。个体生物学特征主要集中表现在出生、生长、发育、衰老和死亡等方面,而种群则具有出生率、死亡率、年龄结构、性比、群聚关系和空间分布等特征,这些是个体水平所不具备的,而且多为统计指标。

人们一般认为种群是物种在自然界存在的基本单位。组成种群的个体是随时间的推移而死亡和消失的,但又不断通过新生个体的补充而持续,所以进化过程也就是种群中个体基因频率从一个世代到另一个世代的变化过程。因此,从进化论观点来看,种群是演化单位;从生态学观点来看,种群是生物群落的基本组成单位。

1.4.2　种群的特征和结构

自然种群有三个基本特征,分别为数量特征、空间特征和遗传特征。数量特征是指单位面积或单位空间内的个体数量,即种群密度;空间特征是指种群都有一定的分布区域和分布形式;遗传特征是指一个种群内的生物具有一个共同的基因库,以区别于其他种群。但并非每个个体都具有种群中储存的所有信息,这涉及种群内的变异与遗传。

种群还有一定结构,包括空间结构和年龄结构两部分。内分布型(简称"分布")是空间结构的一个重要概念,是指种群内个体在其生活空间中的位置状态或布局。内分布型大致可分为三类:均匀型、随机型和成群型。

1.4.3　种群统计

种群统计就是用统计学对种群进行研究,统计指标大体分为三类,其基本特征是种群密度。影响种群密度变化的因素有出生率、死亡率、迁入率和迁出率,可以称它们为"初级种群参数"(见图1.3)。从这些特征中又可以导出次级种群参数,如性比、年龄分布和种群增长率等。

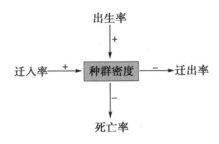

图 1.3 决定种群密度的初级种群参数及其作用

1.4.3.1 种群的大小、密度和密度制约

一个种群内个体数目的多少就是种群的大小,如果采用单位面积或容积内个体数目来表示种群大小,即为种群密度,简称密度。密度是可以大幅度变化的,例如土壤中每平方米有成千上万只节肢动物,每平方公里有十几只鹿。对于一些植物和大型或明显的动物(如鸟和蝴蝶),可以用总量调查法来测量密度。对种群大小的估计可以根据样方密度来确定,例如用 0.1 m² 的样地里甲虫数量可以推断出整个区域内的种群数量。对于许多不容易找到或不显眼的动物来说,就必须采取估计的方法来确定密度。

当栖息地变得更加拥挤时,因为竞争和资源短缺,死亡率可能增加,出生率可能减少。在某些环境下,如资源丰富的生境,因为密度的变化,出生率会增加而死亡率可能会降低,这种情况就被称为"密度制约"。举例来说,果蝇实验种群中虫卵的密度增加会降低成体的存活能力和繁殖力。

1.4.3.2 出生率和死亡率

生物个体的生命只有一次,而种群却是连续的,但其大小会因出生率和死亡率的变化而发生改变。

出生率是指产生新个体的能力,它常分为最大出生率和实际出生率。最大出生率是指种群处在理想条件下所达到的出生率;实际出生率是指特定环境里每个母体实际的繁殖能力,反映了生育的季节性、每年繁殖的窝数、妊娠期的长短等。出生率通常受密度制约。死亡率是在一段时期内死亡个体的数量除以该时间段内种群的平均大小,可分为最低死亡率和实际死亡率。

1.4.3.3 年龄结构和性比

一个种群的所有个体一般处于不同年龄,某一龄级的个体数目与种群总量的比例叫作"年龄比例",各个龄级年龄比例的配置状况称为"年龄结构"。人们可用从大到小的个体比例作年龄锥体(即年龄金字塔)来分析年龄结构,预测未来种群动态。按锥体形状,年龄锥体可以分为三个基本类型:增长型、稳定型和下降型。目前,中国的人口年龄结构已经从原来的增长型开始向稳定型变化,有些地区甚至具有下降型特征。

性比反映了种群中雌性个体和雄性个体的比例,它对种群大小的影响很大。

1.4.3.4 生命表

生命表是描述种群死亡过程的工具。根据研究者获取数据的方式不同,生命表可以分为动态生命表和静态生命表。前者是根据观察一群同时出生的个体的死亡或存活动态过程所获得的数据编制而成,这样的群体可看作是一个同生群,这种研究称为"同生群分析";后者是根据某个种群在特定时间内的年龄结构的数据编制而成。

1.4.4 种群动态——种群增长、种群的扩大和缩小、种群波动

种群动态是种群生态学的核心问题,它包括种群的数量动态、空间动态、种群调节以及种群对环境变化的生态对策等。

1.4.4.1 种群增长

个体通过出生和迁入来进入种群,通过死亡和迁出来退出种群。如果进入种群的个体量超过排出种群的个体量,那么种群数量将增加。封闭的种群没有个体的迁入和迁出,种群增长将依赖于出生率和死亡率。

不受自身密度影响的种群增长称为"种群的无限增长"或"与密度无关的种群增长"(density-independent growth),这只有在种群不受资源限制的情况下才会发生。种群的无限增长模型常表现为"J"形增长或指数式增长,如图1.4(a)所示。

受自身密度影响的种群增长称为"种群的有限增长"或"与密度有关的种群增长"(density-dependent growth),现实条件下的种群增长多是有限增长。种群的有限增长模型常表现为"S"形增长或逻辑斯蒂增长。在资源和空间有限的环境中,种群增长受到环境容纳量(K)的约束,会在K值上下波动。当然,K值也会随着环境适宜度和资源量的变化而变化,如图1.4(b)所示。

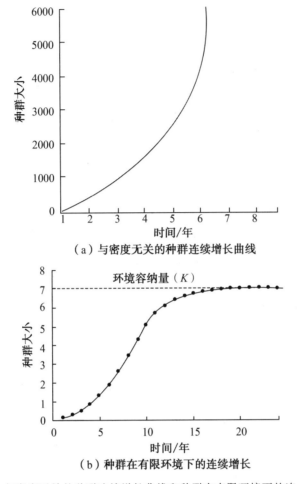

（a）与密度无关的种群连续增长曲线

（b）种群在有限环境下的连续增长

图 1.4　与密度无关的种群连续增长曲线和种群在有限环境下的连续增长曲线

生态环境的破坏可以通过影响个体存活、生殖而直接影响种群增长，也可以通过影响环境容纳量间接影响种群增长。

1.4.4.2　种群的扩大和缩小

大多数现实种群的密度不会长时间保持平衡，而是不断地动态变化。由于环境条件的改变、捕食或种间竞争等因素的影响，种群可以扩大或缩小，例如鲸鱼和大多数濒危生物由于人类的过度捕捞而数量减少。

1.4.4.3　种群波动

种群波动是指密度、环境等因素变化引起种群在不同年份间的数量变化。

1.4.5　种群的遗传组成

一个群体内全部个体携带的全部基因称为"基因库"，即种群的遗传组成。位于一对同源染色体的相同位置上、控制着相对性状的一对基因称为"等位基因"。等位基因多样性和期望杂合度是反映种群遗传多样性的重要指标，而遗传多样性对于维持种群的进化潜力和适应性是至关重要的。

G. H. 哈迪(G. H. Hardy，英国数学家) 和 W. 温伯格(W. Weinberg，德国医生)两位学者于1908年各自发现了种群的遗传平衡法则，被称为"哈-温平衡定律"。他们提出：在一个不发生突变、迁移和选择的无限大的随机交配的群体中，基因频率和基因型频率将世代保持不变。若达到遗传平衡状态，种群将不再进化。该法则假设：①种群足够大；②随机交配；③没有迁移和基因流动；④没有选择；⑤没有突变。

然而，在实际的自然种群中，种群的遗传组成是不断变化的。持续的干旱、污染等因素会对种群的遗传组成形成定向选择，从而改变种群的遗传组成。对于小种群而言，随机事件导致的漂变效应会使种群的遗传多样性迅速降低，从而将种群带入灭绝漩涡。因此，在生态环境损害鉴定中，要特别关注损害时间对小种群数量和遗传多样性的影响，特别是珍稀濒危物种的片断化小种群。

1.4.6　种内关系

种内个体之间的相互作用是影响种群数量动态的重要因素，种内相互作用主要有竞争行为、社群行为和利他行为。

动物种群的密度制约使种群数量在超过环境容纳量时会下调或围绕环境容纳量振荡。植物种群内个体之间的竞争常表现为最后产量恒值法则和 $-\frac{3}{2}$ 自疏法则。

动物种群内个体之间的相互作用还常常表现为形式多样的社群行为，包括合作、自私、恶意、利他等。环境条件的改变可能影响社群行为的表现方式，从而影响种群的数量和个体存活。

1.4.7　种间关系

个体之间和物种之间的相互作用可以根据其效果和机制进行分类。种间相互作用包括竞争、捕食、寄生和互利共生，种内相互作用包括竞争、同类相残和利他。拟寄生是寄生的一种，也叫"重寄生"，主要发生在一些昆虫物种(如黄蜂和苍蝇)之间，拟寄生物把卵产在寄主体内或体表，通常会使寄主死亡。

(1)竞争：竞争是共同利用有限资源(如食物、空间等)的个体间的相互作用。竞争既可以发生在利用有限资源的物种间，也可以发生在同一物种的个体间。生态位是指物种在生物群落或生态系统中的地位和角色。例如,食草动物有的吃叶,有的吃种子,有的采蜜,其生态位各不相同。生态位重叠的程度越大,竞争的程度越激烈。按竞争排斥原理(生态位上相同的两个物种不可能在同一地区内共存),竞争将导致某一物种灭绝,或通过栖息地、食性、活动时间或其他特征上的生态位分化及扩散而使两个物种得以共存。

(2)捕食:捕食就是一种生物攻击、损伤或杀死另一种生物,并以其为食。广义上,捕食者包含:①典型的捕食者,捉到猎物立即杀死并食之。②草食者,逐步杀死被捕食者(或完全不杀),并仅食用被捕食者个体的一部分。③寄生者,与单一猎物个体(寄主)关系很密切,经常生活在寄主的组织内部。

在环境和资源条件相对稳定的环境中,捕食者与猎物的种群数量常呈现周期性的波动,如加拿大猞猁与雪兔。捕食对调节猎物种群的数量和质量,维持群落组成的相对稳定和生态系统健康具有积极的作用。食草是一种特殊形式的捕食,适度放牧对于草原更新有一定促进作用。捕食者种群的急剧减少可能造成猎物种群迅速增加,甚至会导致整个生态系统崩溃。同理,猎物种群的急剧减少也会导致捕食者种群数量下降甚至消失。因此,在环境损害鉴定中,既要评估环境损害对单一物种的影响,也要评估环境损害对关联物种的影响。

(3)寄生:自然界的寄生物可以分为两大类:①微寄生物,在宿主体内或表面繁殖。微寄生物主要包括病毒、细菌、真菌和原生动物。②大寄生物,在宿主内部或表面生长,但不繁殖。动植物的大寄生物主要是无脊椎动物(如蠕虫),而昆虫是植物的主要大寄生物(特别是蝴蝶、蛾幼虫及甲虫)。许多昆虫大寄生物是拟寄生物(也叫"重寄生物",如马蜂和苍蝇),它们把卵产在昆虫宿主体内或体表,并且这类寄生通常会导致宿主死亡。

(4)互利共生:互利共生是不同种的两个个体间存在的一种互惠关系,可增加双方的适合度。当生物体联合生活在一起时发生共栖,而非共栖的互利共生物种可以不生活在一起。共生关系在自然生态系统中普遍存在,如真菌与植物的共生。松茸是生长在赤松根系的菌根菌,赤松林的退化必然会影响松茸的生长,这是在生态环境损害鉴定中需要注意的。

1.4.8   生活史对策

(1)r-选择和K-选择:r-选择和K-选择学说描述了完全不同的生活史对策。r-选择物种有使种群最大生长的特点,如快速发育,成年个体体型小,有量多而小型的后代、较高的能量分配和较短的世代周期。K-选择物种有着使种群竞争力最大的特点,如缓慢发育,成年个体体型大,有量少而大型的后代。

(2)滞育和休眠:许多生物体在它们的生活周期中会出现某些阶段发育推迟的现象,如种子休眠或马、鹿胚胎的植入推迟等,这种对策是对不利条件的适应性反应(如严冬生小鹿或发育)。休眠可以仅发生一次,也可以重复发生。昆虫的休眠称为"滞育",滞育在昆虫界是很普遍的现象。

（3）迁徙：生物体可以通过迁徙到其他地方来避开不利条件。这与休眠很相似，休眠允许生物体在时间上转移渡过不利时期，而迁徙是在空间上转移到更适合的地方。迁徙是定向运动，例如大雁在秋季从欧洲飞到非洲。相反，扩散是离开出生地或繁殖地的不定向运动。风力发电设施、城市和灯塔的强光、飞机的起降等都会对鸟类的迁徙产生一定影响，在生态环境损害鉴定中需要给予考虑。

1.5 群落生态学

1.5.1 群落

1.5.1.1 群落的概念

图 1.5 柽柳群落

群落（community）是一定时间聚集在同一地段上的物种（种群）的集合，如松林、栎林等森林群落，胡枝子灌丛、柽柳灌丛（见图 1.5）等灌木群落，小麦、水稻等组成的农田群落等。森林、灌丛为自然群落，小麦、水稻等组成的群落为人工群落。一个地区所有植物群落的总和称为"植被"（vegetation），如世界植被、中国植被、山东植被、森林植被、草地植被、农业植被等。同样，动物也可以形成群落。

1.5.1.2 群落的种类组成、外貌和结构

群落的种类组成、外貌和结构等都是群落的最基本特征，通常称作群落的"三要素"。种类组成与物种多样性包括种类数目，科、属、种组成，区系性质，生态习性，生态地位（建群种、优势种等），资源类型，现状等基本特征和各种数量特征，如密度、盖度、优势度、高度、体积、质量、生物量、频度、重要值等。物种多样性包括 α、β、γ 等不同尺度的多样性，还包括丰富度和均匀性。丰富度是指物种的数量，均匀性是指群落内不同物种之间个体数量的对比关系。群落结构如图 1.6 所示。

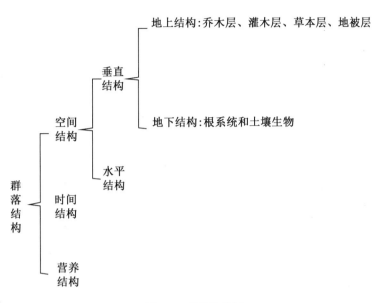

图 1.6　群落结构图

1.5.1.3　群落的复杂性和稳定性

复杂性是群落各要素之间相互联系的数量函数。随着群落中相互干扰的物种数目增多,复杂性也随之提高。相互影响可以是横向的,如发生在同一营养级物种间的相互竞争;相互影响也可以是纵向的,如发生在同一群落中的不同营养级间的相互作用,植物—草食动物、猎物—捕食者、寄主—寄生物就是纵向的相互影响。

稳定性包括两个因素:恢复力和抵抗力。恢复力是群落在受到干扰破坏后迅速恢复到最初状态的能力。抵抗力是群落对于干扰破坏的抵抗能力和避免能力。

1.5.1.4　群落格局、竞争和关键种

(1)群落格局:生态学家们一直对所观察的物种组成与随机地从物种库中抽取物种的集合之间的差别感兴趣,这个问题可通过移去物种进行调查研究。移去物种为的是研究群落是怎样再构建的,即哪个物种变成了新的重要种,哪个物种数量增多,哪个物种数量减少。另一种研究途径是在群落开始形成时,尝试加入物种。

(2)竞争:竞争是形成群落结构的一个重要促进力量。

(3)关键种:一个关键种对群落有重大而不均衡的影响,就像拱门中心的拱心石,如果移走它就会导致整个结构塌陷。同样,几个其他物种的灭绝和丰富度的巨大改变也会导致群落出现相同情况。

1.5.2　群落的动态

1.5.2.1　演替

演替是指群落中物种组合、群落结构和功能随时间发生的变化,通常被定义为自然群落中的物种组合发生了一个连续的、单向的、顺序的变化(一个群落被另一个群落替代的过程)。废弃农田的演替顺序为:一年生杂草→草本多年生植物→灌木→早期演替树木→晚期演替树木,像这样的一个群落演替的顺序被称为"演替系列"。

演替可能延续几年,也可能延续几十年、几百年或几千年,这取决于演替的类型和环境的条件。当群落与环境达到一个稳定的平衡状态时,演替的速度就会慢下来,最后的演替系列被称为"顶级群落"。顶级群落的食物链非常复杂,竞争水平高,物种的多样性伴随着演替也有所提高。当群落达到顶极群落时,物种多样性反而会降低,具有最高竞争性的物种会成为群落的优势种。在潮湿的森林生境中,森林多样性在演替的中间阶段达到顶峰,但在干旱和不干不湿的森林生境中,森林多样性达到顶峰的时间要向后推移。

演替有进展演替、逆行演替、原生演替、次生演替、快速演替、世纪演替等不同类型。如果演替开始于新形成的基质,那里没有被任何有机体侵占,也没有任何有机物质存在,例如火山岩流动新产生的岩石表面,这种演替称为"原生演替"。植被覆盖受到人类、动物或火灾、大风、洪水的干扰后产生的演替称为"次生演替"。原生演替的初始条件通常是极端恶劣的。通过原生演替发育为森林群落是一个十分缓慢的过程,大概需要一万年甚至更久。废弃农田中的演替是次生、快速演替的一个例子。

演替被认为是一种可预测的单向过程,但事实并非总是如此。例如,循环演替小规模地发生在绝大多数群落中。在一个森林树种死亡和衰退的地方,先锋物种就在这个间隙中萌芽,然后被中期和晚期的演替物种取代,直到这个间隙又重新被树木占领。这样,即使是那些龄级高、看起来稳定的群落也处于变迁状态,这是一种动态嵌合体,而不是稳态。在受干扰的栖息地中,循环演替将会阻止顶级群落的产生,并且群落会处于早期演替阶段的一系列过程中。

关于群落演替的顶级,有三种假说,分别为单元顶级假说(monoclimax hypothesis)、多元顶级假说(polyclimax hypothesis)和顶级-格局假说(climax-pattern hypothesis)。

单元顶级假说由美国生态学家克莱门兹(Cements)提出,他认为一个地区的全部群落演替都将会聚为一个单一、稳定、成熟的植物群落(即顶级群落),这种顶级群落的特征只取决于气候。

多元顶级假说由英国生态学家坦斯利(Tansley)提出,他认为在一个气候区域内,群落演替的最终结果不一定都汇集于一个共同的气候顶级终点,如果一个群落在某种生境中基本稳定,能自行繁殖并结束它的演替过程,就可看作是顶级群落。一个区域内可以有多个顶级群落。

顶级-格局假说由美国生态学家惠特克(Whittaker)提出,他认为植物群落虽然由于地形、土壤的差异及干扰产生了某些不连续,但从整体上看,植物群落是一个相互交织的连续体。因此,顶级群落不完全呈离散状态,而是呈连续变化的格局,故该学说又称“有机体假说”。另外,也有人认为群落演替是非连续的个体性假说。

对群落演替理论的正确认识和理解既关系到对群落发育程度和生态受损害程度的客观判断,也关系到群落和生态系统受到损害后恢复目标的确立和恢复计划的制订。

1.5.2.2　干扰和波动

“干扰”是指中断或干涉,这种情况经常发生,因为物种在经受干扰时被施加了选择压力。干扰包括树木衰退、草食动物啃食、火灾以及人类活动等。干扰还包括极端的气候条件,例如一个寒冷的冬天或一场暴雨。群落对干扰的反映取决于干扰的强度、时间、群落类型、群落年龄等因素。由于干扰,群落所发生的变化即为波动。如果干扰强烈,波动造成的变化可能难以恢复。

1.5.3　生物群落类型

1.5.3.1　群落和气候

决定群落类型的主要因素是气候,其次还有地形、土壤等因素。气候中,热量和降水是最关键的,二者的组合情况决定了群落和植被的类型与分布。

1.5.3.2　主要的陆地植被类型

(1)森林:森林分布于湿润地区,具有高的净初级生产力和生物量,这要归功于大量宿存木质物的存在。

按照地理分布划分,森林可以分为热带森林、亚热带森林、温带森林等。热带森林主要包括由龙脑香、棕桐等植物组成的热带雨林,树木高大,种类繁多,有许多独有特征,如板根、藤本、老茎开花、附生等。另外,热带森林还有季雨林、疏林、红树林等类型。亚热带森林包括常绿阔叶林、硬叶阔叶林等。温带森林包括针叶林和落叶阔叶林,分布在温带地区,一年四季变化明显。①地带性针叶林通常为泰加林,如由云杉、冷杉、落叶松组成的森林,其中还有少量的阔叶物种(如桦树和白杨)。广义的针叶林包括热带针叶林、亚热带针叶林、温带针叶林,如海南松林、马尾松林、赤松林、红松林等。②地带性阔叶林包括热带雨林、常绿阔叶林和落叶阔叶林等,灌丛在林业上一般也被认为是森林的一部分。

（2）草原：草原通常分布于半干旱地区。草原可以分为温带草原和热带草原两大类。热带草原分布于热带干旱地区，金合欢是非洲稀树草原的特征种，为草食动物提供了栖息地和食物，并支撑了许多无脊椎动物。温带草原分布于温带半干旱地区，以禾本科植物中的针茅为代表，季节变化最为明显和典型。

（3）冻原：冻原分布于寒冷地带。北极冻原在北冰洋和向北的极地冰帽以及向南的针叶林之间形成了一个极圈带。地面以下，一定深度常年结冰所形成的结构称为"永冻层"。在高山森林线以上的地方也存在一些与冻原生态相似的区域，这些区域被称为"高山冻原"。冻原的土壤贫瘠，树木稀少，极端环境条件极度地限制了植物的生长。冻原出现在温度低、生长季节短的地方，阻止了森林的发展。

冻原的生产力虽然很低，但在这个极端的栖息地中却有很多特色物种和独特的植被。冻原植被包括低矮生长的垫状植被、莲座状植被等，矮小的柳树、金缕梅、莎草和地衣等植物也很常见。旅鼠、北极兔、小猫、北极熊、北极狐、松鸡以及雪猫头鹰是冻原动物群落的部分留居者。

（4）沙漠、半沙漠：沙漠、半沙漠分布于干旱地区。热带沙漠出现在北纬30°和南纬30°之间，主要的沙漠地带在非洲北部和西南部（如撒哈拉沙漠和纳米比沙漠）、中东和亚洲部分地区（如戈壁大沙漠）、澳大利亚大盆地和美国西南部以及墨西哥北部。半沙漠出现在半干旱的地区，半沙漠灌丛遍布干燥、温暖的热带气候地区。温带半沙漠主要分布于北美的部分地区和亚洲中部。

热带沙漠的植被稀疏，包括占有广大空间的刺灌木。在干旱期，刺灌木叶子脱落，处于休眠状态。沙漠中的植被是一些机会短命物种，只能在每年降雨后迅速萌发，迅速生长和开花，并在短期内铺盖在沙漠地面。肉质植物，如美国的仙人掌或非洲的大戟属植物（euphorbia）具有适应长期干旱的能力，有较厚的角质层、内陷气孔、低表面积和体积比率，这些都减少了失水。

温带沙漠具有浓密的灌丛植被，例如北美的山艾树整个夏季能一直保持绿色。灌木植被的根系发达，广泛的浅根系和深主根连在一起可长达30 m，使植物能利用罕见的雨水和地下水。天气寒冷时，沙漠中的微小植物群系（包括苔藓、地衣和蓝绿藻）在土壤中处于休眠状态，但沙漠一年生植物能迅速地对寒冷作出反应。

除了以上类型，生物群落还有水生植物群落和湿地植物群落等，这些类型多属于非地带性群落，如眼子菜群落、莲群落、芦苇群落、黄须菜群落等。

在中国，除了极地冻原，其他生物群落类型基本都能见到。但在长白山，有发育良好的山地冻原。

1.6　生态系统生态学

1.6.1　生态系统的概念

"生态系统"(ecosystem)一词是英国植物生态学家坦斯利于 1935 年在英国生态学会会刊《生态学期刊》(*Journal of Ecology*)上发表的一篇文章中首先提出来的,他把生物和非生物环境看作是一个统一的功能整体,如森林群落与其环境构成了森林生态系统,草原群落与其环境构成了草原生态系统,海洋中的生物与海洋环境形成了海洋生态系统。生态系统是指在一定时间和一定范围内,由生物成分和非生物成分(无生命的环境)组成的一个有一定大小、执行一定功能、能自我维持的功能整体。在这个功能整体中,生物成分与生物成分、生物成分与非生物成分之间通过能量流动、物质循环和信息传递而相互沟通、相互依存、相互影响和相互制约,任何一种成分或过程的破坏和变化都将影响系统的稳定和存在。地球上的生态系统多种多样,可大可小,大至整个生物圈(可以认为是一个生态系统),小至一个养鱼的鱼缸,甚至一滴含有藻类和微小生物的水滴也可以认为是一个生态系统,但后两种生态系统是极不稳定的。

1.6.2　生态系统的稳态

生态系统具有自我调节和自我维持的能力,即它在一定时间和范围内保持稳定,称为"生态系统的稳态"(homeostasis),我国以往流行的说法是生态平衡。例如,一个森林生态系统中,在一定时间内植物、动物的数量基本上是保持一定的,它的结构也基本上是稳定的。这种稳定是通过生态本身的不断调节来实现的。

各种控制系统(物理的、化学的和生物的)都具有某种反馈(feedback)体系,使其能自动调节。反馈体系通过某种类型的反馈信号进入系统而使自身得到维持。这些系统往往具有一个行使功能的控制点和固定点,如冰箱通过温度器使温度保持稳定。

生态系统也具有在不同层次上(细胞、个体、种群、群落、生态系统等)行使功能的控制系统。但生态系统具有一定的忍耐范围,这个范围被称为"稳态台阶"(homeostasis plateaus)。在此范围内的环境条件必须是保持一定的,环境变化超出了调节极限(阈限)就会失去控制,如种群通过密度和非密度调节保持一定物种数量。生物有机体也有自我调节的能力,如人类的体温调节。

生态系统是一种开放的控制系统,由多种成分组成,调节机制比较复杂,例如营养物质储存和释放的调节、有机物质合成和分解的调节、生物种类和数量增加和减少的调节等。在生态系统中,通过能量流动、物质循环和信息传递来实现自校稳态(self-correction homeostasis),因此不需要外界控制或固定点调节。

控制系统的反馈包括正反馈和负反馈。正反馈是指超出固定或稳态台阶的反馈,这种作用使系统处于急速上升或下降的状态,并最终导致系统破坏。例如,人们对森林资源的利用、伐木工人数量的增加、伐木技术的改进使木材产量不断上升,但总有一天会因林木更新跟不上而使森林资源迅速枯竭。又如,人们对草原资源的过度利用、牲畜数量不断增加,最终草原也会因放牧过度而严重退化。

负反馈是指在固定点和稳态台阶范围内的反馈,如冰箱的温度固定在 $-12\ ℃$,高于这一温度时冰箱制冷机就开始工作,达到这一温度就停止工作。负反馈可使系统有负的反馈控制。但是,由于人类活动的加剧,人类所生产的正反馈(如技术、生产力等)已超出了生态系统的自我调节能力范围,开始破坏和威胁着生态系统的稳定和健康,如大量 CO_2 的产生、大气中 SO_2 的增加、地下水的过度开采以及一系列环境问题的出现等。整个生物圈是一个有限的系统,其空间、资源都是有限的。因此,人们应考虑用负反馈来管理生物圈及各种生态系统,使其成为一个稳定的系统,能持久地为人类谋福利。

1.6.3 生态系统的组成成分

本节以森林生态系统和湖泊生态系统为例,说明生态系统的组成。

在森林生态系统中,乔木、灌木和草本植物通过叶绿素吸收太阳能,将 CO_2 和水合成糖类,并将光能转变为化学能,而森林中的其他成员也能利用植物固定的太阳能和提供的食物。例如,在长白山的温带森林中,植物种类主要有红松、沙冷杉、紫椴、蒙古栎等乔木,还有各种灌木、藤本和草本植物。动物中的梅花鹿、野猪等以草、树叶和嫩枝为食,它们又被黑熊、东北虎捕食;昆虫以草、树叶和树汁为食,又被哈士蟆、蟾蜍及鸟类等捕食,后者又被蛇和老鹰捕食;灰鼠、松鼠等以红松种子为食,它们又被黄鼠狼、紫貂捕食。森林中还有许多细菌和真菌,能将动植物尸体分解,使复杂的有机物变为简单的无机物而归还到土壤、大气中,供植物重新利用。森林还为动物提供了栖息地,并改变了光照、温度、水分等条件而利于其他生物的生存。如果森林被砍伐或火烧,森林生境将随之改变。如果梅花鹿、野猪等动物太多,也会破坏林木的正常生长和更新。因此所有的森林生物都是直接或间接地相互依赖和影响的。

湖泊生态系统和森林生态系统不同,但也有相似之处。在开阔的水域中,太阳使水域变暖,水中有丰富的二氧化碳和无机盐,浮游植物(藻类)利用太阳能进行光合作用。浮游动物、虾、小鱼、昆虫等以浮游植物为食,大鱼捕食小鱼,蛙捕食昆虫,有些鱼又可能被水鸟捕食。芦苇、香蒲及莲花等植物生长在岸边和浅水处,为野鸭等鸟类提供了筑巢的地方,并被一些昆虫所取食。如果湖水干涸,湖泊中的生命将随之灭亡,野鸭等鸟类也会飞走。湖泊中的生命有机体同森林中的生命有机体一样,也是相互联系和影响的。

由以上的例子可以看出,所有的生态系统,不论是陆生的还是水生的,都可概括为两大部分和四种基本成分。两大部分是指生物成分和非生物成分,四种基本成分分别为非生物环境、生产者、消费者和还原者。

（1）非生物环境：非生物环境是生物生活的场所，是物质和能量的源泉，也是物质交换的地方。它包括：①气候因子，如光、温度及其他物理因素；②无机物质，如碳、氧、氮、水及矿质盐分等；③有机物质，如糖、蛋白质、脂类及腐殖质等。

（2）生产者：生产者主要是能利用太阳能将简单的无机物合成为有机物（食物）的绿色植物，也包括光合细菌和化能合成细菌。生产者属于自养生物，如森林中的乔木、灌木和草本植物，海洋和湖泊中的浮游植物等，它们在生态系统中的作用是将太阳能不断地输入生态系统，成为消费者和还原者唯一的能源。

（3）消费者：消费者主要指动物，属于异养生物，自己不能利用太阳能来生产食物，只能依靠生产者，直接或间接以绿色植物为食，并从中获得能量。

根据食性不同，消费者可分为草食动物和肉食动物。草食动物是直接以植物为营养的动物，故又称"初级消费者"（primary consumers）或"一级消费者"，如牛、马、鹿、象、兔等。肉食动物是以草食动物或其他动物为食的动物，又可分为五种。

①一级肉食动物，又称"二级消费者"（secondary consumers），如捕食昆虫的鸟类、蛙、蜘蛛，捕食白蜡虫的瓢虫，捕食鼠类的黄鼠狼，捕食小鱼的大鱼等。

②二级肉食动物，又称"三级消费者"（third consumers），是以一级肉食动物为食的动物，如狐狸、狼、蛇、老鹰、狮子、老虎、豹子、鲸鱼等，其中狮子、老虎等又称"大型肉食动物"。有些情况下，有的二级肉食动物还会被其他动物所捕食，会出现三级肉食动物（四级消费者），如老鹰捕食蛇类等。在自然界中，专以二级肉食动物为食的三级肉食动物并不多见。

③寄生者（parasites）是特殊的消费者，有草食性寄生者，也有肉食性寄生者。前者有线虫、菌类、寄生植物等，后者有蚊子、蛔虫、跳蚤、虱子等。

④杂食动物（omnivores）为杂食消费者，它们既食植物又食动物，如熊、鲤鱼等。人类饲养的动物（如狗、猫等）多是杂食动物。人类也属于杂食消费者，是最高级的消费者。

⑤腐食性生物（saprotrophim）是一类特殊的消费者，它们以动物尸体为食（如蚯蚓、白蚁、狗、秃鹫等），也有以动物粪便为食的（如蟑螂）。腐食性生物也常被称为"食腐屑者"。

（4）还原者：还原者（reducers）也属于异养生物，是小型消费者，主要是细菌、真菌等微生物，其功能是把复杂的动植物有机残体分解为简单的无机物，归还到环境中，供生产者重新利用，同时自己也得到食物和能量。由于还原者的功能是分解作用，所以也被称为"分解者"。

以上成分的划分是以其功能为依据的，并无分类学的概念。四种生物成分通过环境联系起来，共同组成一个生态学的功能单位。

生态系统由生物成分和非生物成分两部分组成，这两部分对于生态系统缺一不可。

如果没有环境,生物就没有生存空间,也得不到能量和物质,因而生物也就难以生存。仅有环境而无生物成分,也谈不上生态系统。在生态系统中生物是核心,而绿色植物又是核心的核心,因为只有绿色植物才能固定和转化光能,将无机物合成为供自己需要和消费者利用的有机物。植物在生态中的作用不仅表现在为动物提供能量和食物,还表现在为其他生物提供栖息场所,所以植物在生态中的地位始终是处于第一位的。生态系统的组成、结构和功能除取决于环境条件外,还取决于植物的种类组成(群落和植被)及生长状况。生态系统中的微生物是还原者,其作用是极为重要的,只有通过它们的分解作用才能使物质不断归还给自然界,供生产者重复利用。否则,生产者将因得不到营养而难以存在,地球表面也将因没有分解过程而使动植物尸体堆积如山。

1.6.4　生态系统的基本结构

与生物群落相似,生态系统都有一定的结构,主要有形态结构和营养结构(或功能结构)两种。

(1)形态结构:生态系统的形态结构包括垂直结构、水平结构、时间结构、营养结构等。生态系统中的垂直结构(成层现象)主要是由生产者和消费者的关系所决定的,生产者需利用太阳光进行光合作用,光照最强的是上层,所以森林中光合能力最强的乔木就位于最上层,即乔木层;光合能力弱的其他植物则位于下层,组成了灌木层、草本层和地被层。水体中上层的光照最充足,因而浮游植物多集中在上层。动物为异养生物,必须依靠植物为食或栖息,因此它们在生态系统中也是成层分布的。同样,在土壤中也有成层分布现象,除植物的根系外,土壤中还有成千上万的微生物和食腐生物。虽然一些洞穴动物(如鼠类)栖身于土中,但取食却多是在地面上。

由于环境条件的不均匀性,植物在地面上的分布并非是均匀的,它们随着地形、土壤、地下水、盐分等条件的变化而或多或少地群聚在一起,有的地方物种种类多,有的地方物种种类少。植物分布的变化必然引起动物分布的变化,在植物种类多、植被覆盖度高的地方,动物种类相应也多,反之则少。这就是生态系统中的水平结构。在水域中也有这种现象,浮游植物多的地方,鱼类相对多,渔民可根据这种规律捕到更多的鱼。

生态系统形态结构在时间上也会发生变化,这种变化在温带的生态系统中最明显。生态系统中垂直结构、水平格局及时间格局的形成和变化实际上是生物群落的各个种群在生态位上分化的结果,不同种群的生态位不同,它们在群落中的时空位置不同,因而形成了各种结构。

(2)营养结构:生态系统的营养结构包括食物链和食物网。生态系统中的各种成分之间,最重要的联系是通过营养来实现的,即通过食物链把生物与非生物、生产者与消费者连成一个整体。生产者所固定的能量和物质通过一系列取食和被取食的关系在生态系统中传递,各种生物按其取食和被取食的关系而排列的链状顺序称为"食物链"(food chain),食物链上的每一个环节被称为"营养级"(trophic levels)。例如,浮游植物→浮游动物→小鱼→大鱼→蚜虫→瓢虫→鸟类→猛禽。中国有一句古语:"螳螂捕蝉,黄雀在后。"其本意指的是不能只看眼前利益而不顾以后的灾难,但这实际上也是一条食物链,即叶(汁)→蝉→螳螂→黄雀。

按照一般的理解,食物链可以很长。例如,草→蚜虫→瓢虫→蜘蛛→小鸟→蛇→老鹰,共七个营养级;浮游植物→浮游动物→小鱼→大鱼→鱼鹰,共五个营养级。实际上自然界很少见到食物链很长的情况,因为食物链的加长不是无限的。当物质和能量通过食物链由低向高流动时,高一级的生物不能全部利用低一级的能量和有机物,总有一部分不能被利用,这样每经过一个营养级,能量和物质都要减少。例如,鹿仅吃树叶、草叶和嫩枝,而留下树干、根系不能被利用;老虎吃鹿时,只吃肉而剩下骨头、内脏、皮毛等。即使像大鱼吃小鱼那样全部吞食,也还有粪便排出。一般来说,后一级营养级只能把前一级营养的5%～20%(一般为10%)转变为自己的原生质。所以食物链一般只有3～4个营养级,有5个营养级的食物链是罕见的。"一山不能容二虎"实际上也说明了最高营养级数量不能太多。

在生态系统中,食物链主要有三种不同的类型:①牧食食物链(grazing food chain),从绿色植物开始,然后是草食动物、一级肉食动物、二级肉食动物,前面所举的例子都是这种类型。②腐食食物链(detritus food chain),又称"碎屑食物链",一般从死亡的有机体开始,例如木材→白蚁→食蚁兽,植物残体→蚯蚓→线虫→节肢动物。③寄生食物链(parasite food chain),从植物或者动物开始,接着是寄生物和其他动物,例如大豆→菟丝子、牛→蚊子→蜘蛛→跳蚤。上述三种类型的食物链中,①③是从活的有机体开始的,②是从死亡有机体开始的,但它们的最初起点基本都是植物。三种食物链中,①②两种类型是最重要的。

在生态系统中,一种生物不可能固定在某一条食物链上。例如,牛、羊、兔、鼠等可摄食羊草,羊草就可能与四条食物链相连;黄鼠狼可捕食鼠、鸟类、蛙等,它本身也可能被狐狸和狼捕食,这样它就处在不同的营养级上。实际上,生态系统中的食物链很少是孤立出现的(除非食性都是专一的)。生态系统中的食物链彼此交错连接,形成一个网状结构,这就是食物网(food webs)。

生态系统中的食物链不是固定不变的,在食物资源不足的环境中,消费者会被迫摄食多种次等猎物或被食者,这就是生态位泛化(niche generalization)现象。例如,熊猫以箭竹为生,但当箭竹大片死亡时,它也不得不摄食其他植物,甚至会捕食小动物来充饥。动物食性在个体发育的不同阶段有所差异,食性发生改变就会引起食物链的改变。例如,动物食性的季节变化、杂食动物的食性改变都可能引起食物链的变化。食物缺乏、环境变化也能引起动物食性的变化,如狼捕食牛、马、羊,狐狸偷鸡等。在种类繁多、结构复杂的生态系统中,食物链的变化不会出现大的问题。但在有些情况下,食物链的某一环节发生变化,可能会破坏整个食物链,甚至影响生态系统的结构和功能。因此,食物链的概念是非常重要的。通过食物链,生物和非生物环境才能有机地联成一个整体,而生态系统中的能量流动和物质循环正是沿着食物链这条渠道实现的。食物链也反映了一种相互依赖和相互制约的关系,如草原上牛、羊等草食动物增加,捕猎的狼等种群也会增加;反之,草食动物减少也会导致肉食动物减少。在非洲大草原上这种关系表现得最为明显。

1.6.5 生态系统的功能

像各种各样的系统都执行一定的功能一样,生态系统也有其基本功能,即生态系统中单向的能量流动。周而复始的物质循环和信息传递(即能流、物流和信息流)相互联系、紧密结合,使生态系统得以存在和发展。对于生态系统中的能量流动和物质循环,生态学家们已做了大量研究工作,基本摸清了它们的规律,而对于信息传递的研究还很少。

(1)初级生产和生产力:据估计,整个陆地的净初级生产力大约是每年生产 1.2×10^{11} t 干物质,海洋的净初级生产力是每年生产 $(5\sim6)\times10^{10}$ t 物质。然而,这个生产力并不是均匀地分布在地球上。世界生产力地图提供了每年净初级生产力和庄稼生产量的概算。把世界生产力地图与随机太阳辐射分布作比较,可看出单独的太阳辐射不能决定初级生产力。在世界生产力地图上会出现一些不符合常规的情况,这是因为只有在植物可获得水和营养物质、温度适于其生长的情况下,随机辐射才能被有效地利用。

许多地方可获得大量太阳辐射,但缺少水,而海洋中的大部分地区却缺少矿物质。全球大部分地区的生产力都小于 $400\ \mathrm{g/(m^2\cdot a)}$,生产力最高的系统处于沼泽、湿地、港湾、暗礁和耕地中。生产力跟纬度有关,纬度越低,生产力越高,这表明温度和光照是影响初级生产力的两个重要因素。然而,海洋中影响初级生产力的最重要因素是营养物质,最大生产力出现在营养物质富集的水体中,而与纬度无关。地形上的微小差异可能导致群落生产力有很大区别。例如,在冻原地带,一段只有几米长的距离,从海滨边缘到排水不良的草甸,生产力会发生 10 倍的变化。因此,虽然有纬度的差异,但在一个既定的纬度中也会有很宽的变异谱,这是由微气候引起的生产力差异。

有生命的群落都要依靠能量供应才能活动。在绝大多数陆地系统中,生物活动依靠绿色植物的光合作用。有机物质和能量是群落本身固有的。在水栖植物群落中,本地的能量输入来源于大量植物、浅海附着藻类和浮游生物的光合作用。然而群落中有机物很重要的一部分是来自外界的有机物,这被称为"外来的物质"。小湖的能量可能大部分来自陆地资源,因为它的边界(陆地废物经过这里)对于湖面积来说是大的。相反,一个又小又深的湖,只能从外界得到有限的物质,因此浮游植物产生的能量是其主要的能量来源。对于海洋而言,来自陆地的有机物质是微不足道的,浮游植物产生的能量占非常重要的地位。河口处是高生产力的地方,大的河口流域的能量主要来自浮游植物,小的开放流域的能量主要来自海草。大陆架群落一部分能量来自陆栖资源,它们的浅滩经常会出现一些海藻群落。

(2)次级生产和生产力:次级生产被定义为异养生物对有机物的再生产和再利用。异养生物是指有高能量有机分子的生物。不像植物,异养生物(如动物、真菌和大多数细菌)不能把简单的分子合成复杂的、高能量的复合形式。它们的物质和能量的获得或是直接消耗植物,或是通过吃掉其他异养生物间接利用植物。植物是第一生产者,占据群落的第一个营养水平,初级消费者占据第二个营养水平,次级消费者(肉食动物)占据第三个营养水平。因此,次级生产是依赖初级生产的,群落中的两个变量存在一个正面关系。在陆地和水栖植物群落中,通常能看到这种关系。大体上,食草系统(群落营养结构的一部分,依靠植物的生物量)的次级生产力比初级生产力小,这就产生了金字塔结构。在这种结构中,植物处于最底层,次级消费者依靠这一层生存。依此类推,紧接着是二级消费者,它的生产力更小。

(3)物质与能量的关系:能量一旦转化为热能就不能再被活的有机体利用,或是被用来合成生物量。热能会丢失在大气中,不能再循环。虽然能量在动植物尸体和分解者中来回流动,但这不能称为循环。相反,碳等营养物质就可以被重新利用。分解者在营养物质循环中占有重要的地位。

(4)生态系统中的物质循环:生态系统的基本功能特征之一是物质循环。物质循环是指物质被周而复始地重复利用。生态系统中的生命有机体是由各种物质构成的,假若物质不是重复利用的,那么生物圈中的物质会很快消耗殆尽。但实际上并非这样,物质总是在不断地运动着的,生命本身就是由运动着的物质组成的。

在生态系统中,各种物质(包括原生质等所有必不可少的元素)都有沿着特定途径和方式,从周围环境到生物,再从生物回到环境中的趋势,由此构成了生态系统中的物质循环,称之为生物地球化学循环,简称"生物地化循环"(biogeochemical cycle)。它包括两个既有区别又密切相关的循环:生物循环和地球化学循环。在生物地化循环中,有些物质从环境到植物,再到动物和微生物,或者由生物体内的一部分到另一部分,这就是物质在生物间的循环,但更多的物质是由生物到环境,再由非生物环境到生物的循环。在生物地化循环中,有些物质可能很快地从生物体中被释放出来,回到环境中,并接着被生物利用;有些物质在短期内被储存在动植物体内或土壤、湖泊、海洋的沉积物中;有些物质则可能形成某种化合物或矿物被固定或深深地埋藏在地壳中,这些物质可持续到因某种原因而被重新释放出来,并重新参与循环。

各种化学元素在生物与非生物成分之间的滞留被称为"库"或"源",根据滞留时间和滞留量的多少可分两种库:储存库(reservoir)和交换库(exchange or cycling pool)。储存库的容量大,物质活动慢,如湖泊中的水生植物死亡后经长期矿化作用而形成的泥炭,有些生物体经长期地质作用形成煤炭、石油、天然气,有的物质进入大海而形成沉积物。储存库一般属于非生物成分,只有通过各种物理、化学和人为的作用才能使物质重新被释放出来供生物利用。人类的作用是把埋藏在地下百万年的泥炭、煤炭、石油及其他矿物质等在短时间内挖掘出来,使各种物质又进入物质循环系统,加大物质循环的量。交换库的容量小,物质运动快,多属于生物成分。物质由储存库到大气和生物的过程称为"汇"。

生态系统中物质循环(生物地化循环)可分为两个基本类型:一种是气体型循环(gaseous cycles),一种是沉积型循环(sedimentary cycles)。在气体型循环中,养分的主要储存库是大气圈和水圈,循环途径是从大气到海洋,再由海洋到大气。以这种形式参与循环的代表是氧气、二氧化碳和氮,也包括水的循环和氟、氯等物质的循环。在沉积型循环中,主要的储存库是土壤圈和岩石圈,以硫、磷、钾、钠等物质的循环为代表。这两种循环都包括生物和非生物成分,都依靠能量推动,并依赖于水循环。

也有的学者根据物质参与循环时的形态将循环分为气态(或气相)循环、液态(或液相)循环和固态(固相)循环三种方式。气态循环和固态循环即上述的两种循环,而液态循环是指水的循环。

由于人为干扰,生态系统的正常循环被破坏。人为干扰不仅加速了许多物质循环的速度和量,许多有毒的物质也因此参与到循环中,并不断累积,从而影响人类本身。

1.6.6 生态系统的类型

地球上的生态系统多种多样,目前还没有统一的分类标准,一般可从以下几个角度划分:

(1)按生态系统的环境划分,生态系统可分为陆地生态系统(terrestrial ecosystem)和水生生态系统(aquatic ecosystem)。陆地生态系统又按植物类型分为森林(热带雨林、季雨林、常绿阔叶、落叶阔叶林、针叶林等)生态系统、草原生态系统、荒漠生态系统、冻原生态系统等。水生生态系统又可分为淡水生态系统(池塘、湖泊、河流等)和海洋生态系统等。生物圈是地球上最大的生态系统,它包括了地球上所有的生态系统。

(2)按人类对系统影响的大小划分,生态可分自然生态系统(natural ecosystem)和人工生态系统(artificial ecosystem),前者如森林生态系统(forest ecosystem),后者如城市生态系统(urban ecosystem)、农业生态系统(agroecosystem)等。实际上,这两种系统很难截然分开,因为自然生态系统受到了人类的干扰和影响,而人工生态系统中也有自然因素。

每个生态系统还可分出若干个亚系统,以利于分析和研究,如森林生态系统中可分出植被亚系统、动物亚系统和土壤亚系统等。

1.7　生态系统服务

1.7.1　生态系统服务的概念

生态系统通过物质循环、能量流动等功能,为人类的生存和发展提供多种产品和服务,即生态系统服务。生态系统服务可使人类能直接或间接从生态系统中获得收益,这些服务功能不仅维持整个地球生命支持系统的运转,也是人类社会发展必要的条件,是人类赖以生存和发展的基础。随着人类社会的发展,为满足人类不断增长的需求,人类对自然生态系统的影响也显著提高,使得生态系统服务不断退化。近年来,人们越来越认识到生态系统服务的重要性,因此生态系统服务的研究逐渐成为生态学研究的一个热点。

1.7.2　生态系统服务的类型

生态系统服务的类型多种多样,各种类型的服务功能相互作用,共同造福人类。R. 科斯坦萨等(R. Costanza)将生态系统服务分为气体调节、气候调节、扰动调节、水调节、水供给、控制侵蚀和保持沉积物、土壤形成、养分循环、废物处理、传粉、生物控制、栖息地、食物生产、原材料供应、基因资源、娱乐、文化等 17 个二级类型。2005 年,联合国发布的《千年生态系统评估报告》将生态系统服务分为供应服务、调控服务、支持服务和文化服务等四个一级类型,其下又细分为多个具体的二级类型。我国学者谢高地等人在R. 科斯坦萨(R. Costanza)等人研究的基础上将生态系统服务重新划分为食物生产、原材料生产、景观愉悦、气体调节、气候调节、水源涵养、土壤形成与保持、废物处理、生物多样性维持等九项。欧阳志云等则将生态系统服务分为生态系统产品和服务两部分,其中服务又分为生态调节服务、生态文化服务,即生态系统产品、生态调节服务及生态文化服务共同组成了生态系统服务。

1.7.3　生态系统服务价值评估

生态系统服务研究的一个重要课题就是通过价值评估将其纳入主流经济合算体系,为自然资源有偿使用、生态系统服务付费和生态补偿提供决策支持,评估结果也可作为生态环境损害赔偿的重要参考。经过 20 多年的快速发展,许多学者建立了多种生态系统服务价值的评估方法与模型。但这些方法与模型并非普遍适用,在不同的地区、不同的生态系统,以及使用者选取参数不同的情况下,不同模型的评估结果会有非常大的差异。目前,生态系统价值的量化与货币化依旧非常困难,标准化、信息化、动态化的核算平台研究刚刚起步,G. 戴莉(G. Daily)研究组的自然资本项目(Natural Capital Project)

开发了一套以模型法为主评估生态系统服务的软件平台——InVEST 模型,该模型在水源涵养和水质净化、土壤保持、生物多样性等服务价值的评估方面获得了较为广泛的应用。

R. 科斯坦萨等估算全球的生态系统服务价值约为 33 万亿美元(1997 年水平),并指出这是一种低水平估计,实际价值要比这高得多。同时,他们初步确定了生态系统上各生态系统服务的价值。谢高地等人在此基础上,对国内许多具有专业知识背景的学者进行了问卷调查,确定了我国生态系统上各生态系统服务功能的价值当量(单位面积农田食物生产的生态系统服务价值当量为 1),并于 2015 年对此方法进行了改进。欧阳志云等结合我国自然资源资产管理的战略需求,应用 InVEST 模型在区域生态系统服务和生态系统生产总值的核算方面进行了理论和技术创新。

在生态系统服务价值的客观评估方法中,相关模型的建立可结合直接市场法、替代市场法以及模拟市场法等价值评估方法。直接市场法适用于能够以商品形式出现在市场中的服务功能,如粮食供应、木材供应、水资源供应等。替代市场法适用于不能以商品形式出现,但与某些商品性能相似的服务功能。模拟市场法包括条件价值法,适用于既不能形成商品又没有与之相似的商品,需用特殊途径加以计量的服务。

1.7.4 生态产品价值实现

生态产品是生态经济领域的概念,其内涵相当于生态系统服务中可以成为直接交易的生态产品和可以进行生态补偿的公共服务产品,包括生态产品、生态调节服务和生态文化服务,从构成上看生态产品小于生态系统服务。《国务院关于印发全国主体功能区规划的通知》(国发〔2010〕46 号)中将重点生态功能区提供的水源涵养、固碳释氧、气候调节、水质净化、保持水土等调节功能定义为生态产品,区别于服务产品、农产品、工业品。因为生态产品的概念与生态系统服务密切联系,生态系统服务理论以及生态系统生产总值(GEP)核算框架等仍然是解决生态产品分类、定价、交易等生态产品价值实现这一关键问题的重要基础。

生态产品价值通过多种政策工具和交易机制,实现外部性的内部化,形成了"绿水青山"向"金山银山"转化的长效机制,是生态文明建设的重要组成部分。

生态产品价值评估可以作为生态环境损害赔偿额度确定的工具,通过评估环境损害造成的生态产品及其价值量的短期和长期损失,为生态环境损害赔偿额度确定提供参考。

1.8   生物多样性的价值和保护策略

1.8.1   生物多样性及其价值

1.8.1.1   生物多样性的概念

生物多样性是指生物中的多样化和变异性以及物种生境的生态复杂性。生物多样性是生物进化的结果,是人类赖以持续生存的基础,一般认为生物多样性包括物种多样性、遗传多样性和生态系统多样性三个层次。

根据目前的认识,地球是宇宙中发现的唯一有生命的星球,人类和地球上的生物共同拥有这一庞大的"宇宙飞船"。地球经过近 40 亿年的进化,形成了数百万到上千万种包括动物、植物、微生物在内的生物。无论是结构、功能极其简单的病毒、细菌等,还是结构非常复杂、功能多样的高等动物和植物,都是由基因所控制和决定的。在一定的时间和空间内,动物、植物、微生物和它们赖以生存的环境之间通过能量流动、物质循环和信息传递等相互作用、相互影响,构成一个复合体,即生态系统。

"生物多样性"是近年来国内外一个非常时髦的术语,应用也十分广泛和普遍。无论是在生态学、生物学、保护生物学等领域,还是在社会与政治领域,人们经常谈论和提及生物多样性的问题。这是因为人类需要和依赖生物多样性,而生物多样性却面临着前所未有的威胁。保护生物多样性,明智地利用生物多样性已经成为人们的共识。但是,能够真正了解生物多样性含义并认识其重要性的人并不多,而能够以实际行动研究和保护生物多样性的人与 70 亿的庞大人口相比更是少得可怜。在科技非常发达的今天,这是令人痛心的现实。因而了解生物多样性、关心生物多样性、保护生物多样性不仅仅是政府和生物学家的任务,而应是每一个人的共同责任。生物多样性的研究、保护和合理利用是近年来国际上的热点,生物多样性科学正在孕育和形成。

1.8.1.2   生物多样性的价值

生物多样性的价值包括直接价值、间接价值、选择价值以及存在价值。

(1)直接价值:直接价值分为消耗性利用价值和生产性利用价值。消耗性利用价值是指标定在直接消耗性的(即不经过市场交易)自然产品上的价值。例如,农民上山砍柴、猎取野物、种植的蔬菜和饲养的家禽等,直接被自己消耗掉而未经过市场的消耗,这种消耗性利用价值可达到相当大的数额。如某一年,大约 84% 的加拿大人参加了与野生动物有关的娱乐活动,直接消耗的价值达 8 亿美元。薪柴和粪便每年可为尼泊尔、坦桑尼亚等国家提供总初级能源的 90%,许多其他国家也超过了 80%。生产性利用价值是指通过市场交换而得到利润的那部分价值。这类价值常反映在国家收益账目上(或者说这是国家财政总收入中仅有的生物资源价值)。这类生物资源产品的生产性利用(如木材、鱼、动物皮毛、象牙、药物、纤维、橡胶、建筑材料、装饰品、野味肉食类、果品、燃料等)对国民经济有重大作用。

(2)间接价值:间接价值主要指非消耗性利用价值。生物多样性的非消耗性利用价值是指自然界提供的生态学服务价值,这部分价值未被消耗掉,并且未在市场上进行交易,未被计入国家财政收入之内。这类价值若在地方水平上(或小范围内)测量,是可以定量的。测量某一水源的效益是相对比较简单的,但测量全球性水循环的价值却非常困难。

(3)选择价值:生物多样性的选择价值是指潜在的未被人们所认识的价值。有些物种现在看来毫无用途,也许将来某一天却能帮助人类免于饥荒,用于治疗疾病。因此,自然界的一草一木都必须十分珍惜,使得将来人们有更多的选择权和选择机会。

(4)存在价值:生物多样性的存在价值是指其伦理学和哲学的价值。例如,工业化国家的一些人对他们从未打算参观和利用的某一物种和生境附加了价值。他们希望子孙后代可从这些物种中得到一些利益,或知道海洋有鲸鱼,喜马拉雅山有雪豹,中国有大熊猫,塞伦盖蒂平原有羚羊。伦理学和哲学的准则在决定生物多样性的存在价值方面是很重要的,它反映了一些人对物种和生态系统的怜悯、责任感和关注。世界野生生物基金会每年的世界性捐款(支持保护野生物种和自然生境的捐款)高达 1 亿美元。

1.8.2 生物多样性减少及其原因

1.8.2.1 生物多样性的减少

据专家们估计,自恐龙灭绝以来,当前地球上生物多样性损失的速度比历史上任何时期都快,鸟类和哺乳类动物现在的灭绝速度或许是它们在未受干扰的环境中的 100~1000 倍。在 1600—1950 年间,已知的鸟类和哺乳类动物的灭绝速度增加了 4 倍。自 1600 年以来,大约有 113 种鸟类和 83 种哺乳类动物已经消失。在 1850—1950 年间,鸟类和哺乳类动物平均每年灭绝一种。20 世纪 90 年代初,联合国环境规划署首次评估生物多样性时得出一个结论:在可以预见的未来,5%~20% 的动植物种群可能受到灭绝的威胁。

国际上其他一些研究也表明,如果目前的灭绝趋势继续下去,在下一个 25 年,地球上每 10 年有 5%~10% 的物种将要消失。受威胁物种的现状如表 1.1 所示。

表 1.1　受威胁物种的现状　　　　　　　　　　　　　　单位:种

物种	灭绝	濒危	渐危	稀有	未定	受威胁物种的总数
植物	384	3325	3022	6749	5598	19 078
鱼类	23	81	135	83	21	343
两栖类	2	9	9	21	10	51
爬行类	21	37	39	41	32	170
无脊椎动物	98	221	234	188	614	1355
鸟类	113	111	67	122	624	1037
哺乳类	83	172	141	37	64	497

资料来源:J.A.麦克尼利,K.R.米勒,W.V.瑞德,等保护世界的生物多样性[M].薛达元,王礼嫱,周泽江,等译.北京:中国环境科学出版社,1991.

从生态系统类型来看,最大规模的物种灭绝发生在热带森林中,其中包括许多人们尚未调查和命名的物种。热带森林中的物种占地球物种的 50% 以上。据科学家估计,按照每年砍伐 $1.7×10^7 \ hm^2$ 的速度,在今后 30 年内,物种极其丰富的热带森林可能要毁在当代人手里,5%~10% 的热带森林物种可能面临灭绝。另外,在世界范围内已有同马来西亚面积差不多大小的温带雨林消失了。虽然整个北温带和北方地区的森林覆盖率并没有很大变化,但许多物种丰富的原始森林被次生林和人工林代替,许多物种濒临灭绝。总体来看,大陆上 66% 的陆生脊椎动物已成为濒危种和渐危种。海洋和淡水生态系统中的生物多样性也在不断丧失和严重退化,其中受到最严重冲击的是处于相对封闭环境中的淡水生态系统。同样,历史上受到灭绝威胁最大的是处于封闭环境中的岛屿上的物种,这些岛屿上大约有 74% 的鸟类和哺乳类动物灭绝了。目前,这些岛屿上的物种依然处于高度濒危状态。在未来的几十年,物种灭绝情况大多数将发生在岛屿和热带森林系统。

1.8.2.2　生物多样性减少的原因和机制

如果说几个世纪前生物多样性的丧失是自然的、正常的过程,那么现在却主要是人类主宰了生物多样性的灭绝过程。生物多样性丧失和受到威胁的原因和机制有很多,但主要包括以下几方面:

(1)原因:①急剧的人口膨胀和持续高涨的资源消耗是生物多样性丧失和减少的主要原因。②不断狭窄地索取资源谱,特别是经济价值大的少数种类,如大象、鲸鱼、人参、甘草等。③生物资源占有不公平,发达国家一般占有较少的生物多样性,但却利用了大部分可利用的生物多样性。④人们很少或不考虑生物多样性的社会与生态价值。⑤知识贫乏,法律(特别是国际法)不健全、不公正。

(2)机制:①栖息地的丧失和生境的片断化。由于开垦、城市建设、开采、筑路、砍伐等活动,生物渐渐失去和缩小了栖息地,导致了物种消失。②过度利用。过度利用的事例举不胜举。③工业化的农林牧业。大范围内同一时间种植单一作物(如水稻、棉花、小麦、玉米)或树木(如杉木、黑松)不仅容易发生虫害、病害,也大大降低了生物多样性。④环境污染。特别是水体污染,对水生生物的影响很严重。⑤外来种的影响。外来种是对生物多样性和生物资源保护的主要威胁之一,有意(如引种)或无意(如国际贸易)引入外来物种会影响当地的物种和生态系统(排除自然入侵)平衡,如澳大利亚引入野兔、青蛙、仙人掌等带来的生态与经济灾难至今仍未消除,南极附近马里恩岛也出现了猫灾。害虫(如美国白蛾)、杂草(如豚草、紫茎泽兰)、病菌的传播,转基因生物都可能给生态系统带来不利影响。⑥转基因生物释放(生物技术)可能产生的危险也引起了高度关注。⑦各种破坏和干扰不断累加,会对生物物种造成更为严重的影响。物种灭绝原因的占比如表1.2所示。

表 1.2　物种灭绝原因的占比

类群	每一种原因的占比/%					
	生境消失	过度开发	物种引进	捕食控制	其他	还不清楚
哺乳类	19	23	20	1	1	36
鸟类	20	11	22	0	2	37
爬行类	5	32	42	0	0	21
鱼类	35	4	30	0	4	48

资料来源:王玉博、刘玉凯.生物多样性的理论与实践[M].北京:中国环境科学出版社,1994.

1.8.3　保护生物多样性的国际行动和途径

1.8.3.1　保护生物多样性的国际行动

生物多样性的减少不仅会使人类丧失一系列宝贵的生物资源,丧失它们在食物、医药等方面直接和潜在的利用价值,而且会造成生态系统的退化和瓦解,直接和间接威胁人类生存的基础。因此,国际上早就采取了一系列措施,保护各种生物物种和资源,并逐渐形成了一个国际条约体系。20世纪70年代初以来,国际上陆续通过了以野生动植物保护对象的国际贸易管理为对象的《华盛顿公约》、以湿地保护为对象的《拉姆萨尔公约》、以候鸟等迁徙性动物保护为对象的《波恩公约》、以世界自然和文化遗产保护为目的的《世界遗产公约》及其他一些国际或区域性的公约和条约。1992年,在联合国环发大会上通过了《生物多样性公约》,几个国际环境组织还在会议上公布了"全球生物多样性保护战略",形成了保护生物多样性的综合性公约和战略。中国先后加入了《华盛顿公约》《拉姆萨尔公约》《世界遗产公约》,并于1992年签署加入了《生物多样性公约》。

保护生物多样性就是要采取措施保护基因、物种、生境和生态系统,使其长期满足人类的各种现实和潜在需求,长期维持生态系统的稳定性。为了实现保护生物多样性的目标,需要各国政府在制定土地开发和农业、林业、牧业、渔业等发展政策时,综合考虑保护生物多样性的要求,特别是应当严格限制开发已所剩不多的自然生境,防止自然生境的进一步缩小和破坏。

1.8.3.2 保护生物多样性的途径

(1)就地保护:就地保护是保护生物多样性的最有效手段之一。所谓就地保护,就是以建立各种类型的自然保护区、风景名胜区的方式将有价值的自然生态系统和野生生物环境保护起来,以确保生态系统内生物的生长、发育和繁衍。

(2)迁地保护:迁地保护最好是在物种原产地进行,通常采用建立动物园、植物园以及各种物种资源的繁殖地的形式。如果残余种群小到不能维持,或所有现存个体只能在保护区之外找到,那么就地保护就不会有效,只能在人类管理下的人工环境中维持个体的生存,这种策略就是迁地保护。目前,全世界拥有 1600 个植物园,它们对珍稀、濒临植物的保护起着重要作用。目前,世界各国的动物园及动物圈养地共饲养脊椎动物 3000 多种。动物迁地保护的方法:建立动物园与动物繁育中心、水族馆、动物细胞库、精子库。植物迁地保护的方法:建立植物园与树木园、植物种子库等。

(3)保护遗传种质:采用现代技术建立种子库、动物细胞库、精子库、配子库和胚胎库等方法,将生物体的一部分长期保存起来,以保护物种的种质。目前,世界种子库登记入库的植物种质样本已达到 200 万个。

(4)建立保护法:保护生物多样性是全人类的责任,除宣传教育外,还须从法制角度对生物多样性进行保护。世界上许多国家(包括中国)都制定了有关保护野生动物、植物的法规,将一些受到威胁的物种列入国家保护物种的名单。国际上还建立了各个国家需共同遵守的公约,如《生物多样性公约》《濒危物种国际贸易公约》等,对全球规模生物多样性的保护将有深远的影响。

保护物种的最佳途径是保护它们的生境,即建立相对完整的自然保护区网络。20 世纪 70 年代以来,世界自然保护区覆盖面积增长很快,到 1990 年已达到陆地面积的 5% 左右,已建立了比较完整的保护区网络。根据国际自然与自然资源保护同盟(IUCN)1994 年的报告,各种生物带都建立了一定比例的保护区。但一些生物带(如温带草原和湖泊)的保护区比例过低,许多保护区过于狭小,缺少建设和管理资金,缺乏有效的管理,尚起不到有效保护的作用。据世界银行 20 世纪 90 年代估计,发展中国家与自然保护有关的活动费用支出占 GDP 的 0.01%~0.05%,发达国家与自然保护有关的活动费用支出占 GDP 的 0.04%,每年总额 60 亿~80 亿美元。这些资金大多数用于发达国家的保护活动,承担生物多样性保护重担的发展中国家却用得很少。今后的紧迫任务是制定包括生物多样性保护及其合理利用的综合战略,并有效动员国际国内资金,用于保护区的建设和管理。

1.8.3.3　中国的生物多样性保护现状

中国在生物多样性的保护和研究方面起步较晚,但近年来发展相当迅速,做了大量工作,已被国际社会所重视和承认。中国是最早签署《生物多样性公约》并编制《生物多样性保护行动计划》的国家之一,在生物多样性保护行动变化和持续利用方面也取得了可喜进展。例如,在大熊猫的遗传多样性研究方面,我国已发现其蛋白质水平的多样性是很贫乏的;在农作物近缘种的遗传多样性研究方面,我国已达到世界先进水平;在物种方面,我国已对重要的珍稀物种(如滇金丝猴、海南坡鹿、银杉、金花茶等)进行了保护生物学的研究,并建立了相应的保护区;在森林生态系统、草原生态系统、荒漠生态系统的结构、功能、恢复等方面,我国也进行了一系列研究。另外,由于我国人口多,基础薄弱,在生物多样性保护和研究方面面临的问题还十分严重,任务也更为艰巨。

我国对自然保护区的定义:国家为了保护自然环境和自然资源,促进国民经济的持续发展,将一定面积的陆地和水体划分出来,并经各级人民政府批准而进行特殊保护和区域管理。我国的自然保护区按保护的主要对象划分为:

(1)生态系统类型保护区:有森林生态系统保护区、草原草甸生态系统保护区、荒漠生态系统保护区、陆地水体和湿地生态系统保护区以及海洋生态系统保护区五种类型。

(2)生物物种保护区:有野生动物保护区和野生植物保护区两种类型。

(3)自然遗迹保护区:有地质遗迹保护区和古生物遗迹保护区两种类型。

2019年,中共中央办公厅和国务院办公厅发布了《关于建立以国家公园为主体的自然保护地体系的指导意见》,明确了要进行自然保护地整合,并最终建立以国家公园为主体的自然保护地体系,包括国家公园、各类自然保护区和自然公园。至2035年,自然保护地面积需达到陆域国土面积18%以上。

国家公园是指以保护具有国家代表性的自然生态系统为主要目的的区域,是实现自然资源科学保护和合理利用的特定陆域或海域,是我国自然生态系统中最重要、自然景观最独特、自然遗产最精华、生物多样性最富集的部分,其保护范围大,生态过程完整,具有全球价值、国家象征,国民认同度高。

自然保护区是指保护典型的自然生态系统、珍稀濒危野生动植物种的天然集中分布区以及有特殊意义的自然遗迹区域,其面积较大,能确保主要保护对象安全,并能维持和恢复珍稀濒危野生动植物种群数量及赖以生存的栖息环境。

自然公园是指重要的自然生态系统、自然遗迹和自然景观,具有生态、观赏、文化和科学价值,是可持续利用的区域,能确保森林、海洋、湿地、水域、冰川、草原、生物等珍贵自然资源以及所承载的景观、地质地貌和文化多样性得到有效保护。自然资源包括森林公园、地质公园、海洋公园、湿地公园等多种类型。

保护生物多样性应制定自然保护地分类划定标准，对现有的自然保护区、风景名胜区、地质公园、森林公园、海洋公园、湿地公园、冰川公园、草原公园、沙漠公园、草原风景区、水产种质资源保护区、野生植物原生境保护区（点）、自然保护小区、野生动物重要栖息地等各类自然保护地开展综合评价，按照保护区域的自然属性、生态价值和管理目标进行梳理调整和归类，逐步形成以国家公园为主体、自然保护区为基础、各类自然公园为补充的自然保护地分类系统。

很明显，未来各类自然保护地在保护生物多样性方面将发挥主体作用。因此，在生态损害司法鉴定方面，与各类自然保护地相关的司法案件也将成为生态损害司法鉴定关注的重中之重。

1.8.4　生物多样性原理及其应用

在生态损害司法鉴定中，接触最多和最明显的是生态破坏对生物多样性的影响，对个体的破坏、种群的破坏可能影响到某个物种的生存，对群落、生态系统、景观等的破坏也会或多或少地影响到生物多样性。生物多样性最核心和最根本的原理是生物有巨大的多样性，而且具有多种多样的生态系统服务功能。生物多样性一旦遭到破坏，就很难恢复，甚至这些破坏是不可逆的。因此，生态的破坏不仅仅是影响生物的多样性，同样也会影响其生态系统服务功能，影响生态产品的价值实现，所以必须保护和适度利用生物多样性。

1.9　几个重要的生态学原理

在生态损害司法鉴定中，我们可以科学、灵活地运用生态学的各种原理，如利用个体生态学原理、种群和群落原理、生态系统原理等原理进行生态环境损害鉴定和评估。大部分原理在前面的章节都有所提及，限于篇幅此处简要总结一下常用的生态学原理，具体应用请参考相关原理的详细阐述和专业技术文献。

（1）个体生态原理，如最小因子定律、限制因子定律、施尔福德耐受性定律、主导因子定律、生态因子的协同作用、生态因子的互补性和不可替代性、生态适应、土壤肥力、土壤盐渍化、土地荒漠化等。

（2）种群生态原理，如种群数量、最小种群、种群的空间分布、种群的指数增长和Logistic增长、环境容纳量、种群的年龄结构和性比、内禀增长力、种群生命表、密度调节和非密度调节、种内竞争、利他行为、最大持续产量原理、r-K 对策、种群暴发、种群崩溃、遗传多样性、遗传结构、集合种群理论、种群生存力分析、灭绝漩涡、捕食、种间竞争、互利共生等。

（3）群落生态原理，如生物群落的空间结构和营养结构、物种多样性、辛普森指数、香农-威纳指数、关键种、建群种、重要值、最小面积法、群落演替、原生演替、次生演替、进展演替、逆行演替、演替系列、顶极学说、岛屿生物地理学理论、生态位理论、中性理论、自然保护区学说等。

（4）生态系统原理，如生态系统、生态平衡、反馈调节、阈值、生物地球化学循环、水循环、碳循环、氮循环、磷循环、食物链和食物网、能量流动、生物量、初级生产力、净初级生产力、次级生产力、生态效率、十分之一定律、陆地生态系统分布的三向地带性、生态系统服务、生态产品价值实现等。

（5）景观生态学原理，如基底、斑块、廊道、景观多样性、镶嵌性等。

（6）其他生态学原理，如生态保护与修复、生态补偿、可持续发展、生态文明等。

第2章 生物多样性(物种)损害司法鉴定

2.1 生物多样性的基本概念

生物多样性是生物及其与环境形成的生态复合体以及与此相关的各种生态过程的总和,包括动物、植物、微生物所拥有的基因以及它们与生存环境形成的复杂生态系统。

生命系统是一个等级系统,包括多个层次或水平,如基因、细胞、组织、器官、物种、种群、群落、生态系统、景观等。每一个层次都具有丰富的变化,即多样性。尽管生物多样性有若干层次,但在理论与实践上最基本、最重要、研究较多的是遗传多样性、物种多样性、生态系统多样性以及景观多样性。

(1)遗传多样性:遗传多样性指种内基因的多样性,包括种内显著不同的种群和同一种群内的遗传信息的总和,是生物多样性的基础和物种以上各水平多样性的根本来源。

(2)物种多样性:物种多样性指一定地域内生物种类的多样性,反映了某一地区乃至地球上所有动物、植物、微生物等生物种类的丰富程度,是生物多样性的核心。

(3)生态系统多样性:生态系统多样性指生境、生物群落和生态过程的多样性,包括无机和有机环境、群落及生态系统的类型、结构、功能及时空变化和相互联系。

(4)景观多样性:景观多样性是空间上相邻、功能上相关、事件发生上有一定特点的生态系统的聚合。景观是具有高度空间异质性的区域,它是由相互作用的景观元素或生态系统以一定规律构成的区域。景观是由不同生态系统组成的镶嵌体,其组成单元被称为"景观元素"。根据结构和功能的差异,景观元素可分为斑块、廊道和基质。

①斑块:外观上不同于周围环境的非线性景观元素,与其周围基质有着不同的物种组成,是物种的聚集地。

②廊道:外观上不同于两侧环境(基质)的狭长地带,是形状特化了的(线状或带状)斑块,是物种迁移的通道。

③基质:景观中的背景地域,面积最大,分布最广泛,具有高度的连续性,在景观中起控制作用。基质控制着整个景观的连接度,影响斑块间物种的迁移。

以上不同生物多样性的层次和类别是生态环境损害司法鉴定的主要对象。本章主要介绍物种(动物和植物)水平的生态损害司法鉴定。

2.2 植物保护级别、损害鉴定与评估

2.2.1 植物保护级别

植物保护依照国家重点保护野生植物名录(第一批)分级管理,名录详见附录1。

2.2.2 损害评价指标

物种多样性指数是反映物种丰富度和均匀度的综合指标,常用的物种多样性指数有以下三种:

(1)辛普森多样性指数:在一个无限大的群落中,随机抽取两个个体,它们属于不同物种的概率即为辛普森多样性指数,其计算公式如下:

$$D = 1 - \sum_{i=1}^{s} P_i^2 \tag{2.1}$$

式中,S 为物种数目;P_i 为种 i 的个体数占群落物种总个体数的比例。

该指数的最低值是 0(所有个体都属于同一物种),最高值是 $1 - \dfrac{1}{S}$(每一个个体都属于不同物种)。

(2)香农-威纳指数:香农-威纳指数是从信息学术语借来的,用以描述物种个体出现的紊乱度或不确定性,其计算公式如下:

$$H' = - \sum_{i=1}^{s} P_i \ln P_i \tag{2.2}$$

该指数的最低值是 0(所有个体都属于同一物种),最高值是 $\ln S$(每一个个体都属于不同物种)。

(3)均匀度指数:均匀度指数用于反映物种均匀度,即生境中全部物种个体数目分配的均匀程度,其计算公式如下:

$$J = - \sum_{i=1}^{s} P_i \frac{\ln P_i}{\ln S} \tag{2.3}$$

该指数的最低值是 0(所有个体都属于同一物种),最高值是 1(每一个个体都属于不同物种)。

2.2.3 植物种类调查与评估内容

植物种类调查要查明调查区域内陆生高等植物物种组成、分布、生境和威胁因子。

调查的对象为调查区域内的陆生野生高等植物,包括苔藓植物、蕨类植物、裸子植物和被子植物。植物种类调查要对具有重要保护价值的陆生高等植物进行重点调查,查明调查区域内目标物种的种群数量、分布、生境、生长状况、受威胁情况和保护现状。

评估内容包括调查区域内植物物种多样性现状,包括物种丰富度、特有性以及珍稀濒危状况,植物物种多样性受威胁情况。

2.2.4　植物群落调查与评估内容

植物群落调查要查明调查区域内植物群落类型、群落层次、群落高度、郁闭度或盖度、优势种、干扰程度和环境因素等。调查的对象为调查区域内的植物群落,包括森林、灌丛、草地和荒漠等植物群落。

植物群落的生态影响评价图件的制作基础数据来源包括已有图件资料、采样、实验、地面勘测和遥感信息等。图件基础数据来源应满足生态影响评价的时效要求,应选择与评价基准时段相匹配的数据源。生态影响评价制图的工作精度一般不低于工程可行性研究制图精度,成图精度应满足生态影响判别和生态保护措施的实施。生态影响评价成图应能准确、清晰地反映评价主题内容,成图比例不应低于《环境影响评价技术导则　生态影响》(HJ 19—2022)中的规范要求,生态影响评价图件成图比例规范要求如表 2.1 所示。

表 2.1　生态影响评价图件成图比例规范要求

成图范围		成图比例尺		
		一级评价	二级评价	三级评价
面积	≥100 km²	≥1:100 000	≥1:100 000	≥1:250 000
	20~100 km²	≥1:50 000	≥1:50 000	≥1:100 000
	2~20 km²	≥1:10 000	≥1:10 000	≥1:25 000
	≤2 km²	≥1:5000	≥1:5000	≥1:10 000
长度	≥100 km	≥1:250 000	≥1:250 000	≥1:250 000
	50~100 km	≥1:100 000	≥1:100 000	≥1:250 000
	10~50 km	≥1:50 000	≥1:100 000	≥1:100 000
	≤10 km	≥1:10 000	≥1:10 000	≥1:10 000

生态影响评价图件应符合专题地图制图的规范要求,成图应包括图名、比例尺、方向标/经纬度、图例、注记、制图数据源(调查数据、实验数据、遥感信息源或其他)、成图时间等要素。

植物群落调查完成后,分析评估区域内植被现状,对照背景资料进行评估,评估指标如下:

(1)多度:样方中某种植物个体数目多少的一种主观估测指标,尚无统一标准。

（2）密度：单位面积内某种植物的个体数。

（3）相对密度：样方中某一种植物个体数占全部植物种类个体数的百分比。

（4）盖度：植物群落总体、各层和各种的地上部分的垂直投影面积与取样面积的百分比，分别称为总盖度、层盖度和种盖度。

（5）相对盖度：群落中某一物种的分盖度占所有种类分盖度之和的百分比。

（6）基盖度：植物基部的覆盖面积与取样面积之比。对于森林群落，基盖度以树木胸高的断面积计算。乔木的基盖度称为"显著度"或者"优势度"。对于草原群落，基盖度以离地约 2.54 cm 高度的断面积计算。

（7）相对基盖：某一植物种类基盖度与所有植物种类基盖度之和的百分比。乔木的相对基盖度称为相对显著度或者相对优势度。

（8）频度：某一植物种类在全部样方中出现的次数，或某种植物出现的样方数占整个样方数的百分比。

（9）相对频度：某一物种在全部样方中的频度与所有物种频度和之比。

（10）重要值：某个物种在群落中的地位和作用的综合数量指标。

$$森林群落重要值=\frac{相对密度＋相对频度＋相对显著度}{3}$$

$$草原群落重要值=\frac{相对密度＋相对频度＋相对盖度}{3}$$

2.2.5　重点保护植物种类

2021 年，经国务院批准，国家林业和草原局、农业农村部调整后的《国家重点保护野生植物名录》正式发布，共列入国家重点保护野生植物 455 种和 40 类，包括国家一级保护野生植物 54 种和 4 类，国家二级保护野生植物 401 种和 36 类。此处介绍几种国家保护植物。

（1）苏铁（*Cycas revoluta*）

图 2.1　苏铁

苏铁（见图 2.1）树干高约 2 m，稀达 8 m 或更高，圆柱形，有明显螺旋状排列的菱形叶柄残痕。羽状叶从茎的顶部生出，下层的叶子向下弯，上层的叶子斜向上伸展，整个羽状叶的轮廓呈倒卵状狭披针形，长 75～200 cm，叶轴横切面呈四方状圆形，叶柄略成四角形，两侧有齿状刺，水平或略斜上伸展，刺长 2～3 mm。羽状裂片达 100 对以上，条形，厚革质，坚硬，长 9～18 cm，宽 4～6 mm，向上斜展成"V"字形，边缘显著地向下反卷，上部微渐窄，先端有刺状尖头，基部窄，两侧不对称，下侧向下延伸生长；叶片正面为深绿色，有光泽，中央微凹，凹槽内有稍隆起的中脉，叶片反面为浅绿色，中脉显著隆起，两侧有疏柔毛或无毛。雄球花为圆柱形，长 30～70 cm，直径 8～15 cm，有短梗。小孢子飞叶为窄楔形，长 3.5～6 cm，顶端宽平，其两角近圆形，宽 1.7～2.5 cm，有急尖头，尖头长约 5 mm，直立，下部渐窄，上面近似龙骨状，下面中肋及顶端密生黄褐色或灰黄色长绒毛，花药通常 3 个聚生。大孢子叶长 14～22 cm，密生淡黄色或淡灰黄色绒毛，上部的顶片为卵形或长卵形；大孢子叶的边缘呈羽状分裂，裂片有 12～18 对，裂片为条状钻形，长 2.5～6 cm，先端有刺状尖头。胚珠有 2～6 枚，生于大孢子叶柄的两侧，有绒毛。种子为红褐色或橘红色，倒卵圆形或卵圆形，稍扁，长 2～4 cm，直径 1.5～3 cm，有密生灰黄色短绒毛，后渐脱落；中种皮为木质，两侧有两条棱脊，上端无棱脊或棱脊不显著，顶端有尖头。花期为每年 6 月—7 月，种子于 10 月成熟。野生苏铁广泛分布于福建、台湾、广东等省份。

（2）银杉（*Cathaya argyrophylla*）

银杉（见图 2.2）是一种落叶乔木，高达 20 m，胸径达 40 cm 以上；树皮为暗灰色，老时则裂成不规则的薄片。大枝平展，小枝节间的上端生长缓慢、较粗，或少数侧生小枝因顶芽死亡而成距状。一年生的树枝呈黄褐色，密生灰黄色短柔毛，后逐渐脱落，二年生的树枝呈深黄色；叶枕近似条形，稍隆起，顶端具近圆形、圆形或近四方状的叶痕，其色较淡。冬芽呈卵圆形或圆锥状卵圆形，顶端钝，淡黄褐色，无毛，通常长 6～

图 2.2　银杉

8 mm。叶呈螺旋状生长，成辐射状伸展，在枝节间的上端排列紧密，成簇生状，在枝节下侧疏散生长，多数长 4～6 cm，宽 2.5～3 cm，边缘微反卷，在横切面上其两端为圆形，下面沿中脉两侧具有极显著的粉白色气孔带，每条气孔带有 11～17 行气孔，气孔带一般以较浅绿色的叶缘边带为宽。侧生小枝的节间较短，叶排列较密，上端的叶密集，近轮状簇生，多数长不超过 3 cm，边缘平或近平，在横切面上其两端斜尖，下面粉白色气孔带有 9～13 行气孔，宽与边带近似相等。叶为条形，先端圆，基部渐窄有不明显的叶柄，上面为深绿色，被疏柔毛，沿凹陷的中脉有较密的褐色短毛。幼叶上面的毛较多，沿叶缘生有睫毛，睫毛不久会脱落，仅留痕迹。雄球花开放前为长椭圆状卵圆形，长约 2 cm，直径 8～9 mm，盛开时呈穗状圆柱形，长 5～6 cm，近似无柄；基部围绕的苞片为半透明膜质，背面凸起，边缘有不规则的锯齿；位于内部的苞片较大，为阔卵形，长 6～8 mm，宽 4～

5 mm;外部的苞片多为三角状扁圆形,承托基部的变形叶不久后会脱落;雄蕊为黄色,长约6 mm。雌球花基部无苞片,为卵圆形或长椭圆状卵圆形,长 8～10 mm,直径约 3 mm,珠鳞近圆形或肾状扁圆形,黄绿色;苞鳞为黄褐色,三角状扁圆形或三角状卵形,先端有尾状长尖,边缘为波状且有不规则的细锯齿。球果成熟前呈绿色,成熟时由栗色变暗褐色,卵圆形、长卵圆形或长椭圆形,长 3～5 cm,直径 1.5～3 cm;种鳞有 13～16 枚,近圆形、扁圆形或卵状圆形,长1.5～2.5 cm,宽 1～2.5 cm,背面(尤其是被覆盖着的部分)密生微透明的短柔毛,苞鳞为种鳞的 1/4～1/3。种子略扁,斜倒卵圆形,基部尖,长 5～6 mm,直径3～4 mm,橄榄绿带墨绿色,有不规则的浅色斑纹;种翅为膜质,黄褐色,呈不对称的长椭圆形或椭圆状倒卵形,长 10～15 mm,宽 4～6 mm。野生银杉广泛分布于广西、湖南、重庆、贵州等省市的山区。

(3)水杉(*Metasequoia glyptostroboides*)

图 2.3　水杉

水杉(见图 2.3)是一种落叶乔木,高达 35 m,胸径达 2.5 m,树干基部常膨大。树皮为灰色、灰褐色或暗灰色,幼树的树皮会裂成薄片脱落,大树的树皮会裂成长条状脱落,内皮为淡紫褐色。枝斜展,小枝下垂,幼树树冠为尖塔形,老树树冠为广圆形,枝叶稀疏。一年生的树枝光滑无毛,幼时为绿色,后渐变成淡褐色,二、三年生的树枝为淡褐灰色或褐灰色。侧生小枝排成羽状,长 4～15 cm,冬季凋落。主枝上的冬芽为卵圆形或椭圆形,顶端钝,长约 4 mm,直径 3 mm,芽鳞为宽卵形,先端圆或钝,长宽几乎相等,2～2.5 mm,边缘薄而色浅,背面有纵脊。叶为条形,长 0.8～3.5 cm(通常为1.3～2 cm),宽 1～2.5 mm(通常为 1.5～2 mm),上面为淡绿色,下面色较淡,沿中脉有两条比边带稍宽的淡黄色气孔带,每条气孔带有 4～8 条气孔线,叶在侧生小枝上排成两列,呈羽状,冬季与树枝一同脱落。球果下垂,近四棱状球形或矩圆状球形,成熟前为绿色,成熟时为深褐色,长 1.8～2.5 cm,直径 1.6～2.5 cm,梗长 2～4 cm,其上有交叉对生的条形叶。种鳞为木质,盾形,通常有 11～12 对,交叉对生,鳞顶为扁菱形,中央有一条横槽,基部为楔形,高 7～9 mm,种鳞能育种 5～9 粒种子。种子扁平,为倒卵形、圆形或矩圆形,周围有翅,先端有凹缺,长约 5 mm,径约 4 mm。子叶有 2 枚,条形,长 1.1～1.3 cm,宽 1.5～2 mm,两面中脉微隆起,上面有气孔线,下面无气孔线。初生叶为条形,交叉对生,长 1～1.8 cm,下面有气孔线。花期为每年 2 月下旬,球果于 11 月成熟。野生水杉广泛分布于湖北、重庆、湖南交界地区。

(4)珙桐(*Davidia involucrata*)

珙桐又称鸽子树(见图 2.4),是一种落叶乔木,高 15～20 m,稀达 25 m,胸高直径约 1 m,树皮为深灰色或深褐色,常裂成不规则的薄片而脱落。幼枝为圆柱形,当年生的树枝为紫绿色,无毛,多年生的树枝为深褐色或深灰色。冬芽为锥形,有 4～5 对卵形鳞片,常成覆瓦状排列。叶为纸质,互生,无托叶,常密集于幼枝顶端,阔卵形或近圆形,长 9～15 cm,宽 7～

图 2.4　珙桐

12 cm,顶端急尖或短急尖,有微弯曲的尖头,基部为心脏形或深心脏形,边缘有三角形而尖端锐尖的粗锯齿,叶片上面为亮绿色,幼时生有很稀疏的长柔毛,渐老时无毛,下面密生淡黄色或淡白色丝状粗毛,中脉和 8～9 对侧脉均在上面显著、在下面凸起。叶柄为圆柱形,长 4～5 cm,稀达 7 cm,幼时生有稀疏的短柔毛。两性花与雄花同株,由多数的雄花与一个雌花或两性花组成近球形的头状花序,直径约 2 cm,着生于幼枝的顶端,两性花位于花序的顶端,雄花环绕于花序周围,基部有 2～3 枚纸质、矩圆状卵形或矩圆状倒卵形花瓣状的苞片。苞片长 7～15 cm,稀达 20 cm,宽 3～5 cm,稀达 10 cm,初为淡绿色,后变为乳白色,最后变为棕黄色而脱落。花序基部有两片大而洁白的总苞,像是白鸽的一对翅膀。雄花无花萼及花瓣,有 1～7 个雄蕊,长 6～8 mm,花丝纤细、无毛,花药为椭圆形、紫色;雌花或两性花有下位子房,共 6～10 室,与花托合生,子房的顶端有退化的花被及短小的雄蕊,花柱粗壮,分成 6～10 枝,柱头向外平展,每室有一枚胚珠,常下垂。果实为长卵圆形核果,长 3～4 cm,直径 15～20 mm,紫绿色并有黄色斑点,外果皮很薄,中果皮肉质,内果皮骨质且有沟纹,含种子 3～5 枚;果梗粗壮,为圆柱形。花期为每年 4 月,果期为每年 10 月。野生珙桐广泛分布于湖北、湖南、重庆、四川、陕西、甘肃、贵州、云南等省市的山区。

(5)银缕梅(*Parrotia subaequalis*)

银缕梅(见图 2.5)为落叶小乔木,嫩枝初时有星状柔毛,后变秃净,干后为暗褐色,无皮孔;芽体裸露,细小,有绒毛。叶为薄革质,倒卵形,长 4～6.5 cm,宽 2～4.5 cm,中部以上最宽,先端钝,基部为圆形、截形或微心形,两侧对称。叶片上面为绿色,干后稍暗晦,略有光泽,除中肋及侧脉略有星毛外,其余部分秃净无毛;叶

图 2.5　银缕梅

片下面为浅褐色,有星状柔毛;侧脉 4～5 对,在上面稍下陷,在下面突起,第一对侧脉无第二次分支侧脉;叶片边缘在靠近先端处有数个波状浅齿,不具有齿突,下半部全圆;叶柄长 5～7 mm,有星毛,托叶早落。头状花序生于当年枝的叶腋内,有 4～5 朵花,花序柄长约 1 cm,有星毛;花序无花梗,萼筒为浅杯状,长约 1 mm,外侧有灰褐色星毛;萼齿为卵圆形,长 3 mm,先端为圆形;子房近于上位,基部与萼筒合生,有星毛;花柱长 2 mm,先端尖,花后稍伸长。蒴果为近圆形,长 8～9 mm,先端有短的宿存花柱,萼筒长不过 2.5 mm,边缘与果皮稍分离。种子为纺锤形,长 6～7 mm,两端尖,褐色有光泽,种脐为浅黄色。花期为每年 5 月。野生银缕梅广泛分布于江苏、浙江、安徽、江西等省份的山区。

(6)长蕊木兰(*Alcimandra cathcartii*)

图 2.6　长蕊木兰

长蕊木兰(见图 2.6)俗称"黑心树",乔木,高达 50 m,胸径达 50 m,嫩枝生有柔毛,顶芽为长锥形,上有白色长毛。叶为革质,卵形或椭圆状卵形,长 8～14 cm,先端渐尖或尾状渐尖,基部为圆或阔楔形;叶片上面有光泽,侧脉每边有 12～15条,纤细,末端与密致的网脉网结而不明显;叶柄长 1.5～2 cm,无托叶痕。花为白色,绿色佛焰苞状的苞片紧接花被片,花梗长约 1.5 cm;花被片有 9 片,有透明油点,其上有约 9 条脉纹,外轮有 3 片,长圆形,长 5.5～6 cm,宽 2～2.2 cm;内两轮为倒卵状椭圆形,比外轮稍短小;雄蕊长约 4 cm,花药长约 2.8 cm,内向开裂;雌蕊群为圆柱形,长约 2 cm,直径 3 mm,约有 30 枚雌蕊,雌蕊群柄长约 1 cm。聚合果长 3.5～4 cm;蓇葖为扁球形,有白色皮孔。花期为每年 5 月,果期为 8 月—9 月。野生长蕊木兰广泛分布于云南、西藏南部的山区。

(7)光叶蕨(*Cystoathyrium chinense*)

图 2.7　光叶蕨

光叶蕨(见图 2.7)是蹄盖蕨科,根状茎短横卧,被有残留的叶柄基部,先端被有浅褐色卵状披针形鳞片,叶近生。能育叶长 40～45 cm,叶柄长 7～8 cm,直径约 2 mm,基部褐色,稍膨大,略被一、二片伏贴的披针形鳞片,呈禾秆色,近光滑,向轴面有一条浅纵沟。叶片为狭披针形,长达 35 cm,中部宽 6～8 cm,向两端逐渐变窄,顶部羽裂渐尖头。羽片约有 30 对,近对生，平展，无柄，相距约 1 cm；基部一对羽片长约 1 cm，三角形；中部最长的羽片长 3～4 cm，羽片基部宽约 1 cm，狭披针状镰刀形；羽片为渐尖头，向上弯，基部不对称，羽状深裂达羽轴两侧的狭翅；裂片约有 10 对，斜向上，长圆形，钝头，彼此以狭缺刻分开。在羽片下部，羽轴上侧的裂片较下侧的略长，且基部两片较大，长 5～8 mm，宽约 3 mm，向上逐渐变短，基部下侧一片近卵圆形，略缩短，边缘全缘，或下部 1～2 对略具小圆齿。叶脉在裂片上呈羽状，侧脉上先长出，共 3～5 对，单一，斜上，伸达叶边。叶干后近纸质，淡绿色，无毛；叶轴上面有纵沟，无毛。孢子囊群为圆形，每裂片一枚，生于基部上侧小脉背部，靠近羽轴两侧各排列成一行；囊群盖卵圆形，薄膜质，灰绿色，老时脱落，被压于孢子囊群下面，似无盖。孢子为圆肾形，深褐色，不透明，表面有较密的棘状突起。野生光叶蕨广泛分布于四川省西部山区。

（8）桫椤（*Alsophila spinulosa*）

桫椤（见图 2.8）的茎干高达 6 m 或更高，直径 10～20 cm，上部有残存的叶柄，向下密生交织的不定根。桫椤是国家重点保护植物，叶子呈螺旋状排列于茎顶端；茎段端、拳卷叶以及叶柄的基部密生鳞片和糠秕状鳞毛；鳞片为暗棕色，有光泽，狭披针形，先端呈褐棕色刚毛状，两侧有窄而色淡的啮齿状薄边。叶柄长 30～50 cm，通常为棕色或上面较淡，连同叶轴和羽轴有刺状突起，背面两侧各有一

图 2.8　桫椤

条不连续的皮孔线，向上延至叶轴。叶片大，长矩圆形，长 1～2 m，宽 0.4～1.5 m，三回羽状深裂。羽片有 17～20 对，互生，基部一对缩短，长约 30 cm；中部羽片长 40～50 cm，宽 14～18 cm，长矩圆形，二回羽状深裂；小羽片有 18～20 对，基部小羽片稍缩短，中部的长 9～12 cm，宽 1.2～1.6 cm，披针形，先端渐尖而有长尾，基部为宽楔形，无柄或有短柄，羽状深裂。裂片有 18～20 对，斜展，基部裂片稍缩短，中部的长约 7 mm，宽约 4 mm，镰状披针形，短尖头，边缘有锯齿。叶脉在裂片上呈羽状分裂，基部下侧小脉出自中脉的基部。叶为纸质，干后为绿色。羽轴、小羽轴和中脉上面生有糙硬毛，下面生有灰白色小鳞片。孢子囊群孢生于侧脉分叉处，靠近中脉，有隔丝，囊托突起；囊群盖为球形，薄膜质，外侧开裂，易破，成熟时反折覆盖于主脉上面。野生桫椤广泛分布于福建、台湾、广东、海南、香港、广西、贵州、云南、四川、重庆、江西等地的山区。

2.3 动物保护级别、损害鉴定与评估

2.3.1 动物保护级别

动物保护依照国家重点保护野生动物名录分级管理,名录详见附录2。

2.3.2 损害鉴定与评估

动物多样性损害鉴定与评估由国家或各省份野生动植物司法鉴定中心或森林公安司法鉴定中心组织进行。

(1)业务范围:野生动物种类、年龄鉴定及价值评定,林业有害生物类司法鉴定和其他相关鉴定。

(2)业务类型:违反野生动物保护管理制度案件、林业行政复议与诉讼案件等。

(3)调查内容:所涉及区域内野生物种的组成、分布、生境、受威胁因素。

调查指标与方法的详细要求如下:

①种类:物种的学名是按照国际动物命名法规给动物命名的拉丁文或拉丁化的科学名词。物种的中文名统一采用中文正名。物种的学名常采用双名法命名,以两个拉丁词作为一个种的学名,第一个词是属名,常为主格单数名词,首字母大写,第二个词是种本名,常为形容词,词性要与属名相符,首字母不能大写。属名和种本名在印刷上一律用斜体字。

物种的分布广义上指物种分布省份,狭义上可具体到某一地区内各分布点的经纬度和海拔高度。经纬度使用 WGS84 坐标系,以度、分、秒的形式记录,秒数精确到小数点后两位,如N 44°32′16.22″。海拔以米为单位,保留整数位,如 1969 m。

②生境:进行损害鉴定与评估时,要考虑生境类型、受干扰状况以及重点关注种类的生境面积。生境类型包括九大类,即乔木林(A)、灌木林及采伐迹地(B)、农田(C)、草原(D)、荒漠/戈壁(E)、居住点(F)、内陆水体(G)、沿海(H)、沼泽(I)。各大类之下又分为若干小类。人为干扰活动分为四大类,即开发建设(A)、农牧渔业活动(B)、环境污染(C)、其他(D)。各大类之下又分为若干小类。干扰强度分为强、中、弱、无四个等级。

③受威胁因素:主要包括生境退化和丧失、过度利用、人类活动等。

(4)推荐使用的调查方法:样方法、样线法、样点法、标记重捕法、红外相机自动拍摄法。

①样方法:在调查的生境内随机选取若干个样方,直接统计每个样方内物种数量及某个物种的个体数量。样方面积随调查对象的活动与分布特征而有所变化。

②样线法:样线法是指沿一条预设的样线行走,调查、记录样线两侧一定距离范围内出现的动物,并估算种群数量的调查方法。

③样点法:样点法是指按预定的规则布设样点,记录样点周围一定半径范围内出现的动物,并估算种群数量的调查方法。

④标记重捕法:在被调查物种的生境中,捕获一部分个体,将其标记后放回原有生境,经过一段时间后进行重捕,根据重新捕获的标记个体占总捕获数的比例来估计该种群的数量。该方法适用于活动能力强、活动范围较大的动物种群。

⑤红外相机自动拍摄法:红外相机自动拍摄法是指利用红外感应自动照相机,记录在其感应范围内活动的动物(以鸟兽为主)的调查方法。

(5)评估指标分为多样性现状评估和受威胁评估。

①多样性现状评估:包括物种丰富度、种群密度与种群数量。

②物种丰富度:即物种种类数,需统计调查区域内的物种数。

③种群密度:根据野外调查数据,计算重点关注物种的种群密度,单位为只/平方公里。

④种群数量:根据种群密度和生境面积,评估调查区域内重点关注物种的种群数量。

⑤受威胁评估:确定受威胁物种,识别威胁因子。

⑥受威胁物种:根据《中国生物多样性红色名录——脊椎动物卷》中的评估等级,统计分析调查区域受威胁(易危、濒危、极危)动物物种数及比例。

威胁因子分为四大类,即生境退化和丧失(A)、过度利用(B)、人类活动(C)、其他(D)。各大类又分为若干小类。分析威胁因子时要定量与定性相结合,充分分析威胁因子对调查区域动物多样性的影响及程度。

2.3.3　重点保护动物种类

新调整的《国家重点保护野生动物名录》于 2021 年 2 月 5 日正式颁布实施,列入的野生动物有 980 种、8 类,其中国家一级保护野生动物有 234 种、1 类,国家二级保护野生动物的 746 种、7 类。此处仅介绍几种国家一级保护野生动物。

(1)大熊猫(*Ailuropoda melanoleuca*)

大熊猫(见图 2.9)体型肥硕,头圆尾短,头躯长 1.2~1.8 m,尾长 10~12 cm,体重为 80~120 kg,最重可达 180 kg,体色为黑白两色,脸颊圆,有大大的黑眼圈,有解剖刀般锋利的爪子,标志性的内八字行走方式,雄性个体稍大于雌性。野生大熊猫广泛分布于四川、陕西和甘肃等省份的山区。

图 2.9　大熊猫

（2）虎（*Panthera tigris*）

图 2.10　虎

虎（见图 2.10）为哺乳纲的大型猫科动物，体态高大强壮，毛色为浅黄色或棕黄色，满身黑色横纹；头圆，眼大，两眼上方分别有一个白色区，前额有"王"字形黑纹，耳短，耳背面为黑色，中央有一块白斑；颈部粗而短，几乎与肩部同宽，肩部、胸部、腹部和臀部均较窄，呈侧扁状。四肢健壮有力，爪极锋利；尾粗长，有黑色环纹，尾端为黑色。野生虎广泛分布于黑龙江、吉林东部山区。

（3）亚洲象（*Elephas maximus*）

图 2.11　亚洲象

亚洲象（见图 2.11）是亚洲现存的最大陆生动物，眼小耳大，鼻子长而灵活；四肢粗大强壮，前肢有 5 趾，后肢有 4 趾；尾短而细，皮厚多褶皱，全身长有稀疏短毛；体长 5～6 m，身高 2.1～3.6 m，体重 3～5 t。雄象门齿长 1 m 多，是强有力的防卫武器。野生亚洲象广泛分布于云南省南部。

（4）朱鹮（*Nipponia nippon*）

图 2.12　朱鹮

朱鹮（见图 2.12）是一种中型涉禽，体羽为白色，头颈部的羽毛特化伸长形成下垂的冠羽；整个面部（包括额部、眼周、眼睑和下嘴基部）裸露无羽毛，且呈鲜艳的红色，喙的尖端和下喙的基部为红色，其他部分为黑色，虹膜为金黄色，脚亦为鲜亮的红色。繁殖期的朱鹮用喙不断啄取颈部肌肉中分泌的灰色素，涂抹到头部、颈部、上背和两翅羽毛上，使其变成灰黑色。野生朱鹮广泛分布于陕西省南部。

（5）金雕（*Aquila chrysaetos*）

金雕（见图 2.13）是一种大型猛禽，体长 76～102 cm，翼展达 2.3 m，体重 2～6.5 kg；头顶为黑褐色，头后至后颈的羽毛尖长，呈柳叶状，羽基为暗赤褐色，羽端为金黄色，具有黑褐色羽干纹。金雕的上体为暗褐色，肩部较淡，背肩部微缀紫色光泽；尾上覆羽为淡褐色,尖端为黑褐色,尾羽为灰褐色,具有不规则的暗灰褐色横斑或斑纹和宽阔的黑褐色端斑;翅上覆羽为暗赤褐色,羽端较淡,为淡赤褐色;初级飞羽为黑褐色,内侧初级飞羽内翈基部为灰白色,缀有杂乱的黑褐色横斑或斑纹;次级飞羽为暗褐色,基部有灰白色斑纹,耳羽为黑褐色。金雕下体的颏、喉和前颈为黑褐色,羽基为白色;胸、腹亦为黑褐色,羽轴纹较淡,覆腿羽、尾下覆羽、翅下覆羽以及腋羽均为暗褐色,覆腿羽具有赤色纵纹。野生金雕广泛分布于黑龙江、吉林、辽宁、内蒙古、新疆、青海、甘肃、陕西、北京、湖北、贵州、重庆、四川、云南等地区。

图 2.13　金雕

(6)丹顶鹤(*Grus japonensis*)

丹顶鹤(图 2.14)是一种大型涉禽,体长约 160 cm,翼展达 240 cm,体重 7～10 kg。丹顶鹤全身几乎为纯白色,头顶裸露无羽,呈朱红色,额头和眼睛前部羽毛为黑色,眼后、耳周至枕部羽毛为白色;嘴较长,呈淡绿灰色,颊、喉和颈为黑色;次级飞羽和三级飞羽黑色,三级飞羽长而弯曲,呈弓状,覆盖于尾上,因此站立时尾部呈黑色。野外夏季繁殖于黑龙江、吉林、辽宁和内蒙古等省、自治区的湿地,于山东、江苏、江西、上海等省市的湿地越冬。

图 2.14　丹顶鹤

（7）扬子鳄（*Alligator sinensis*）

图 2.15　扬子鳄

扬子鳄（见图 2.15）身长 1～2 m，体重约 36 kg，头部扁平，眼睛呈土色，吻突出；四肢粗短，前肢有 5 趾，后肢有 4 趾，趾间有蹼，爬行和游泳都很敏捷；尾长而侧扁，粗壮有力，在水里能推动身体前进，是攻击和自卫的武器。野生扬子鳄广泛分布于安徽、江苏、浙江等省份的水域。

（8）中华鲟（*Acipenser sinensis*）

图 2.16　中华鲟

中华鲟（见图 2.16）体呈纺锤形，头尖吻长，口前有 4 条吻须，口位在腹面，有伸缩性，并能伸成筒状；体被覆五行大而硬的骨鳞，背面一行，体侧和腹侧各两行。中华鲟的尾鳍为歪尾型，偶鳍具有宽阔的基部，背鳍与臀鳍相对；腹鳍位于背鳍前方，鳍及尾鳍的基部具有棘状鳞，肠内具有螺旋瓣，肛门和泄殖孔位于腹鳍基部附近，输卵管的开口与卵巢距离较远。中华鲟的体重为 50～300 kg；最大个体体长 5 m，体重可达 600 kg。野生中华鲟广泛分布于长江干流金沙江以下至入海河口，闽江、钱塘江和珠江偶有出现。

2.4　外来入侵物种及其损害鉴定与评估

2.4.1　外来物种的概念

外来物种是指从原产地因偶然传入或有意引入到新地区并定殖的生物种类，出现在本身的自然分布范围以外。

外来入侵物种是指从外地传入或人为引种后，逃逸为野生状态，并对当地生态系统造成一定危害的物种。

我国外来入侵物种名录是分期分批公布的，详见附录 3。

2.4.2　外来入侵物种的危害

外来入侵物种的危害：①严重破坏生物的多样性，并加速了物种的灭绝。②严重破坏生态平衡。③可能携带病原微生物,对其他生物的生存甚至对人类健康构成直接威胁。④给受害国家和区域造成巨大的经济损失。

外来入侵物种及其损害鉴定需要农业、林业检疫部门联合行动,并需要高等院校与科研院所提供技术支持。

外来入侵物种带来的经济损失通常参考市场交易和市场价格,采用机会成本、影子价格或影子工程费用来估算外来入侵物种对生态系统服务功能造成的经济损失;也可以建立间接经济损失评估模型,并在参数估计的基础上,估算外来入侵物种造成的间接经济损失。

2.4.3　典型外来入侵种

《中国外来入侵物种名单》(共 4 批)包含入侵种 71 种,其中外来入侵植物 40 种,外来入侵动物 31 种。此处仅介绍几种典型外来入侵物种。

(1)空心莲子草(*Alternanthera philoxeroides*)

空心莲子草(见图 2.17)原产于巴西,多年生草本植物;茎基部匍匐,管状,茎老时无毛;叶片为矩圆形、矩圆状倒卵形或倒卵状披针形,顶端急尖或圆钝,具有短尖,基部渐狭,叶片两面无毛或上面有贴生毛及缘毛,叶柄无毛或微有柔毛。花密生,总花梗的头状花序单生在叶腋,苞片及小苞片为白色,苞片为卵形;花被片为矩圆形,白色,光亮,无毛;子房为倒卵形,每年 5 月—10 月开花。

图 2.17　空心莲子草

空心莲子草广泛分布于北纬 44°以南、东经 97°以东的低海拔、气候温润地区的池沼、河流等区域附近。空心莲子草通常会形成大面积单优群落,导致当地物种多样性下降,并对农业灌溉、水产养殖、粮食运输、旅游业造成巨大损失。

(2)三裂叶豚草(*Ambrosia trifida*)

三裂叶豚草(见图 2.18)原产于北美,一年生粗壮草本植物,高 50~120 cm,有时可达 170 cm,有分枝。叶对生,有时互生,具有叶柄,下部叶 3~5 裂,上部叶 3裂,有时不裂。叶片上面为深绿色,叶片下面为灰绿色,两面生有短糙伏毛。花序在枝端密集成总状花序,总苞为浅碟形,绿色;总苞片结合,外面有 3 肋。花托无托片,有白色长柔毛,每个头状花序有

图 2.18　三裂叶豚草

20～25个不育的小花;小花为黄色,长1～2 mm,花冠为钟形,上端5裂;雌头状花序在雄头状花序下面,上部叶状苞叶的腋部聚作团伞状,有一个无被能育的雌花。花期为每年8月,果期为每年9月—10月。三裂叶豚草广泛分布于吉林、辽宁、河北、北京、天津等省市,吸肥能力和再生能力极强,造成土壤干旱贫瘠,遮挡阳光,降低农作物产量。豚草花粉是人类"花粉病"的主要病源,会引发过敏性鼻炎和支气管哮喘。

（3）黄花刺茄（*Solanum rostratum*）

图 2.19　黄花刺茄

黄花刺茄(见图2.19)原产于北美,一年生草本植物,直根系,主根发达,侧根较少,多须根。茎直立,基部稍木质化,株型类似灌木,高可达70 cm。黄花刺茄的叶互生,叶柄长0.5～5 cm,密被刺及星状毛;叶片为卵形或椭圆形,裂片为椭圆形或近圆形。黄花刺茄的蝎尾状聚伞花序为腋外生,花期的花轴伸长变成总状花序,花横向;萼筒为钟状,萼片线状披针形;花冠为黄色,呈辐射状,花瓣外面密被星状毛;花药为黄色,异型,浆果球形,成熟时变为黄褐色。萼片直立靠拢成鸟喙状,果皮薄,与萼合生,种子多数为黑色,每年6月—9月开花结果。黄花刺茄广泛分布于辽宁、吉林、河北、北京、新疆、内蒙古等地区,常形成大面积单优群落,严重抑制其他植物生长,破坏当地生物多样性。全株密被刺毛,可伤害家畜,茎叶与果实含有神经毒素茄碱,可致牲畜死亡。

（4）垂序商陆（*Phytolacca americana*）

图 2.20　垂序商陆

垂序商陆(见图2.20)原产于北美,多年生草本植物,高可达2 m。根粗壮,肥大,茎直立,茎为圆柱形;叶片为椭圆状卵形或卵状披针形,顶端急尖,基部为楔形;总状花序为顶生或侧生,花为白色,微带红晕,心皮合生。果序下垂,浆果为扁球形,种子为肾圆形,每年6月—8月开花,8月—10月结果。垂序商陆广泛分布于河北、陕西、山东、江苏、浙江、江西、福建、河南、湖北、广东、四川、云南等地区,生长在疏林下、路旁和荒地。垂序商陆生长迅速,易形成单优群落,根系发达,消耗土壤肥力,植株高大,能覆盖其他植物体,导致其他植物生长不良甚至死亡，根及浆果对人和牲畜有毒害作用。

（5）美国白蛾（*Hyphantria cunea*）

美国白蛾（见图 2.21）原产于北美，成虫身体为白色。雌蛾体长 9～15 mm，翅展 30～42 mm；雄蛾体长 9～13 mm，翅展25～36 mm，触角腹面为黑褐色。双栉为齿状，呈黑色，长 5 mm，内侧栉齿较短，约为外侧栉齿的 2/3；下唇须小，外侧为黑色，内侧为白色，口器短而纤细。美国白蛾的胸部背面密布白毛，多数个体腹部为白色，无斑点，少数个体腹部为黄色，上有黑点。多数雄蛾触角前翅散生几个

图 2.21　美国白蛾

或多个黑褐色斑点；雌蛾触角为锯齿状，褐色，复眼为黑褐色，无光泽，半球形，大而突出。美国白蛾的前翅多为纯白色，少数个体有斑点；后翅一般为纯白色或近边缘处有小黑点。成虫前足基节及腿节端部为橘黄色，胫节和跗节外侧为黑色，内侧为白色。美国白蛾广泛分布于黑龙江、吉林、辽宁、北京、河北、天津、山东、江苏、安徽、河南、内蒙古、湖北、山西、陕西等地区，幼虫可取食绝大多数阔叶树的叶片，严重时能将寄主植物叶片全部吃光，对园林树木、经济林、农田防护林等造成严重伤害。

（6）稻水象甲（*Lissorhoptrus oryzophilus*）

稻水象甲（见图 2.22 所示）原产于北美，成虫长2.6～3.8 mm。喙与前胸背板几乎等长，稍弯，呈扁圆筒形，前胸背板较宽，鞘翅侧缘平行，比前胸背板宽，肩斜，鞘翅端半部行间上有瘤突。雌虫后足胫节有前锐突和锐突，锐突长而尖，雄虫仅具有短粗的两叉形锐突。蛹长约 3 mm，白色；幼虫为白色，头黄褐色；卵为圆柱形，

图 2.22　稻水象甲

两端圆。稻水象甲广泛分布于辽宁、河北、山东、天津、江苏、浙江、新疆、贵州、广东、广西、台湾等地区。稻水象甲是杂食性害虫，成虫啃食植物叶片，幼虫啃食植物根部，使植株黄化枯萎，主要危害水稻、茭白、玉米、甘蔗、高粱等作物。

（7）德国小蠊（*Blattella germanica*）

德国小蠊（见图 2.23）原产于热带非洲，成虫为背腹扁平的椭圆形，可分头、胸、腹三部分，小的仅 0.2～0.5 cm，多数体长为 10～30 mm，呈黄褐色、红褐色或深褐色，体长和体色因种而异，一般体表具有油亮光泽。早龄若虫体小呈深褐色，近于黑色，无翅，形成翅后的若虫在背中央有一条明显的淡色条纹。德国小

图 2.23　德国小蠊

蠊头部为下口式,口器为咀嚼式,有一对发达的复眼、一对单眼;有两对翅膀,前翅为革质,后翅为膜质,但很少飞行;有三对形状相同的爬行足,股节发达,强劲有力,善于疾走。雄虫腹部末节后缘两侧有一对腹刺,雌虫无腹刺,据此可分别雌雄。前胸发达,背板宽大而扁平,中后胸较小,腹部扁阔,可分为 10 节。德国小蠊是家居卫生害虫,分布广泛。德国小蠊不仅会盗食、污染食物、中药材,而且会损坏衣物、书籍、文物藏品等物品,造成经济损失,还携带大量的病原体,传播疾病。

(8)红腹锯鲑脂鲤(*Pygocentrus nattereri*)

图 2.24　红腹锯鲑脂鲤

红腹锯鲑脂鲤(见图 2.24)原产于南美亚热带淡水水域,体长 20～30 cm。鱼体呈卵圆形,体侧扁而高;全身体色主基调为灰绿色,背部为墨绿色,体侧为淡棕色到微橄榄色,并散布具有金属光泽的银色小点;腹部大片鲜红色,具有锯齿状边缘;头大,吻端钝,腭强健,下颚发达;牙为三角形,尖锐,呈锯齿状排列,作剪刀状咬合;尾鳍呈叉形。红腹锯鲑脂鲤广泛分布于广东、广西、台湾等地区,是肉食性鱼类,群体攻击性强,对鱼类多样性和渔业养殖危害很大,也会危害下水的畜禽。

2.5　生物多样性保护的法律条文

我国已经建立起了包括《中华人民共和国宪法》在内的比较完备、多样的生物多样性保护法律体系。

2.5.1　《中华人民共和国宪法》(生态环境保护条款摘录)

第九条　矿藏、水流、森林、山岭、草原、荒地、滩涂等自然资源,都属于国家所有,即全民所有;由法律规定属于集体所有的森林和山岭、草原、荒地、滩涂除外。

国家保障自然资源的合理利用,保护珍贵的动物和植物。禁止任何组织或者个人用任何手段侵占或者破坏自然资源。

第十条　城市的土地属于国家所有。

农村和城市郊区的土地,除由法律规定属于国家所有的以外,属于集体所有;宅基地和自留地、自留山,也属于集体所有。

国家为了公共利益的需要,可以依照法律规定对土地实行征收或者征用并给予补偿。

任何组织或者个人不得侵占、买卖或者以其他形式非法转让土地。土地的使用权可以依照法律的规定转让。

一切使用土地的组织和个人必须合理地利用土地。

第二十二条　国家发展为人民服务、为社会主义服务的文学艺术事业、新闻广播电视事业、出版发行事业、图书馆博物馆文化馆和其他文化事业,开展群众性的文化活动。

国家保护名胜古迹、珍贵文物和其他重要历史文化遗产。

第二十六条　国家保护和改善生活环境和生态环境,防治污染和其他公害。

国家组织和鼓励植树造林,保护林木。

2.5.2　《中华人民共和国刑法》(生态环境保护条款摘录)

第一百五十五条　下列行为,以走私罪论处,依照本节的有关规定处罚:

(一)直接向走私人非法收购国家禁止进口物品的,或者直接向走私人非法收购走私进口的其他货物、物品,数额较大的;

(二)在内海、领海、界河、界湖运输、收购、贩卖国家禁止进出口物品的,或者运输、收购、贩卖国家限制进出口货物、物品,数额较大、没有合法证明的。

第三百三十八条　违反国家规定,排放、倾倒或者处置有放射性的废物、含传染病病原体的废物、有毒物质或者其他有害物质,严重污染环境的,处三年以下有期徒刑或者拘役,并处或者单处罚金;情节严重的,处三年以上七年以下有期徒刑,并处罚金;有下列情形之一的,处七年以上有期徒刑,并处罚金:

(一)在饮用水水源保护区、自然保护地核心保护区等依法确定的重点保护区域排放、倾倒、处置有放射性的废物、含传染病病原体的废物、有毒物质,情节特别严重的;

(二)向国家确定的重要江河、湖泊水域排放、倾倒、处置有放射性的废物、含传染病病原体的废物、有毒物质,情节特别严重的;

(三)致使大量永久基本农田基本功能丧失或者遭受永久性破坏的;

(四)致使多人重伤、严重疾病,或者致人严重残疾、死亡的。

有前款行为,同时构成其他犯罪的,依照处罚较重的规定定罪处罚。

第三百三十九条　违反国家规定,将境外固定废物进境倾倒、堆放、处置的,处五年以下有期徒刑或者拘役,并处罚金;造成重大环境污染事故,致使公私财产遭受重大损失或者严重危害人体健康的,处五年以上十年以下有期徒刑,并处罚金;后果特别严重的,处十年以上有期徒刑,并处罚金。

未经国务院有关主管部门许可,擅自进口固体废物用作原料,造成重大环境污染事故,致使公私财产遭到重大损失或者严重危害人体健康的,处五年以下有期徒刑或者拘役,并处罚金;后果特别严重的,处五年以上十年以下有期徒刑,并处罚金。

以原料利用为名,进口不能用作原料的固体废物、液体废物和气态废物的,依照本法

第一百五十二条第二款、第三款的规定定罪处罚。

第三百四十条 违反保护水产资源法规，在禁渔区、禁渔期或者使用禁用的工具、方法捕捞水产品，情节严重的，处三年以下有期徒刑、拘役、管制或者罚金。

第三百四十一条 非法猎捕、杀害国家重点保护的珍贵、濒危野生动物的，或者非法收购、运输、出售国家重点保护的珍贵、濒危野生动物及其制品的，处五年以下有期徒刑或者拘役，并处罚金；情节严重的，处五年以上十年以下有期徒刑，并处罚金；情节特别严重的，处十年以上有期徒刑，并处罚金或者没收财产。

违反狩猎法规，在禁猎区、禁猎期或者使用禁用的工具、方法进行狩猎，破坏野生动物资源，情节严重的，处三年以下有期徒刑、拘役、管制或者罚金。

违反野生动物保护管理法规，以食用为目的非法猎捕、收购、运输、出售第一款规定以外的在野外环境自然生长繁殖的陆生野生动物，情节严重的，依照前款的规定处罚。

第三百四十二条 违反土地管理法规，非法占用耕地、林地等农用地，改变被占用土地用途，数量较大，造成耕地、林地等农用地大量毁坏的，处五年以下有期徒刑或者拘役，并处或者单处罚金。

第三百四十三条 违反矿产资源法的规定，未取得采矿许可证擅自采矿，或者擅自进入国家规划矿区、对国民经济具有重要价值的矿区和他人矿区范围采矿，或者擅自开采国家规定实行保护性开采的特定矿种，情节严重的，处三年以下有期徒刑、拘役或者管制，并处或者单处罚金；情节特别严重的，处三年以上七年以下有期徒刑，并处罚金。

违反矿产资源法的规定，采取破坏性的开采方法开采矿产资源，造成矿产资源严重破坏的，处五年以下有期徒刑或者拘役，并处罚金。

第三百四十四条 违反国家规定，非法采伐、毁坏珍贵树木或者国家重点保护的其他植物的，或者非法收购、运输、加工、出售珍贵树木或者国家重点保护的其他植物及其制品的，处三年以下有期徒刑、拘役或者管制，并处罚金；情节严重的，处三年以上七年以下有期徒刑，并处罚金。

第三百四十五条 盗伐森林或者其他林木，数量较大的，处三年以下有期徒刑、拘役或者管制，并处或者单处罚金；数量巨大的，处三年以上七年以下有期徒刑，并处罚金。

违反森林法的规定，滥伐森林或者其他林木，数量较大的，处三年以下有期徒刑、拘役或者管制，并处或者单处罚金；数量巨大的，处三年以上七年以下有期徒刑，并处罚金。

非法收购、运输明知是盗伐、滥伐的林木，情节严重的，处三年以下有期徒刑、拘役或者管制，并处或者单处罚；情节特别严重的，处三年以上七年以下有期徒刑，并处罚金。

盗伐、滥伐国家级自然保护区内的森林或者其他林木的，从重处罚。

第三百四十六条 单位犯本节第三百三十八条至第三百四十五条规定之罪的，对单位判处罚金，并对其直接负责的主管人员和其他直接责任人员，依照本节各该条的规定处罚。

第四百零八条 负有环境保护监督管理职责的国家机关工作人员严重不负责任,导致发生重大环境污染事故,致使公私财产遭受重大损失或者造成人身伤亡的严重后果的,处三年以下有期徒刑或者拘役。

2.5.3 其他法律法规

(1)环境保护法体系:

《中华人民共和国环境保护法》(2014 年修订)

《中华人民共和国海洋环境保护法》(2017 年修订)

《中华人民共和国自然保护区条例》(2017 年修订)

《中华人民共和国环境影响评价法》(2018 年修正)

《中华人民共和国环境保护税法》(2018 年修正)

《中华人民共和国水土保持法》(2010 年修订)

《中华人民共和国大气污染防治法》(2018 年修正)

《中华人民共和国水污染防治法》(2017 年修正)

《中华人民共和国土壤污染防治法》

《中华人民共和国噪声污染防治法》

《中华人民共和国防沙治沙法》(2018 年修正)

《中华人民共和国放射性污染防治法》

《中华人民共和国传染病防治法》(2013 年修正)

《中华人民共和国固体废物污染环境防治法》(2020 年修订)

(2)资源保护法体系:

《中华人民共和国森林法》(2019 年修订)

《中华人民共和国森林法实施条例》(2018 年修订)

《中华人民共和国草原法》(2021 年修正)

《中华人民共和国渔业法》(2013 年修正)

《中华人民共和国野生动物保护法》(2022 年修订)

《中华人民共和国畜牧法》(2022 年修订)

《中华人民共和国野生植物保护条例》(2017 年修订)

《中华人民共和国濒危野生动植物进出口管理条例》(2019 年修订)

《中华人民共和国陆生野生动物保护实施条例》(2016 年修订)

《中华人民共和国可再生能源法》(2009 年修正)

《中华人民共和国矿产资源法》(2009 年修正)

《中华人民共和国水法》(2016 年修正)

《中华人民共和国土地管理法》(2019 年修正)

《中华人民共和国渔业法》

《中华人民共和国自然保护区条例》

《中华人民共和国植物新品种保护条例》

2.6 典型案例分析

2.6.1 非法猎捕案

2.6.1.1 案例一

被告人贡某等3人非法猎捕、杀害珍贵、濒危野生动物刑事附带民事公益诉讼案。

【基本案情】

2017年12月,被告人贡某等3人在玉树市仲达乡邦琼寺附近一山沟处用铁丝陷阱非法捕杀3只母马麝,并将尸体埋于现场附近。玉树市森林公安局民警接到群众报案后将3人当场抓获。经鉴定,案涉野生动物马麝为国家一级重点保护动物,3只马麝整体价值为90 000元。青海省玉树市人民检察院依法提起刑事附带民事公益诉讼。

【裁判结果】

青海省玉树市人民法院一审认为,贡某等3人的行为构成非法猎捕、杀害珍贵、濒危野生动物罪。3名被告人的行为损害了社会公共利益,应承担因犯罪行为给国家野生动物资源造成的损失。一审法院判决贡某等3人犯非法猎捕、杀害珍贵、濒危野生动物罪,判处有期徒刑3年6个月至5年不等,并处罚金;判决3名被告共同赔偿野生动物资源损失90 000元,并公开向社会公众道歉。

【典型意义】

本案系非法猎捕、杀害珍贵、濒危野生动物引发的刑事附带民事公益诉讼案件。保护珍贵、濒危野生动物对于保护生物多样性、维护生态系统平衡具有重要意义。三江源地区是黄河的发源地,其生物多样性丰富,但三江源地区也属于生态脆弱区。本案在严惩破坏野生动物资源犯罪的同时,依法判决不法分子赔偿国家经济损失并赔礼道歉,体现了司法保护生态环境公共利益的功能,对于全面禁止和惩治非法野生动物交易,引导社会公众树立自觉保护野生动物及其栖息地的意识,维护国家生物安全和生态安全具有重要意义。

2.6.1.2 案例二

湖南省岳阳楼区人民检察院诉何某等非法杀害珍贵、濒危野生动物罪,非法狩猎罪等刑事附带民事诉讼案。

【基本案情】

2014 年 11 月至 2015 年 1 月期间,何某、钟某在湖南省东洞庭湖国家级自然保护区收鱼时,与养鱼户及帮工人员方某、龙某、涂某、余某、张某、任某等人商定投毒杀害保护区内野生候鸟,由何某提供农药并负责收购。此后,何某等人先后多次在保护区内投毒杀害野生候鸟,均由何某统一收购后贩卖给李某介绍的汪某。2015 年 1 月 18 日,何某、钟某先后从方某及余某处收购了 8 袋共计 63 只候鸟,在岳阳市君山区壕坝码头被自然保护区管理局工作人员当场查获。经鉴定,上述 63 只候鸟均系中毒死亡,其中 12 只小天鹅及 5 只白琵鹭均属国家二级保护野生动物,其余苍鹭、赤麻鸭、赤颈鸭、斑嘴鸭、夜鹭等共计 46 只均属国家"三有"保护野生动物。查获的 63 只野生候鸟核定价值为人民币44 617 元。

湖南省岳阳楼区人民检察院以何某等 7 人犯非法猎捕、杀害珍贵濒危野生动物罪,向岳阳市岳阳楼区人民法院提起公诉。岳阳市林业局提起刑事附带民事诉讼,请求 7 名被告人共同赔偿损失 44 617 元,湖南省岳阳楼区人民检察院支持起诉。

【裁判结果】

湖南省岳阳市岳阳楼区人民法院一审认为,何某伙同钟某、方某在湖南省东洞庭湖国家级自然保护区内,采取投毒方式非法杀害国家二级保护动物小天鹅、白琵鹭及其他野生动物,李某帮助何某购毒并全程负责对毒杀的野生候鸟进行销售,何某、钟某、方某、李某的行为均已构成非法杀害珍贵、濒危野生动物罪,属情节特别严重。龙某等在何某的授意下,采取投毒方式,在国家级自然保护区内猎杀野生候鸟,破坏野生动物资源,情节严重,其行为均已构成非法狩猎罪。何某、钟某的犯罪行为同时触犯非法杀害珍贵、濒危野生动物罪和非法狩猎罪,应择一重罪以非法杀害珍贵、濒危野生动物罪定罪处罚。此外,因何某等 7 人的犯罪行为破坏了国家野生动物资源,致使国家财产遭受损失,各方应承担赔偿责任。相应损失以涉案 63 只野生候鸟的核定价值认定为 44 617 元,根据各人在犯罪过程中所起的具体作用进行分担,判决何某、钟某、方某、李某犯非法杀害珍贵、濒危野生动物罪,判处有期徒刑 6 年至 12 年不等,并处罚金。龙某等犯非法狩猎罪,判处有期徒刑 1 年至 2 年不等,其中 2 人缓刑 2 年。由何某等 7 人共同向岳阳市林业局赔偿损失人民币 44 617 元。

【典型意义】

本案系非法猎捕、杀害珍贵、濒危野生动物刑事附带民事诉讼案件。刑罚是环境治理的重要方式。面对日趋严峻的环境资源问题,运用刑罚手段惩治和防范环境资源犯罪,加大环境资源刑事司法保护力度,是维护生态环境的重要环节。本案发生于湖南省东洞庭湖国家级自然保护区内,在检察机关提起公诉的同时,由相关环境资源主管部门提起刑事附带民事诉讼,且检察机关支持起诉,依法同时追究行为人刑事责任和民事责任,具有较高的借鉴价值。一审法院在认定 7 名被告人均具有在自然保护区内投毒杀害野生候鸟的主观犯意前提下，正确区分各自的客观行为，根据主客观相一致原则对 7 名被告人分别以杀害珍贵、濒危野生动物罪和非法狩猎罪定罪；并根据共同犯罪理论区分主从犯，分别对 7 名被告人判处 1 年至 12 年不等的有期徒刑，部分适用缓刑。这既体现了从严惩治环境资源犯罪的基本价值取向，突出了环境法益的独立地位，又体现了宽严相济的刑事政策，充分发挥了刑法的威慑和教育功能。此外，本案不仅追究了被告人杀害野生候鸟的刑事责任，还追究了被告人因其犯罪行为给国家野生动物资源造成损失的民事赔偿责任，对环境资源刑事犯罪和民事赔偿案件的一并处理具有较好的示范意义。

2.6.2 生态破坏民事公益诉讼案

江苏省泰州市人民检察院诉王某等 59 人生态破坏民事公益诉讼案。

【基本案情】

2018 年上半年，董某等非法捕捞者在长江干流水域使用网目尺寸小于 3 mm 的禁用渔具非法捕捞长江鳗鱼苗并出售谋利。王某等非法收购者明知长江鳗鱼苗系非法捕捞所得，仍以单独收购或者通过签订合伙协议、共同出资等方式建立收购鳗鱼苗的合伙组织，共同出资收购并统一对外出售长江鳗鱼苗，并均分非法获利。秦某在明知王某等人向其出售的鳗鱼苗系在长江中非法捕捞的情况下，仍多次予以收购。2019 年 7 月，泰州市人民检察院以王某、董某、秦某等 59 人实施非法捕捞、贩卖、收购长江鳗鱼苗行为，破坏长江生态资源，损害社会公共利益为由提起民事公益诉讼，要求王某、董某、秦某等 59 人对所造成的生态资源损害结果承担连带赔偿责任。

【裁判结果】

江苏省南京市中级人民法院一审认为，董某等非法捕捞者于禁渔期内，在长江干流水域多次非法捕捞长江鳗鱼苗，造成生物多样性损害，应当承担赔偿责任。王某等非法收购者与非法捕捞者之间形成了完整的利益链条，共同造成生态资源的损害，应当共同承担连带赔偿责任。一审判决如下：判令王某等 13 名非法收购者对其非法买卖鳗鱼苗所造成的生态资源损失连带赔偿 850 余万元；判令秦某、董某等其他收购者、捕捞者根据其参与非法买卖或捕捞的鳗鱼苗数量，承担相应赔偿责任或与直接收购者承担连带赔偿责任。江苏省高级人民法院二审维持原判。

【典型意义】

本案系江苏环境资源审判"9＋1"机制正式运行后，南京环境资源法庭立案受理、公开开庭审理并作出裁判的第一起案件，也是自 2016 年 1 月国家调整长江流域禁渔期以来，全国首例判令从捕捞、收购到贩卖长江鳗鱼苗"全链条"承担生态破坏赔偿责任的案件，充分体现了人民法院用"最严格制度、最严密法治"保护长江生态环境的决心和力度。本案适用七人制合议庭进行审理，通过采用专家出庭接受询问的方式，综合衡量生态破坏后果，科学计算出生态资源损失，同时明确可以采用劳务代偿的方式折抵部分生态损害赔偿数额,为长江生态修复提供了有效路径,对维护长江地区生态安全,全面加强长江水生生物保护工作,形成人与自然和谐共生的绿色发展格局具有积极意义。本案庭审由多名省、市人大代表旁听,超过 1700 万网民在线观看,中央电视台进行全程现场直播,并制作专题节目予以报道,人民日报等全国 40 余家国内主流媒体对庭审及审理进程进行跟踪报道,具有良好的宣教引导意义。

2.6.3　非法采伐案

被告人张某非法采伐国家重点保护植物案。

【基本案情】

2017 年 3 月初,被告人张某以 400 元的价格购买重庆市梁平区明达镇某园场内的红豆杉 1 株。随后,张某上山采挖并雇请他人将红豆杉搬运并栽种在自家花园内。3 月 19 日,张某采挖重庆市梁平区竹山镇猎神村某处的红豆杉 1 株,采挖过程中被发现。当日,张某被公安机关抓获归案,案涉 2 株红豆杉均已死亡。经鉴定,案涉 2 株红豆杉系国家一级重点保护野生植物。

【裁判结果】

重庆市万州区人民法院一审认为,张某违反《野生植物保护条例》等规定,非法采挖 2 株野生红豆杉,移植或准备移植至自家花园,构成非法采伐国家重点保护植物罪。重庆市万州区人民法院以非法采伐国家重点保护植物罪判处张某有期徒刑 3 年 3 个月,并处罚金 2 万元。二审中,张某主动申请并积极履行生态修复协议约定的修山抚育和补植复绿义务,主动缴纳罚金 2 万元,认罪、悔罪态度较好,重庆市第二中级人民法院二审认为可以从轻处罚。最终,重庆市第二中级人民法院以非法采伐国家重点保护植物罪改判张某有期徒刑 3 年,缓刑 3 年,并处罚金 2 万元。

【典型意义】

本案系非法采伐国家重点保护植物的刑事案件。案涉红豆杉是我国国家一级重点保护植物,具有重要的科学、经济和观赏价值,属于《中华人民共和国刑法》第三百四十四条规定的"珍贵树木或者国家重点保护的其他植物"。2020 年 3 月 21 日起施行的《最高人民法院　最高人民检察院关于适用〈中华人民共和国刑法〉第三百四十四条有关问题的批复》第三条规定:对于非法移栽珍贵树木或者国家重点保护的其他植物,依法应当追究刑事责任的,依照刑法第三百四十四条的规定,以非法采伐国家重点保护植物罪定罪处罚。鉴于移栽在社会危害程度上与砍伐存在一定差异,对非法移栽珍贵树木或者国家重点保护的其他植物的行为,在认定是否构成犯罪以及裁量刑罚时,应当考虑植物的珍贵程度、移栽目的、移栽手段、移栽数量、对生态环境的损害程度等情节,综合评估社会危害性,确保罪责刑相适应。本案判决发生于上述批复施行之前,人民法院综合全案,以非法采伐国家重点保护植物罪改判被告人有期徒刑 3 年,缓刑 3 年,并处罚金。这对正确理解上述批复,规范采挖、移栽珍贵野生植物的行为定性,具有重要的指导意义。同时,对警示、引导社会公众树立法律意识,杜绝非法采挖、移栽珍贵野生植物,保护生物多样性具有较好的教育示范作用。

2.6.4 非法收购出售案

被告人全某等6人非法收购、运输、出售珍贵、濒危野生动物案。

【基本案情】

2017年1月至2018年3月,被告人全某、周某先后多次非法收购穿山甲35只,出售给被告人李某、林某等人共31只穿山甲,违法所得19.09万元。被告人李某将从全某、周某处购得的穿山甲出售给被告人陈某等人共6只,违法所得4.60万元。2017年10月至2018年3月,被告人华某帮全某、周某非法运输穿山甲9次共9只,得运费约3700元。

【裁判结果】

湖南省石门县人民法院一审认为,被告人全某等6人违反国家野生动物保护法规,非法收购、运输、出售国家重点保护的珍贵、濒危野生动物穿山甲,已构成非法收购、运输、出售珍贵、濒危野生动物罪。湖南省石门县人民法院以非法收购、出售珍贵、濒危野生动物罪分别判处被告人全某、周某、李某有期徒刑11年、10年6个月、3年,并处罚金;以非法运输珍贵、濒危野生动物罪判处被告人华某有期徒刑5年,并处罚金;以非法收购珍贵、濒危野生动物罪分别判处被告人林某、陈某有期徒刑2年6个月、2年,施以缓刑,并处罚金。湖南省常德市中级人民法院二审维持原判。

【典型意义】

本案系非法收购、运输、出售珍贵、濒危野生动物的刑事案件。穿山甲是我国二级保护野生动物,也是世界濒危物种之一。本案判决通过严惩破坏野生动物资源犯罪,充分发挥刑罚的惩治和教育功能,引导社会公众树立自觉保护野生动物及其栖息地的意识,共同守护人与自然和谐共处的地球家园。全国人民代表大会常务委员会于2020年2月24日作出《关于全面禁止非法野生动物交易、革除滥食野生动物陋习、切实保障人民群众生命健康安全的决定》,全面禁止和惩治非法野生动物交易行为,维护生物安全和生态安全。

2.6.5 司法鉴定案

对涉案树种、材积及价值进行司法鉴定。

【基本情况】

委托人:新疆维吾尔自治区森林公安局天山东部分局。

委托鉴定事项:对包某非法盗伐林木涉案树种、材积及价值进行司法鉴定。

受理日期:2011年5月11日。

鉴定日期:2011 年 5 月 11—12 日。

鉴定地点:乌鲁木齐板房沟林场后峡管护所 103 林班(萨恩萨依沟、小白桥沟)。

在场人员:包某等 7 人。

【检案摘要】

新疆维吾尔自治区森林公安局天山东部分局对包某非法盗伐林木一案委托鉴定机构对涉案树种、材积及价值进行司法鉴定。

【检验过程】

鉴定机构接受委托后,于 2011 年 5 月 11—12 日指派鉴定人员组成鉴定组,在犯罪嫌疑人的指认下,与新疆维吾尔自治区森林公安局天山东部分局的警务人员共同对涉案林木进行了现场勘验及调查。

(1)涉案地位于乌鲁木齐板房沟林场后峡管护所 103 林班(萨恩萨依沟、小白桥沟)。

(2)涉案地被采伐的林木均为 2008—2009 年采伐的云杉立死杆,还包括一些河谷水冲木和风倒木,它们零星且十分分散地分布在 103 林班的多个山沟深山峡谷两侧,点多线长,分布零散。根据当地查证、调查,被盗伐的林木共计 72 株、伐根直径在 12~74 cm 之间,被伐树木全部是云杉。

【分析说明】

(1)材积计算:参考"新疆东部林区天山雪岭云杉一元材积表",72 株云杉材积计算结果为 63.89 m³。

(2)云杉立死杆市场调查案发时间平均价格为 700 元/m³,63.89 m³ × 700 元/m³ = 44 723 元。

【鉴定意见】

涉案地所盗伐的林木为天山云杉,总材积为 63.89 m³,价值为 44 723 元。

第3章 森林生态系统损害司法鉴定

生态系统有多种类型,如森林、草地、荒漠、湿地、海洋等自然生态系统,以及城市、农田等人工生态系统。不同的生态系统,其组成、结构、功能、分布、重要性等各不相同,因此生态损害司法鉴定中的对象、方法、要求等也有差别。本章将分别对森林、草地、湿地、农田等生态系统和景观的生态损害及其司法鉴定进行论述和介绍。

3.1 植物群落和植被的基本概念

植物群落是一定地段上植物有规律的组合,如红松群落、马尾松群落、麻栎群落、羊草群落等。植物群落的总体就是植被,按类型划分为森林植被、草原植被等,按地域划分为中国植被、世界植被等。生态系统损害鉴定过程中面对的对象经常是各种植物群落和植被。

中国植被的分类原则遵循生态外貌原则,即以群落自身综合特征为分类原则,将种类组成、外貌和结构、地理分布、动态和生境等作为分类依据,确定高级、中级、低级三级植被分类系统。

3.1.1 高级单元

高级单元有植被型组、植被型、植被亚型三种。

(1)植被型组:由建群种生活型相近且群落外貌相似的植物群落联合而成,如针叶林、阔叶林、草原等。

(2)植被型:由建群种生活型相同或相似,对水热条件要求一致的植物群落联合而成,是植被分类中重要的高级单位,如常绿阔叶林、落叶阔叶林、温带草原、温带荒漠等。

(3)植被亚型:在植被型内根据优势层片或指示层片的差异划分植被亚型,多由气候、地貌差异引起,如温带草原分为草甸草原(半湿润)、典型草原(半干旱)、荒漠草原(干旱)。

3.1.2　中级单元

中级单元有群系组、群系、亚群系三种。

(1)群系组:在植被型内根据建群种亲缘关系、生活型和生境的相近程度划分,如草甸草原分为丛生禾草草甸草原、根茎禾草草甸草原、杂类草草甸草原。

(2)群系:凡是建群种或共建种相同的植物群落均可联合为群系,是植被分类的中级单位,如大针茅群系、羊草群系、赤松群系、红松群系、马尾松群系、落叶松-白桦混交林群系等。

(3)亚群系:在生态幅度较广的群系内根据次优势层片及其反映的生境条件差异划分,如羊草+中生杂类草草原、羊草+旱生禾草草原。

3.1.3　低级单元

低级单元有群丛组、群丛、亚群丛三种。

(1)群丛组:由层片结构相似且优势层片的优势种或共优种相同的植物群落联合而成,如羊草+大针茅草原、羊草+丛生禾草草原。

(2)群丛:群丛是植物群落分类的基本单位,相当于植物分类的种。群丛由层片结构相同且各层片的优势种或共优种相同的植物群落联合而成,如羊草+大针茅+黄囊苔草原、羊草+大针茅+柴胡草原。

(3)亚群丛:在群丛内,由于生态条件或发育阶段的差异导致区系成分、层片配置及群落动态等出现细微变化,是群丛内部的生态-动态变型。

每个群落都是由一定的植物、动物、微生物种群组成的,因此种类组成是区别不同群落的最基本特征。一个群落中种类成分的多少及每种个体的数量是度量群落多样性的基础。植物群落研究中常用的群落成员型分类有:①优势种,即对群落的结构和群落环境的形成有明显控制作用的植物种。②建群种,即群落优势层(如乔木层)的优势种。③亚优势种,即个体数量与作用都次于优势种,但在决定群落性质和控制群落环境方面仍起着一定作用的物种。④伴生种,即植物群落中常见的物种,与优势种相伴存在,但不起主要作用。⑤偶见种或罕见种,即群落中出现频率很低的物种,多半是由于种群本身数量稀少的缘故。⑥关键种,即对维持群落结构具有最重要意义的物种。如果关键种被移除,将导致生态过程的中断、食物网的崩溃或其他多种生物的灭绝,对群落结构造成重大影响。⑦常见种,即植物群落常见的物种,可能是优势种、建群种或者伴生种。

3.2 森林生态系统类型

3.2.1 森林生态系统的概念

森林生态系统是以乔木为主体的生物群落(包括植物、动物和微生物)及其非生物环境(包括光、热、水、气、土壤等)综合组成的生态系统,是生物与环境、生物与生物之间进行物质交换、能量流动的生态系统。森林生态系统具有调节气候、涵养水源、保持水土、防风固沙等多方面的生态系统服务功能。

森林生态系统可分为自然林生态系统和人工林生态系统。自然林生态系统具有种类组成丰富、层次结构复杂、食物链多样、光合生产率高以及初级生产能力高等特征。

森林生态系统通常分布在湿润地区,在干旱、半干旱区域山地等位置也有分布。由于森林生态系统的物种种类多,结构复杂,因此它能够长期处于稳定状态。森林中的植物以乔木为主,一种或者数种为建群种,也有多种多样的灌木和草本植物。森林中动物种类繁多,因生态位不同而生活在森林的不同位置。营树栖和攀缘生活的动物特别多,如各种鸟类、松鼠、灵长类等;林下则有各种草食和肉食动物,如鹿、野猪、老虎等大型动物;另外还有丰富多样的昆虫。森林不仅能够直接为人类提供大量的木材等可直接利用的产品,而且可提供间接的生态系统服务。例如,森林植物通过光合作用,每天都消耗大量的二氧化碳,释放出大量的氧气,维持了大气中二氧化碳和氧含量的平衡;降雨时,乔木层、灌木层和草本植物层都能够截留一部分雨水,大大减缓了雨水对地面的冲刷,减少了地表径流,增加了地下径流,涵养了水源;枯枝落叶层就像厚厚的海绵,能吸收和存储雨水。所以,森林在保持水土、涵养水源方面起着重要作用,有"绿色水库"之称。

陆地的森林生态系统主要有四种类型,分别为热带雨林、亚热带常绿阔叶林、温带落叶阔叶林和寒温带针叶林(北方针叶林、泰加林)。

3.2.2 热带雨林

热带雨林是分布于热带湿润地区的森林植被,高温高湿是其生境特征,种类组成非常丰富,层析结构特别复杂,具有一些独特的特征(如板根、气生根、附生现象等),如图3.1所示。热带雨林主要分布在赤道南北纬5°~10°以内的热带气候地区。这里全年高温多雨,无明显的季节区别,年平均温度为25~30 ℃,最冷月的平均温度在18 ℃以上,最高温度多在36 ℃以下;年降水量通常超过2000 mm,有的高达6000~10 000 mm,年降水量分配均匀,常年湿润,空气相对湿度在90%以上;土壤一般为砖红壤。

（a）外貌　　　　　　　　　　（b）气生根和附生现象

图 3.1　热带雨林

3.2.2.1　热带雨林的基本特点

热带雨林的种类组成特别丰富，大部分都是高大乔木和常绿植物，生长繁茂。热带雨林结构复杂，树冠参差不齐，很难划分层次。乔木高大挺直，通常在 30～40 m，分枝小，树皮光滑，常具原始性质的板状根和支柱根。茎花现象或老茎生花现象（即在老茎上开花结果，是一种原始特征）很普遍，藤本植物及附生植物也极为丰富。寄生植物很普遍，高等、有花的寄生植物常发育于乔木的根和茎上。草本层通常在光线强的地方茂盛，在光线弱的地方稀疏。热带雨林的植物一年四季都有长叶与落叶、开花与结果现象，外貌上终年常绿。

在长期进化过程中，热带雨林的物种出现了不同生态位的分化，多数热带雨林动物为窄生态幅种类。热带雨林的昆虫、两栖类、爬行类等变温动物也非常多。

3.2.2.2　热带雨林的类型和分布

热带雨林主要分布在赤道附近，世界上的热带雨林主要有三大群系类型，分别为印度马来雨林群系、非洲雨林群系和南美洲雨林群系。

（1）印度马来雨林群系包括亚洲和大洋洲所有的热带雨林，主要分布在菲律宾群岛、马来半岛、中南半岛的东西两岸、恒河和布拉马普特拉河下游、斯里兰卡南部以及我国的云南南部等地，其特点是以龙脑香科为优势种，有多种多兰科附生植物。

（2）非洲雨林群系的面积不大，主要分布在刚果河流域。非洲雨林的物种种类较贫乏，但有大量的特有种，其中棕榈科植物尤其多，如棕榈、油椰子等，咖啡属种类也很多。

（3）南美洲雨林群系面积最大，以亚马孙河流域为中心，豆科植物占优势，藤本植物和附生植物特别多，凤梨科、仙人掌科、天南星科和棕榈科植物也十分丰富。

中国的热带雨林主要分布在海南岛、云南南部河口和西双版纳地区,在北纬29°附近的西藏墨脱县境内也有热带雨林的分布,是世界热带雨林分布的最北缘。西双版纳和海南岛的热带雨林与季雨林最为典型。中国热带雨林中占优势的乔木树种是桑科、无患子科、番荔枝科、肉豆蔻科、橄榄科和棕榈科的一些植物。我国热带雨林中龙脑香科的种类和个体数量比东南亚典型雨林少,典型的龙脑香科植物有望天树等,高度为40~60 m。

由于热带雨林丰富的生物多样性和木材等自然资源遭到了前所未有的破坏,面积逐年缩小。但因热带地区高温多雨,有机质分解快,物质循环强烈,雨林一旦被破坏,极易引起水土流失,导致环境退化。因此,保护热带雨林是当前全世界最为关心的生态问题之一。

3.2.3　亚热带常绿阔叶林

亚热带常绿阔叶林分布在温暖湿润的亚热带地区,主要由樟科、壳斗科、山茶科、金缕梅科等常绿阔叶植物组成,如图3.2所示。

图3.2　亚热带常绿阔叶林

3.2.3.1　亚热带常绿阔叶林的基本特点

亚热带常绿阔叶林(也称"照叶林")的建群种和优势种的叶多为革质,表面有厚蜡质,具光泽,能反射光线。亚热带常绿阔叶林群落结构较复杂,成层明显,季相变化不明显。常绿阔叶林的外貌浑圆,四季暗绿,树冠呈微波起伏状。亚热带南部的常绿阔叶林内有类似板根、茎花和大的藤本,而北部就很少,附生植物也不多。亚热带常绿阔叶林的降水量一般为1000~2000 mm,土壤为红壤等;动物种类相对较多,大型动物有华南虎、华南豹、野猪等。

3.2.3.2　亚热带常绿阔叶林的主要类型和分布

常绿阔叶林在地球上分布于亚热带地区的欧亚大陆东岸,南北美洲、非洲、大洋洲亚热带地区也有少量分布。中国的常绿阔叶林分布的面积最大、最典型。

在美洲,常绿阔叶林主要分布于北美的佛罗里达和南美的智利和巴塔哥尼亚等地,主要树种为各种常绿栎类、美洲山毛榉、大花木兰等。

在非洲,常绿阔叶林主要分布于西岸大西洋中的加那利群岛和马德拉群岛。加那利群岛上的常绿阔叶林主要树种有加那利月桂树、印度鳄梨等。

在大洋洲,澳大利亚的常绿阔叶林分布从大陆东岸的昆士兰、新南维尔士、维多利亚直到塔斯马尼亚,主要树种有桉树、假毛山榉等。

3.2.3.3　中国常绿阔叶林的分布

中国的常绿阔叶林是世界上分布面积最大、最典型的常绿阔叶林。从秦岭—淮河以南一直分布到广东、广西中部,东至黄海和东海海岸,西达青藏高原东缘。

中国的常绿阔叶林主要由壳斗科的栲属、青冈,樟科的樟、润楠属,山茶科的木荷属等常绿乔木组成,还有木兰科、金缕梅科的一些种类。

中国的常绿阔叶林从北纬 23°跨越到北纬 34°,南北气候差异明显,可以分为南亚热带、中亚热带以及河北亚热带三个区域。北部常绿阔叶林的乔木层中常含有较多的落叶种类,而偏南地区的常绿阔叶林往往又具有一些热带雨林的特征。

在中国常绿阔叶林分布区内,人工或半天然的针叶林(如马尾松林、台湾松林)很常见。此外,竹林也是中国亚热带气候区的一种十分重要的木本植被类型。

3.2.4　温带落叶阔叶林

在温带海洋性气候条件下形成的地带性植被是落叶阔叶林,又称“夏绿林”。温带落叶阔叶林主要分布在欧亚大陆和北美洲温带湿润区域。在中国,温带落叶阔叶林主要分布在东北温带和华北暖温带地区。另外,日本北部、朝鲜都有典型的落叶林分布。

3.2.4.1　落叶阔叶林的基本特征

温带落叶阔叶林分布区的气候四季分明,夏季高温多雨,雨热同季,冬季寒冷少雨,年降水量为 500～1000 mm,土壤为棕壤和褐土。

温带落叶阔叶林主要建群种类由壳斗科、杨柳科、桦木科、槭树科等科的乔木组成,叶子多为纸质。春季抽出新叶,夏季形成郁闭林冠,秋季叶片枯黄,冬季落叶,形成了明显的落叶阔叶林季相变化,如图 3.3 所示。温带落叶阔叶林的群落垂直结构分层明显,通常可以分为乔木层、灌木层和草本层三个层次。乔木层一般只有一层或两层,由一种或几种优势树木组成。草本层的季节变化十分明显,这是因为不同草本植物的生长期和开花期不同。藤本植物通常不发达,附生植物多是蕨类、苔藓和地衣。

温带落叶阔叶林中的哺乳动物有鹿、獾、棕熊、野猪、狐狸等,鸟类有雉、莺等。另外,温带落叶阔叶林中还有各种各样的昆虫。

图 3.3　温带落叶阔叶林的季相变化

3.2.4.2　落叶阔叶林分布

我国的落叶阔叶林主要分布在华北和东北南部一带,热带、亚热带山地也有出现。由于长期受人类活动的影响,我国境内已基本上无原始林的分布,次生和人工的针叶林(如赤松、油松、侧柏、黑松等)在落叶阔叶林区分布很广泛。各地落叶阔叶林以栎属落叶树种为主,如麻栎、蒙古栎、栓皮栎、槲树等;另外还有一些其他落叶阔叶树种,如椴属、槭属、桦属、杨属等。中国的落叶阔叶林区没有自然的山毛榉林分布,而来自北美的刺槐却广泛分布于落叶阔叶林区,已经成为常见的落叶阔叶林。

落叶阔叶林区域有各种果树,如梨树、苹果树、桃树、李子树、樱桃树、胡桃树、柿子树、栗子树、枣树等。

3.2.5　寒温带针叶林

针叶林是指以针叶树为建群种所组成的各种森林群落的总称,包括各种针叶纯林、针叶树种的混交林以及以针叶树为主的针阔叶混交林。北方针叶林特指寒温带针叶林,它是寒温带的地带性植被,分布范围非常大,又称"泰加林",如图 3.4 所示。寒温带针叶林通常由云杉属和冷杉属树种组成,其树冠为圆锥形和塔形;由松属组成的针叶林的树冠为近圆形;由落叶松属组成的针叶林的树冠为塔形,树冠比较稀疏。云杉和冷杉是较耐阴的树种,因其形成的森林郁闭度高,林下阴暗,又称它们为"阴暗针叶林"。松林和落叶松林较喜阳,林冠郁闭度低,林下较明亮,因此人们又把由松属和落叶松属植物组成的针叶林称为"明亮针叶林"。

图 3.4　寒温带针叶林

3.2.5.1　寒温带针叶林的特点

寒温带针叶林区的气候特点是夏季温凉,冬季严寒多雪。7 月平均气温为 10～19 ℃,1 月平均气温为－50～－20 ℃;年降雨量 300～600 mm,多集中在夏季。

寒温带针叶林的群落特征是种类组成简单,群落结构明显,可分为乔木层、灌木层、草本层和苔藓层四个层次。乔木层常由单一或两个树种构成,林下常有一个灌木层、一个草本层和一个苔藓地被层。动物有棕熊、马鹿、驯鹿、黑貂、猞猁、雪兔、松鼠等,以及大量的土壤动物(以小型节肢动物为主)和昆虫。有害昆虫常对针叶林造成很大的危害。

3.2.5.2　寒温带针叶林的分布

寒温带针叶林主要分布在欧洲大陆北部的西伯利亚和北美洲,在地球上形成了一条壮观的针叶林带,也是整个森林带的最北界。

在中国,寒温带针叶林主要分布于大、小兴安岭地区,在亚热带和其他山地高海拔区则构成垂直分布的山地寒温带针叶林带,如长白山、横断山脉、祁连山、天山和阿尔泰山等都可见到寒温带针叶林。大兴安岭的林海主要由兴安落叶松(*Larix gmelini*)构成,小兴安岭的林海主要由冷杉、云杉和红松构成,而阿尔泰山的林海主要由西伯利亚落叶松构成,此外还有少量的云杉属和冷杉属的树种。

寒温带针叶林是中国森林覆盖面积最大、资源蕴藏最丰富的森林,但是由于长期采伐等人类活动,原始的针叶林区已所剩无几。

在温带、亚热带和热带山地也有各种针叶林分布,包括赤松林、黑松林、油松林、马尾松林、云南松林等。

3.2.6 红树林

3.2.6.1 红树林的概念与特征

红树林是热带沿海泥质滩涂上分布的水生或湿生木本植物群落,亚热带南部海滩也有分布。

红树林具有一些独特的生态特点:①生境为泥质海滩,土壤为海滨盐土,群落经常受潮汐影响。②由红树类植物组成,所以称为"红树林"。③具有支柱根和呼吸根,以适应海水涨落,如图 3.5 所示。④存在"胎生现象",而"胎生现象"是红树对海水涨落的生态适应,种子在母树上开始萌发,形成的胚轴长约 10 cm,待海水退落时,胚轴脱离果实落入淤泥中迅速生根,待潮涨时幼苗已经自然定植。

图 3.5　红树林的支柱根和呼吸根

红树林的功能多样而巨大:①红树林的初级生产者作用。②红树林有防风防浪、固泥固沙、防护海岸堤坝和调节海岸小气候的作用,因此红树林是海岸带的天然屏障和卫士。③红树林下的浅滩是鱼、虾、蟹、贝类、藻类生物栖息和繁殖的场所,也是鸟类栖息、觅食和繁衍后代的场地。④红树林还有提供木材、药用、肥料、食物等多种作用。

3.2.6.2 世界红树林的分布

红树林主要分布在南北回归线之间的海滩上,最高纬度可达北纬 32°和南纬 44°,在北半球的分布中心是东南亚,在南半球的分布中心是中南美洲,其中东南亚的红树林较为繁茂。

3.2.6.3　红树林的分布

我国的红树林南至海南岛的榆林港,北至浙江的平阳(人工引种),包括海南、广东、广西、福建和台湾等省(份)沿海及香港和澳门地区,跨越了约 10 个纬度。据记载,中国红树林面积在历史上曾达 2.5×10^5 hm²,20 世纪 50 年代约为 4×10^4 hm²,目前约为 3×10^4 hm²。中国的红树林属于东南亚红树林类型,主要种类与东南亚红树林基本相同,有红树、红海榄、红冬茄、秋茄树等,以及海榄雌科、紫金牛科的部分种类。红树林作为海岸防护林,受到国家和地方政府的高度重视,目前已经建立了多个红树林保护区。

3.2.7　人工林

3.2.7.1　人工林的概念

人工林指通过人工营造形成的森林,树种选择、空间配置及其造林技术和管理措施都是按照人们的需求设计的。人工林的主要特点包括:①所用种苗或繁殖体是人为选择和培育的。②树木个体多是同龄的和均匀栽植的,有利于种植和管理,特别适于工厂化的林业生产。③群体结构通常单一,树木个体生长整齐划一。④人工管理。我国人工林面积居世界第一位,人工林树种主要有刺槐、黑松、桉树、杉木、杨树等,如图 3.6 所示。

（a）人工刺槐林　　　　　　　　　（b）人工黑松林

图 3.6　人工刺槐林及人工黑松林

3.2.7.2　中国人工林的现状

中国第八次森林资源清查(2009—2013 年)结果显示,中国的森林面积约为 2.1×10^8 hm²(未包括台湾、香港、澳门,下同),占世界森林面积的 5.15%,居世界第五位;人均森林面积 0.15 hm²,相当于世界人均占有量的 25%;森林覆盖率为 21.63%,活立木总蓄积量为 1.6433×10^{10} m³,森林蓄积量为 1.5137×10^{10} m³,居世界第六位;人均森林蓄积量为 10.98 m³,相当于世界人均占有量的 14%。

截至 2013 年底,我国人工林保存面积达到 6.933×10^7 hm²,占世界人工林总面积的

26.2％，占国有林地面积的 36％；人工林蓄积量为 2.483×10^9 m^3，占中国森林蓄积量的 17％。

3.3 森林生态系统损害评价指标

3.3.1 森林生态系统资产评估概述

森林生态系统对人类社会有多种直接贡献和间接贡献。直接贡献通常可以通过正常的市场交易（即产品供给）来直接衡量。间接贡献一般被称为"间接生态系统服务价值"，将间接生态系统服务价值计入国民经济体系的账户，就可以将其转化为生态资产。间接生态系统服务价值主要表现为涵养水源、维持生物多样性、净化环境、保护土壤、调节大气、游憩等价值。随着人类活动的影响，特别是城镇化进程的加快，大量的森林用地不断转换为城镇建设用地，森林生态资产不断流失。为更好地促进可持续发展，人们迫切需要探索和建立完善的森林生态系统服务功能的定量化评估与核算体系，实现森林生态资产的保值和增值。

3.3.2 森林生态系统服务功能评估

3.3.2.1 森林生态系统服务功能指标体系

随着人们对生态系统功能不可替代性认识的不断深入，生态系统服务价值研究逐渐受到人们的重视。森林作为陆地生态系统的主体，在全球生态系统中发挥着举足轻重的作用，如何对其服务价值进行评估，建立一套科学、合理、具有可操作性的评估标准和指标体系，成为当前迫切需要研究和解决的问题。王兵等专家学者在充分考虑森林生态系统服务价值机制的基础上，采用分布测算法和专家咨询，构建了我国森林生态系统服务价值评估指标体系，如图 3.7 所示。

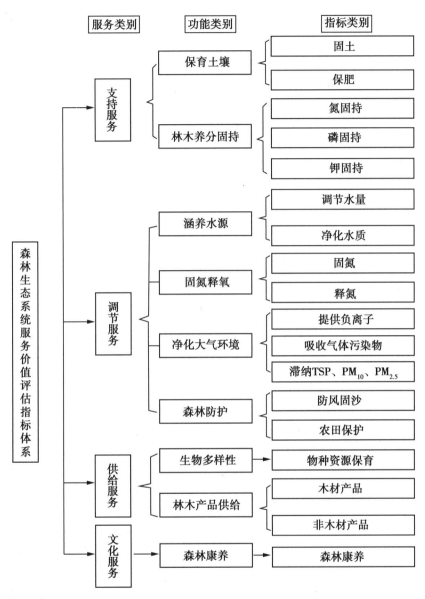

图 3.7　森林生态系统服务价值评估指标体系

3.3.2.2　数据来源

根据我国森林生态系统研究现状,森林生态系统服务价值评估指标体系在森林生态系统服务功能评估中最大限度地使用了森林生态站长期连续观测的实测数据,以保证评估结果的准确性。数据来源主要有以下几类:

(1)森林生态要素全指标体系连续观测与清查(简称"森林生态连清")数据集,具体可按照《森林生态系统长期定位观测方法》(GB/T 33027—2016)和《森林生态系统长期定位观测指标体系》(GB/T 35377—2017)的规定使用。

（2）森林资源连续清查数据集或资源二类调查数据集。

（3）统计年鉴等权威机构公布的社会公共资源数据集。

3.3.2.3 评估方法

森林生态系统服务功能评估分布测算方法如图 3.8 所示,具体思路为:

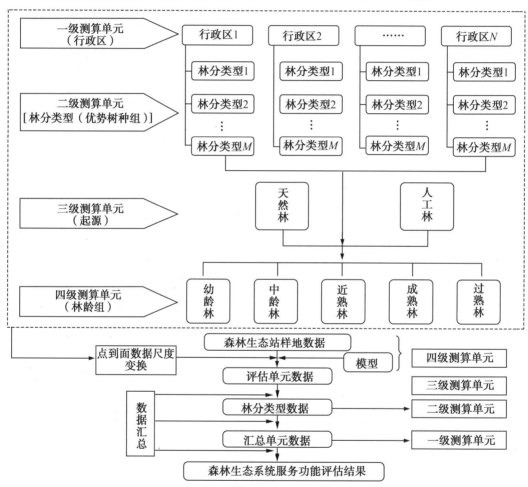

图 3.8　森林生态系统服务功能评估分布测算方法

（1）将一个异质化的森林资源整体按照行政区划分为 N 个一级测算单元。

（2）每个一级测算单元按照林分类型(优势树种组)划分成 M 个二级测算单元(如经济林、竹林和灌木林,可按照林分类型对待)。

（3）每个二级测算单元按照起源分为天然林和人工林两个三级测算单元。

（4）每个三级测算单元按照林龄组划分为幼龄林、中龄林、近熟林、成熟林、过熟林五个四级测算单元。

(5)再结合不同条件的对比观测,最终确定多个相对独立的、均质化的生态系统服务评估测算单元,最后汇总得出结果。

3.3.3　生态 GDP 核算

3.3.3.1　生态 GDP 核算体系

生态 GDP 核算是指在现行 GDP 的基础上减去环境退化价值和资源消耗价值,加上生态效益,即在原有绿色 GDP 核算体系的基础上加入生态效益(即生态系统服务功能价值),将资源消耗、环境损害和生态效益纳入国民经济核算体系。生态 GDP 核算对 GDP 总量指标进行了调整,形成了以生态 GDP 为总量指标的经济评价体系,弥补了绿色 GDP 核算中的缺陷。生态 GDP 核算体系是一个与国民经济核算体系相联系的卫星账户系统,而不是替代国民经济核算体系的核心系统,是对绿色 GDP 核算的完善。生态 GDP 核算公式如下:

生态 GDP＝绿色 GDP＋生态效益(即森林、湿地等生态系统服务功能价值)

王兵等专家学者依据联合国的环境经济综合核算体系(SEEA),借鉴中国绿色 GDP 核算体系框架,建立了生态 GDP 核算体系总体框架。根据现实统计数据的可得性和实际问题分析的需要,研究人员设计了中国生态 GDP 核算体系框架,如图 3.9 所示。

生态 GDP 核算体系按照环境经济核算体系框架确定环境实物量核算内容和方法,将资源环境要素纳入经济资产之中,从而形成完整的自然资产概念。该体系主要涉及资源、污染物排放和生态系统服务三类账户,选取土地、森林、草原、湿地、矿产等资源类型,对煤炭、石油和天然气三种最重要的一次能源进行资产存量核算,同时将资源环境利用消耗作为投入纳入当期经济活动核算之中,进行流量核算。导致自然存量减少的主要因素是当期经济活动对资源环境的消耗利用。

污染物排放账户设置废水、废气和固体废弃物三大类,并结合我国目前的能耗特点和现实中的典型环境问题将废气类污染物细化为二氧化硫(SO_2)、氮氧化物(NO_x)、总悬浮颗粒物(TSP)、二氧化碳(CO_2)。

按照资源实物流量编制的自然资源实物流量核算表,生态系统服务功能可分为涵养水源、固碳释氧、保育土壤、积累营养物质、净化大气、生物多样性保育等(具体指标可根据不同生态系统类型进行调整)。生态系统服务功能产生的物质流量是资源再生产的生态产品。

实物量核算是生态 GDP 核算体系的第一步,它能充分利用资源环境统计数据,使其核算结果与经济核算结果一致,显示出资源环境与经济之间的关系。根据环境实物量账户,通过估价建立环境价值量账户。生态 GDP 核算体系只有通过价值量才能与经济体系按照统一计量单位进行衔接。对资源耗减量进行虚拟估价,建立资源消耗账户;根据污染物实物流量账户,建立环境损害价值账户;依据生态系统服务功能虚拟价值量,建立支付账户,设计环境价值量总体核算表。价值量表征资源环境经济核算的最终目标,对于生态 GDP 核算至关重要。

依据生态 GDP 核算公式,以核算的价值量为基础,按照生产法、成本法、收入法,用环境成本(包括资源耗减成本和环境退化成本)和生态效益对传统 GDP 进行总量核算,可得出绿色 GDP 和生态 GDP,进而对传统国民经济核算总量指标进行调整。经过环境因素调整,可形成以生态 GDP 为中心的一组关键总量指标,用于可持续发展成果的评价。

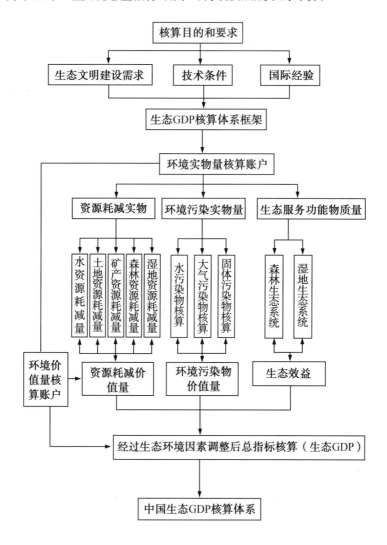

图 3.9 中国生态 GDP 核算体系框架

3.3.3.2 生态系统服务功能物质量核算

生态系统服务功能物质量核算主要是从物质量的角度对生态系统提供的各项服务

功能进行定量核算。生态过程及其结构是生态系统服务功能的产生机制,是物质量核算的理论基础。物质量核算能够比较客观地评估不同的生态系统所提供的同一项服务能力,是价值量核算的基础。不同服务功能的实物量评估方法不同,以森林生态系统服务功能核算为例,森林生态系统服务功能项数众多,有些可以量化,而有些不能量化。森林生态系统服务功能可分为涵养水源、保育土壤、固碳释氧、积累营养物质、净化大气环境、生物多样性保育、森林防护等 7 个功能 13 个指标,具体物质流量参考我国林业行业标准《森林生态系统服务功能评估规范》(GB/T 38582—2020)进行核算。

3.3.3.3　核算方法

森林除了为国民经济和人们生活提供丰富的物质产品外,更重要的是提供生态系统服务。生态系统服务功能价值核算是生态 GDP 核算的重要部分。

生态系统服务功能价值核算利用经济学方法,从货币价值量的角度对生态系统提供的服务功能物质量进行定量评估,评估结果为货币量。生态系统服务功能价值核算既能将不同生态系统与某一项生态系统服务进行比较,也能将某一生态系统的各单项服务综合起来。生态系统服务功能价值核算通过对环境经济核算,将价值量核算与传统经济核算衔接起来,形成描述环境-经济关系的数据体系。

森林生态系统服务功能价值核算依据生态系统服务功能评估的理论和方法,严格按照《森林生态系统服务功能评估规范》(GB/T 38582—2020)的规定,采用分布式计算方法与净生态系统生产力(NEP)实测法,从物质量和价值量两个方面着手对森林生态系统服务功能进行核算。生态系统服务功能价值核算的数据来源于全国森林资源清查资料和森林生态系统野外定位研究站的长期观测数据集。

中国森林生态系统服务功能价值核算是一项非常复杂、庞大、科学的系统工程,需要将全国尺度分成多个均质化的生态测算单元。分布式计算方法是目前核算中国森林生态系统服务功能所采用的较为科学有效的方法。首先,将省(区、直辖市)划分成 31 个一级测算单元,一级测算单元又划分成 49 个优势树种的二级测算单元(参照国家森林资源连续清查技术规定的不同林分类型),每个二级测算单元再按林龄组划分为幼龄林、中龄林、近熟林、成熟林、过熟林五个三级测算单元。然后,结合不同立地条件的对比观测,最终确定相对均质化的 7020 个生态系统服务功能测算单元。最后,基于生态系统尺度的生态系统服务功能定位实测数据,运用遥感反演、过程机理模型等技术手段,进行由点到面的数据尺度转换,得到各生态系统服务功能测算单元的数据。该核算体系利用改造的过程机理模型——集成生物圈模型(IBIS),推算各生态系统服务功能测算单元的涵养水源、保育土壤和固碳释氧等生态系统服务功能数据;结合森林生态站长期定位观测的环境数据和森林资源连续清查数据(蓄积量、树种组成、年龄等);通过筛选获得基于遥感数据反演的统计模型,推算各生态系统服务功能测算单元的林木营养积累生态系统服务功能数据和净化大气环境生态系统服务功能数据;将各生态系统服务功能测算单元的数据逐级累加,即可得到森林生态系统服务功能最终测算结果。

森林生态系统有其独特的结构和功能,在生态过程中为非生命系统提供赖以生存的环境和物质,通过对环境经济进行核算,将价值量核算与传统经济核算衔接起来,实现无形资产变现。森林生态系统服务功能价值核算的具体方法参考《森林生态系统服务功能评估规范》(GB/T 38582—2020)。

森林生态系统服务功能总价值为13项指标之和,即

$$U = \sum_{i=1}^{13} U_i \tag{3.1}$$

式中,U 为森林生态系统服务功能总价值(元/年);U_i 为服务功能分项价值(元/年)。

科学完备的森林生态系统服务功能价值测算流程为将生态效益纳入经济发展评价体系核算提供了技术上的支持,完全能够承担生态 GDP 核算任务。

3.4 森林生态系统损害鉴定

3.4.1 受损害类别

按照生态系统受到损害后损失的生态系统服务功能的不同,森林生态系统损害类别主要包括:

(1)涵养水源功能损失。

(2)固碳释氧功能损失。

(3)固土保肥损失。

(4)净化环境功能损失。

(5)森林生物多样性损失。

(6)社会价值损失。

3.4.2 损害范围和程度

3.4.2.1 涵养水源功能损失的定性与定量

森林涵养水源价值量的评估方法较多,共同之处是先确定森林涵养水资源的数量,然后再采用适当的方法获得"水资源"价值。对于森林涵养水资源数量的确定,具有代表性的方法包括以下几种:

（1）水量平衡法：森林拦蓄水源的总量是降水量与森林地带蒸发散量的差，该方法计算的森林涵养水源量是最科学合理的，但在实际中林木的蒸发散量需要多年乃至数十年的观测，其计算公式为

$$V = w \times (1-K) \times S \times P \tag{3.2}$$

式中，V 为涵养水源的价值；S 为森林面积；w 为年平均降水量（mm）；K 为蒸发散系数（%）；P 为所评估地区的水价。

注：$w \times (1-K) \times S$ 用于森林拦蓄水源的总量，所计算的内容包括削洪补枯、降水储蓄、净化水质。

（2）径流深法：利用所评估项目区流域多年平均径流深计算涵养水源量，其计算公式为

$$V = W \times S \times P \tag{3.3}$$

式中，V 为涵养水源的价值；S 为森林面积；W 为年平均径流深（mm）；P 为所评估地区当地水价。

（3）森林土壤蓄水法：采用森林土壤蓄水法确定森林涵养水源的贮水量，其计算公式为

$$V = \sum_{i=1}^{n} s_i \times h_i \times t_i \times P, \quad i = 1,2,3,\cdots,n \tag{3.4}$$

式中，V 为涵养水源的价值；s_i 为第 i 种土壤的面积；h_i 为 i 种土壤的深度（m）；t_i 为 i 种土壤的粗孔隙率（%）；P 为所评估地区的水价。

森林土壤蓄水法评估森林涵养水量简便易行，具有很强的可操作性，但测定的大孔隙（或粗孔隙）持水并不是土壤蓄水的全部水量，测量的最终结果必然会小于森林涵养水源的总量。

（4）其他方法：对于森林涵养水资源价值的确定，目前国内外广泛运用的是替代工程法。它是把森林涵养水源功能等效于一个蓄水工程，而且该工程的价值是可以计算的，那么该工程的修建费用就可以替代那个森林涵养水源的价值，从而间接地测量森林涵养水源的价值。在实际工作中，最常见的替代技术方式有蓄水工程费用法（水库）、电能生产成本法（电站）、海水淡化费用法（海水淡化设施）、平均生产成本费用法（区域性或全国的工程费用均值）四种。这四种方法的实质是将物理量转换为价值量所采用的价格参数，而物理量的计算除水量平衡法、径流深法、森林土壤蓄水法外，还有毛隙孔法等。

对于森林涵养水源物理量的计算，水量平衡法、径流深法在操作上最为简便易行。将物理量转换为价值量时，宜采用评估区的商业用水价。

3.4.2.2　固碳释氧功能损失的定性与定量

森林与大气的物质交换主要是 CO_2 和 O_2 的交换。确切地说，这种物质交换是指固

定并减少大气中的 CO_2，提供并增加大气中的 O_2。这对维持地球大气中的 CO_2 和 O_2 的动态平衡，减少温室效应，提供人类生存基础，有巨大而不可替代的作用，从而产生了很大的经济价值。固碳释氧价值是评估要先计算出森林固碳释氧的物理量，然后再计算其价值量。目前，固碳释氧物理量的计算方法主要有三种：一是根据光合作用方程式来计算固碳释氧量；二是实验测定森林每年固碳量，即实测法；三是根据数学模型来估算森林每年固碳释氧量。固碳的价值量计算方法中具有代表性的方法是人工固定 CO_2 成本法、造林成本法、碳税法、避免损害费用法；释氧的价值量计算方法中具有代表性的方法是工业释氧法、造林成本法。

(1)根据光合作用方程式结合碳税法计算森林现有植被的固碳价值，其反应式为

$$CO_2(264\ g) + H_2O(108\ g) \longrightarrow O_2(193\ g) + 葡萄糖(180\ g)$$
$$\downarrow$$
$$多糖(162\ g)$$

固碳价值的计算公式为

$$V_1 = W_1/T_1 \times a \times b \times T_2 \times Q \tag{3.5}$$

式中，V_1 为固碳价值；W_1 为森林总蓄积积累量；T_1 为蓄积量占生物总量的比例(%)；a 为木材比重；b 为固定二氧化碳常数；T_2 为二氧化碳中的纯碳比例；Q 为二氧化碳排放权价格。

注：计算森林今后每年可增加的固碳价值时，W 为年蓄积净生长量。

(2)根据光合作用方程式结合工业释氧法计算森林每年的释氧价值，其计算公式为

$$V_2 = W_2/T \times a \times c \times q \tag{3.6}$$

式中，V_2 为释氧价值；W_2 为森林年蓄积净生长量(m^3/a)；T_1 为蓄积量占总生物量的比例(%)；a 为木材比重；c 为植物释氧常数；q 为制氧价格。

(3)森林土壤(包括枯落物层)的固碳价值，其计算公式为

$$V_3 = W_3 \times S \times P \tag{3.7}$$

式中，V_3 为土壤碳储量价值；W_3 为区域土壤储碳平均值；S 为森林面积；Q 为二氧化碳排放权价格。

3.4.2.3　固土保肥损失的定性与定量

森林固土保肥的价值主要包括固土减淤价值和保肥价值。

(1)固土减淤价值：假设砍伐森林会导致土壤流失，流失的土壤会以泥沙形式堵塞河道，使防洪清淤工程的工程量增大。人们可利用有林地与无林地的土壤侵蚀模数差值和泥沙输移比值计算土壤的流失量，再通过清淤工程费用计算固土减淤能力价值，其计算公式为

$$V_4 = S \times D_1 \times T_3 \times P_F \tag{3.8}$$

式中，V_4 为固土减淤价值；S 为森林面积；D_1 为有林地与无林地的土壤侵蚀模数差值；T_3 为泥沙输移比值($\%$)；P_F 为清淤工程费用。

森林固土清淤价值的评估方法还有农作物产值替代法、林地经济效益替代法、土地价格差法。

(2)保肥价值：森林水土流失的同时也带走了土壤中的养分，如氮(N)、磷(P)、钾(K)等，减少土壤肥力流失的价值等于同等肥力化肥的价值，即按照有林地比无林地每年减少土壤侵蚀量中 N、P、K 的含量乘以 N、P、K 肥市场售价折算后带来的间接经济效益，其计算公式如下：

$$V_5 = D_2 \times S \times \sum_i (W_i / T_i \times P_i + M \times P_i) \tag{3.9}$$

式中，V_5 为保肥价值；D_2 为有林地与无林地的土壤侵蚀模数差值；S 为森林面积；W_i 为单位森林土壤中含纯 N、P、K 量，i 表示 N、P、K；T_i 表示化肥中含纯 N、P、K 的比例($\%$)；M 为单位森林土壤中有机质含量；P_i 为 N、P、K 化肥及有机质价格的市场销售价格。

3.4.2.4　净化环境功能损失的定性与定量

森林净化环境的功能主要包括：①吸收 SO_2、NO_x、HF、Cl_2 等有害气体；②减少粉尘，且在吸收污染物、灭菌、降低噪声和释放负离子等方面也有显著作用。森林减少酸雨的危害主要体现在对酸雨物质成分的吸收，这部分价值的核算可以通过估算减少酸雨损害的价值来实现。森林净化环境价值的估算主要包括释放负离子、吸收污染物和阻滞粉尘等价值的估算。

(1)释放负离子的价值估算：释放负离子的价值计算公式为

$$V_F = 5.256 \times 10^{15} \times S \times H \times P_L \times (T_L - 600)/L \tag{3.10}$$

式中，V_F 表示森林提供负离子价值；S 表示林分面积；H 表示林分高度；P_L 表示负离子生产费用；T_L 表示林分负离子浓度；L 表示负离子寿命(min)。

(2)吸收污染物的价值估算：森林对污染物的吸收通过面积-吸收能力法来计算，其计算公式为

$$V_X = P_i \times (W_{1i} \times S_1 \times W_{2i} \times S_2) \tag{3.11}$$

式中，V_X 为吸收污染物价值；P_i 分别为消减 SO_2、NO_x、HF、重金属的治理费用，i 分别表示 SO_2、NO_x、HF 和重金属；W_{1i} 分别为针叶林对 SO_2、NO_x、HF、重金属的年污染物吸收能力；W_{2i} 分别为阔叶林对 SO_2、NO_x、HF、重金属的年污染物吸收能力；S_1 为针叶林面积；S_2 为阔叶林面积。

此外，森林吸收污染物的价值评估方法还有阈值法、叶干重估值法。

(3)森林阻滞粉尘的价值估算：森林阻滞粉尘的价值计算公式为

$$V_J = P \times (W_1 \times S_1 + W_2 \times S_2) \tag{3.12}$$

式中,V_1 为阻滞粉尘的价值;P 为降尘治理费用;W_1 为针叶林阻滞粉尘能力;W_2 为阔叶林阻滞粉尘能力;S_1 为针叶林面积;S_2 为阔叶林面积。

3.4.2.5　森林生物多样性损失的定性与定量

森林生物多样的总体价值的评估采用市场价值法和机会成本法,森林潜在使用价值的评估采用支付意愿法。

(1)市场价值法:市场价值法是在森林生物多样性交易和转让或投标竞争中,直接形成的市场价格。这种价格尤其适合于一些动植物物种的引进和交易。该方法需要有完善的市场体系,即具有森林生态多样性的实际市场价值,并且能进行市场交易。但是,在许多情况下,生物多样性资源很少或不进行交易。

(2)机会成本法:任何一种自然资源的使用都存在许多相互排斥的备选方案,为了做出最有效的经济选择,人们必须找出社会经济效益最大的方案。但是资源是有限的,选择了这种使用机会就放弃了其他的使用机会,也就失去了其他获得效益的机会,我们把其他方案中可获得的最大经济效益称为该资源选择方案的机会成本,计算公式如下:

$$V_B = S \times P_B \tag{3.13}$$

式中,V_B 为物种保育价值;S 为森林面积;P_B 为单位面积年物种损失的机会成本,单位面积年物种损失的机会成本划分为 7 级,范围为 3000～50 000(元·hm^{-2}·a^{-1})

3.4.2.6　社会价值损失的定性与定量

森林生态系统提供的社会价值包括森林游憩和提供社会就业两个方面,本节只介绍森林游憩价值的评估方法。目前森林游憩价值的评估方法较多,常用的有旅行费用法、条件价值法、费用支出法和收益资本化法。

(1)旅行费用法:旅行费用法简称 TCM 法,它是比较流行的森林游憩价值评估方法之一。该方法利用旅游者的旅游成本来反映游憩地的休闲、文化功能价值,借以推算出人们对游憩地的需求价值。该方法从森林游憩产品的最终消费者的角度出发,根据不同旅游者前往某一森林游憩地所花费的旅游费用及时间机会成本、门票等,得出该旅游地的需求价值曲线,并计算出包括消费者剩余在内的经济价值。

(2)条件价值法:条件价值法通过对游客进行问卷调查,测算出游客对景观的平均支付意愿,并将其作为合理门票价格,从而获得森林游憩价值。

(3)费用支出法:费用支出法形成于 20 世纪初,20 世纪 50 年代后广泛应用于森林景观价值评估。该方法是以效用价值论和消费者剩余理论为基础,从消费者角度出发,以游客为获得森林景观服务而实际支出的各种费用作为森林游憩价值,其计算公式如下:

$$V_S = A \times N_m \tag{3.14}$$

式中,V_S 为森林游憩价值;A 为平均每人次游憩收益;N_m 为森林每年最大可容纳游客人次数。

森林每年最大可容纳游客人数（即森林游憩地的环境容量）是指在不破坏森林生态环境的前提下，森林游憩地所能容纳的最大游人数量。

3.4.3　适用法律条款

（1）《环境损害司法鉴定执业分类规定》：

第三条　环境损害司法鉴定解决的专门性问题包括：确定污染物的性质；确定生态环境遭受损害的性质、范围和程度；评定因果关系；评定污染治理与运行成本以及防止损害扩大、修复生态环境的措施或方案等。

第三十二条　生态破坏行为致植物损害鉴定。包括鉴定藻类、地衣类、苔藓类、蕨类、裸子、被子等植物及植物制品物种及其濒危与保护等级、年龄、原生地；鉴定外来植物物种及入侵种；确定植物损害的时间、类型、范围和程度，判定滥砍滥伐、毁林、开垦林地、草原等生态破坏行为与植物物种损害之间的因果关系，制定植物损害生态恢复方案建议，评估植物损害数额，评估恢复效果等。

第三十三条　生态破坏行为致动物损害鉴定。包括鉴定哺乳纲、鸟纲、两栖纲、爬行纲、鱼类（圆口纲、盾皮鱼纲、软骨鱼纲、辐鳍鱼纲、棘鱼纲、肉鳍鱼纲等）、棘皮动物、昆虫纲、多足纲、软体动物、珊瑚纲等动物及动物制品物种及其濒危与保护等级、种类、年龄、原生地；鉴定外来动物物种及入侵种，确定动物损害的时间、类型、范围和程度，判定乱捕滥杀、栖息地破坏、外来种入侵等生态破坏行为与动物损害之间的因果关系，制定动物损害生态恢复方案建议，评估动物损害数额，评估恢复效果等。

第三十四条　生态破坏行为致微生物损害鉴定。包括确定食用菌、药用菌及其他真菌类等大型真菌物种及其濒危与保护等级；鉴定微生物损害的时间、类型、范围和程度，判定毁林、滥采等生态破坏行为与微生物损害之间的因果关系，制定微生物损害生态恢复方案建议，评估微生物损害数额，评估恢复效果等。

第三十五条　生态破坏行为致森林生态系统损害鉴定。包括确定森林类型与保护级别，确定森林生态系统损害评价指标与基线水平，确定森林生态系统损害的时间、类型（如指示性生物、栖息地、土壤、地下水等损害）、范围和程度，判定森林盗伐、滥砍滥伐珍稀保护物种、破坏种质资源、森林火灾、非法占用、工程建设、外来种引入、地下水超采等生态破坏行为与森林生态系统损害之间的因果关系，制定森林生态系统恢复方案建议，评估森林生态系统损害数额，评估恢复效果等。

（2）《最高人民法院关于审理环境民事公益诉讼案件适用法律若干问题的解释》（2020 年修正）：

第十五条　当事人申请通知有专门知识的人出庭，就鉴定人作出的鉴定意见或者就因果关系、生态环境修复方式、生态环境修复费用以及生态环境受到损害至修复完成期间服务功能丧失导致的损失等专门性问题提出意见的，人民法院可以准许。

前款规定的专家意见经质证,可以作为认定事实的根据。

第十八条　对污染环境、破坏生态,已经损害社会公共利益或者具有损害社会公共利益重大风险的行为,原告可以请求被告承担停止侵害、排除妨碍、消除危险、修复生态环境、赔偿损失、赔礼道歉等民事责任。

第十九条　原告为防止生态环境损害的发生和扩大,请求被告停止侵害、排除妨碍、消除危险的,人民法院可以依法予以支持。

原告为停止侵害、排除妨碍、消除危险采取合理预防、处置措施而发生的费用,请求被告承担的,人民法院可以依法予以支持。

第二十条　原告请求修复生态环境的,人民法院可以依法判决被告将生态环境修复到损害发生之前的状态和功能。无法完全修复的,可以准许采用替代性修复方式。

人民法院可以在判决被告修复生态环境的同时,确定被告不履行修复义务时应承担的生态环境修复费用;也可以直接判决被告承担生态环境修复费用。

生态环境修复费用包括制定、实施修复方案的费用,修复期间的监测、监管费用,以及修复完成后的验收费用、修复效果后评估费用。

第二十一条　原告请求被告赔偿生态环境受到损害至恢复原状期间服务功能损失的,人民法院可以依法予以支持。

第二十三条　生态环境修复费用难以确定或者确定具体数额所需鉴定费用明显过高的,人民法院可以结合污染环境、破坏生态的范围和程度、生态环境的稀缺性、生态环境恢复的难易程度、防治污染设备的运行成本、被告因侵害行为所获得的利益以及过错程度等因素,并可以参考负有环境保护监督管理职责的部门的意见、专家意见等,予以合理确定。

第二十四条　人民法院判决被告承担的生态环境修复费用、生态环境受到损害至修复完成期间服务功能丧失导致的损失、生态环境功能永久性损害造成的损失等款项,应当用于修复被损害的生态环境。

其他环境民事公益诉讼中败诉原告所需承担的调查取证、专家咨询、检验、鉴定等必要费用,可以酌情从上述款项中支付。

第二十八条　环境民事公益诉讼案件的裁判生效后,有权提起诉讼的其他机关和社会组织就同一污染环境、破坏生态行为另行起诉,有下列情形之一的,人民法院应予受理:

(一)前案原告的起诉被裁定驳回的;

(二)前案原告申请撤诉被裁定准许的,但本解释第二十六条规定的情形除外。

环境民事公益诉讼案件的裁判生效后,有证据证明存在前案审理时未发现的损害,有权提起诉讼的机关和社会组织另行起诉的,人民法院应予受理。

第二十九条　法律规定的机关和社会组织提起环境民事公益诉讼的,不影响因同一污染环境、破坏生态行为受到人身、财产损害的公民、法人和其他组织依据民事诉讼法第一百一十九条的规定提起诉讼。

第三十条　已为环境民事公益诉讼生效裁判认定的事实,因同一污染环境、破坏生态行为依据民事诉讼法第一百一十九条规定提起诉讼的原告、被告均无需举证证明,但原告对该事实有异议并有相反证据足以推翻的除外。

对于环境民事公益诉讼生效裁判就被告是否存在法律规定的不承担责任或者减轻责任的情形、行为与损害之间是否存在因果关系、被告承担责任的大小等所作的认定,因同一污染环境、破坏生态行为依据民事诉讼法第一百一十九条规定提起诉讼的原告主张适用的,人民法院应予支持,但被告有相反证据足以推翻的除外。被告主张直接适用对其有利的认定的,人民法院不予支持,被告仍应举证证明。

第三十一条　被告因污染环境、破坏生态在环境民事公益诉讼和其他民事诉讼中均承担责任,其财产不足以履行全部义务的,应当先履行其他民事诉讼生效裁判所确定的义务,但法律另有规定的除外。

(3)《最高人民法院关于审理生态环境损害赔偿案件的若干规定(试行)》(2020年修正):

第一条　具有下列情形之一,省级、市地级人民政府及其指定的相关部门、机构,或者受国务院委托行使全民所有自然资源资产所有权的部门,因与造成生态环境损害的自然人、法人或者其他组织经磋商未达成一致或者无法进行磋商的,可以作为原告提起生态环境损害赔偿诉讼:

(一)发生较大、重大、特别重大突发环境事件的;

(二)在国家和省级主体功能区规划中划定的重点生态功能区、禁止开发区发生环境污染、生态破坏事件的;

(三)发生其他严重影响生态环境后果的。

前款规定的市地级人民政府包括设区的市,自治州、盟、地区,不设区的地级市,直辖市的区、县人民政府。

第二条　下列情形不适用本规定:

(一)因污染环境、破坏生态造成人身损害、个人和集体财产损失要求赔偿的;

(二)因海洋生态环境损害要求赔偿的。

第三条　第一审生态环境损害赔偿诉讼案件由生态环境损害行为实施地、损害结果发生地或者被告住所地的中级以上人民法院管辖。

经最高人民法院批准,高级人民法院可以在辖区内确定部分中级人民法院集中管辖第一审生态环境损害赔偿诉讼案件。

中级人民法院认为确有必要的,可以在报请高级人民法院批准后,裁定将本院管辖的第一审生态环境损害赔偿诉讼案件交由具备审理条件的基层人民法院审理。

生态环境损害赔偿诉讼案件由人民法院环境资源审判庭或者指定的专门法庭审理。

第四条　人民法院审理第一审生态环境损害赔偿诉讼案件,应当由法官和人民陪审员组成合议庭进行。

第五条　原告提起生态环境损害赔偿诉讼,符合民事诉讼法和本规定并提交下列材料的,人民法院应当登记立案:

(一)证明具备提起生态环境损害赔偿诉讼原告资格的材料;

(二)符合本规定第一条规定情形之一的证明材料;

(三)与被告进行磋商但未达成一致或者因客观原因无法与被告进行磋商的说明;

(四)符合法律规定的起诉状,并按照被告人数提出副本。

第六条　原告主张被告承担生态环境损害赔偿责任的,应当就以下事实承担举证责任:

(一)被告实施了污染环境、破坏生态的行为或者具有其他应当依法承担责任的情形;

(二)生态环境受到损害,以及所需修复费用、损害赔偿等具体数额;

(三)被告污染环境、破坏生态的行为与生态环境损害之间具有关联性。

第九条　负有相关环境资源保护监督管理职责的部门或者其委托的机构在行政执法过程中形成的事件调查报告、检验报告、检测报告、评估报告、监测数据等,经当事人质证并符合证据标准的,可以作为认定案件事实的根据。

第十条　当事人在诉前委托具备环境司法鉴定资质的鉴定机构出具的鉴定意见,以及委托国务院环境资源保护监督管理相关主管部门推荐的机构出具的检验报告、检测报告、评估报告、监测数据等,经当事人质证并符合证据标准的,可以作为认定案件事实的根据。

第十一条　被告违反国家规定造成生态环境损害的,人民法院应当根据原告的诉讼请求以及具体案情,合理判决被告承担修复生态环境、赔偿损失、停止侵害、排除妨碍、消除危险、赔礼道歉等民事责任。

第十二条　受损生态环境能够修复的,人民法院应当依法判决被告承担修复责任,并同时确定被告不履行修复义务时应承担的生态环境修复费用。

生态环境修复费用包括制定、实施修复方案的费用,修复期间的监测、监管费用,以及修复完成后的验收费用、修复效果后评估费用等。

原告请求被告赔偿生态环境受到损害至修复完成期间服务功能损失的,人民法院根据具体案情予以判决。

第十三条　受损生态环境无法修复或者无法完全修复,原告请求被告赔偿生态环境功能永久性损害造成的损失的,人民法院根据具体案情予以判决。

第十五条　人民法院判决被告承担的生态环境服务功能损失赔偿资金、生态环境功能永久性损害造成的损失赔偿资金,以及被告不履行生态环境修复义务时所应承担的修复费用,应当依照法律、法规、规章予以缴纳、管理和使用。

第十六条　在生态环境损害赔偿诉讼案件审理过程中,同一损害生态环境行为又被提起民事公益诉讼,符合起诉条件的,应当由受理生态环境损害赔偿诉讼案件的人民法院受理并由同一审判组织审理。

第十七条　人民法院受理因同一损害生态环境行为提起的生态环境损害赔偿诉讼案件和民事公益诉讼案件,应先中止民事公益诉讼案件的审理,待生态环境损害赔偿诉讼案件审理完毕后,就民事公益诉讼案件未被涵盖的诉讼请求依法作出裁判。

第十八条　生态环境损害赔偿诉讼案件的裁判生效后,有权提起民事公益诉讼的国家规定的机关或者法律规定的组织就同一损害生态环境行为有证据证明存在前案审理时未发现的损害,并提起民事公益诉讼的,人民法院应予受理。

民事公益诉讼案件的裁判生效后,有权提起生态环境损害赔偿诉讼的主体就同一损害生态环境行为有证据证明存在前案审理时未发现的损害,并提起生态环境损害赔偿诉讼的,人民法院应予受理。

第十九条　实际支出应急处置费用的机关提起诉讼主张该费用的,人民法院应予受理,但人民法院已经受理就同一损害生态环境行为提起的生态环境损害赔偿诉讼案件且该案原告已经主张应急处置费用的除外。

生态环境损害赔偿诉讼案件原告未主张应急处置费用,因同一损害生态环境行为实际支出应急处置费用的机关提起诉讼主张该费用的,由受理生态环境损害赔偿诉讼案件的人民法院受理并由同一审判组织审理。

3.5　森林生态系统损害追溯与致损判定

3.5.1　基线水平调查

生态系统损害是指因污染环境、破坏生态造成大气、地表水、地下水、土壤等环境要素和植物、动物、微生物等生物要素的不利改变,及上述要素构成的生态系统功能退化。生态系统损害既包含了环境的损害,也包含了生态系统整体结构和功能的损害,具有潜伏时间长、受损对象广、恢复难度大、定责困难等特点。

随着人类活动影响的加剧,我国生态系统损害事件频发,对损害类型的甄别和损害程度的判定显得十分重要。生态破坏行为发生前,受影响区域内生态系统的状态或水平被称为"生态环境损害基线"(简称"损害基线")。损害基线既包含了动植物种群、数量、结构等生物因素,也包含了区域的土壤、水质、空气等非生物因素,是反映一个地区生态系统状态的综合性指标集。对损害区域而言,首先要判断损害的类型和程度,继而为后续量化损失和责任判定提供依据。而在具体操作过程中,我们应先确定损害区域的损害基线,再与当前状态进行比较,通过两者的差异来判定损害程度。准确地确定一个地区的损害基线将是损害鉴定评估的基础,也是判定人为破坏生态行为与环境损害因果关系的纽带,更是开展生态系统损害量化评估的前提。

目前,确定损害基线的方法众多,适用范围不尽相同。如果区域内有详细的历史数据,可采用历史数据法或者古生态学法反推过去的生态环境。如果区域内有环境标准或行业限定值,可采用相关环境基准值作为损害基线。在区域受干扰程度较深的地区,可采用专家判别法或者模型法,利用专家经验或者历史数据构建模型来确定基线值。在生境变化不大的区域,可采用参照点位法,用受损区域周围未受影响的区域的生态状态作为基线值。此外,在研究较为成熟的湖泊生态系统时,美国环境保护署推荐使用统计学方法来确定损害基线,即选择样点群中某一点位的数值作为基线值。

斯文·旺德(Sven Wunder)提出了三种不同的生态保护补偿基线,分别是静态基线、动态下降基线、动态上升基线。以森林生态保护补偿为例,如果该地区森林生态系统服务保持恒定,那么应该采取静态基线;如果该地区森林生态系统服务逐步好转,例如在没有干预的情况下,森林覆盖率也会不断恢复,那么应该采取动态上升基线;如果该地区森林生态系统服务逐步变差,例如森林砍伐而导致的森林覆盖率逐年下降,那么应该采取动态下降基线。合理选择补偿基线对生态保护补偿效率的评估至关重要。如果正确的补偿基线是动态上升基线,而实际选择了静态基线或者动态下降基线,那么我们会高估补偿效率。如果正确的基线是动态下降基线,而实际选择了静态基线或者动态上升基线,那么我们会低估补偿效率。

很多学者对生态保护补偿基线进行了深入探讨和研究。里波多(Ribaudo)和萨维奇(Savage)对美国的点源和非点源的水质交易项目进行了研究,指出生态保护补偿项目应该尽量排除缺乏额外性的参与者。由于养分管理等农业管理实践很难被监管者清晰地观察,且农民和监管者之间存在信息不对称,因此建立严格的基线来排除缺乏额外性的参与者是项目成功实施的关键。随着技术的发展,人们可以采用卫星遥感数据进行基线评估。

3.5.2　因果判定

3.5.2.1　生态损害民事责任因果关系认定的理论类型

(1)生态损害责任盖然性因果关系认定类型:在《现代汉语词典》中,"盖然性"被解释为有可能但又不是必然的性质。我国民事诉讼体系提出了"高度盖然性"的认证标准,但并未对生态损害民事责任案件的因果关系判定作出特殊规定。与之相比,国外关于生态损害民事责任因果关系认定的判定方法则主要以"优势证据"和"事实推定"两种理论学说为主导。

优势证据理论是日本加藤一郎教授提出的。他认为生态损害因果关系应该根据案件的具体情况来确定。这种理论学说是英美法系中"占有优势证据"理论的进一步解释和具体案件适用的产物。与刑事案件有所区别的是,人权问题必须严格遵守"罪刑法定"的基本原理,即必须存在不容怀疑的犯罪证据链条。与之相反,在生态损害民事责任因果关系认定的审判过程,由于民事责任关系的公法制裁性或私法救济的可妥协性,因此不严格要求科学论证案件的因果关系,只需要证明存在一定程度的可能性。这种可能性的程度需要依据案件的具体情况来衡量,存在自由量裁的余地。若从数据的角度来审视,只要一方当事人主张的法律事实超过了"高度盖然性"的证明程度,即可作出对于提出证据一方的有利判决。

事实推定的生态损害民事案件主要存在于公害诉讼案件中。事实推定主要是根据已有的事实依据进行推理判定,特别是公害案件中因果关系的存在与否无须达到科学论证的层次。只要达到一定程度的可取性,加之合理的推理判断,即达到"该行为有引起该结果的可能性"或"无该行为就不会存在此结果"的盖然性程度,案件审理过程中就可以认定原告方已经进行了恰当的举证责任,引起了合理的怀疑。依据此理论,受害方在证明因果关系的过程中,只要提出证据引起合理的怀疑:①行为人进行了污染物的排放,并且此行为足以引起生态损害后果的发生,并确实发生了。②行为地发生了类似的损害后果,根据责任倒置的程序性安排,除非被告方提出明确推翻原告方合理怀疑的证据,彻底否定了因果关系存在的可能性,否则必须承担相应的法律责任(既包括经济赔偿责任也包括恢复生态系统的行为责任)。这种民事审判要求审判法官具备足够的因果关系判定经验,能作出正确的论证,以确保审判结果的合理性和被告方对此案件的无异议性。这是该理论在实际操作中自由裁量权所面临的首要难题。

(2)生态损害责任疫学因果关系认定类型:"疫学"是医学性名词。疫学因果关系学说以医学疾病为基础,考虑关联因素的互相影响,利用数据分析的方法,调查分析各环境因素与危害结果(主要变现为群体性疾病)之间的联系,认定数据分析中概率较大的因素,作出基本判定;结合案件具体情况,对案件进行综合性研究,从而确定生态损害行为与损害后果之间是否存在因果关系。疫学因果关系学说的适用以日本典型环境污染事件——水俣病和骨痛病为典型案例,此学说在司法审判中以环境污染引发群体性疾病的因果关系认定为主,也是环境公益诉讼最值得借鉴的论证方法之一。因为公益诉讼一般涉及主体广泛,采用此学说可以避免复杂的个体性因素判断。

生态损害引发附近居住人群的群体性疾病暴发是生态损害的典型后果之一。在认定因果关系过程中,生态损害导致的各种疾病常常是基础事实的认定依据。疫学因果关系学说也采用"盖然性"的证明标准。但与"高度盖然性"的优势证据学说相比,疫学因果关系学说只需达到"合理盖然性"的标准,即以事实说明为基础,不需要通过医学科学的严密监测,只需要疾病与生态损害有实质性联系,就能够判定生态损害因素导致了各种不利影响。从过去几十年的立法实践来看,疫学因果关系的审判标准基本可以分为三种:

①存在优先性:某生态损害行为在某疾病发生时已经普遍存在,并被公众所知晓。

②量和效果的正相关:随着某种行为或因素的频繁发生,某种疾病的患病率显著提高。

③反向相关:若某种行为或因素因人为或自然原因切断,疾病的发生率明显降低或发病率得到有效控制,并且与其他群体相比,没有此生态损害行为的影响时,疾病几乎不产生。

(3)生态损害责任间接反证因果关系认定类型:间接反证学说是大陆法系的产物。在生态损害民事责任因果关系的判定中,本学说主要适用于由于生态损害的延时性导致损害事实尚不能明确,由被告方提出推翻因果关系的事实来论证损害行为与损害后果之间不存在因果关系,进而否认损害事实存在的情况。不同于其他学说,间接反证学说不要求被告方直接对原告方提出的事实进行举证反驳,而是通过推翻基础事实的关系来脱离法律关系的束缚。生态损害民事责任因果关系并不是单纯的双方法律主体关系,它涉及多重因素。若通过传统的因果关系认定方式进行判断,必然导致案件事实不清、证据不足的不合理结果。所以,若被告方可以证明案件事实的主要涉及因素的无相关性,剩余关联因素可以通过事实推定的方法得以认定,进而推翻因果关系的存在。反之,若达不到此种程度的相关性推定,则由行为方承担相应的法律责任。这种认定程序是为了体现公平正义的法律观。

间接反证因果关系推定制度在欧洲被称为"可反驳的推定制度"。依据间接反证的标准,并不需要原告对生态损害事实进行全面的证据提供,只要原告方能够举证生态损害事实和危害结果的存在,对于损害行为的过程性论证不作充分性要求。通过基本的事实认定,根据经验法则推定相关结果与原因之间的必然性。在此条件下,被告的优势地位明显削弱,需要有足够说服力的法律证据来论证特殊情况下与经验法则相矛盾的事实。一方面,对处于弱势的原告方而言,这种间接认定的方式是十分有利的,能够体现公平正义的法律理念,有利于保护生态损害特殊案件中受害人的合法权益,避免一般民事责任中以"直接性"为标准的认证理论而引起法律失衡的不合理性现象,降低不可知论的发生。另一方面,间接反证增加了被告的举证责任,增加了法律关系中优势方的约束力。法律适用可以保证原告方得到合理救济,在学理上也符合法律公平正义的基本原则。

3.5.2.2 生态损害民事责任因果关系认定的适用条件

生态损害因果关系的认定有以下四个步骤:①分清受损种类,明确损害客体,包括损害行为或造成损害的有害物质源。②判定损害情况,预估持续损害的情况。③建立损害后果的曝光机制,识别污染路径。④证明损害行为与损害结果的关联性,得出生态损害民事责任因果关系的认定结果。

(1)存在生态损害的基础事实:生态损害是一种宏观说法,涉及自然体系完整性和功能性的实际破坏情况,与民事法律中所论及的财产损害或行为损害是有所区别的。生态损害是人类生产活动改造生态系统或引起生态系统非自然变化所导致的,其侵害的客体是生态体系的某一个链条或某一片区域的生态循环,而非民事法律中特定的财产、行为或精神利益。从损害结果来看,生态损害是指某行为的发生引起了自然体系组成、结构的突变或慢性改变,最终引发生态体系的崩溃或不利变化,而并不局限于特定财产损害、人身损害或精神损害,当然最终的表现结果可能是群体疾病或生态体系的崩溃。对于这种因人的行为而导致生态系统遭受损害的现象,我们必须结合生态系统自身的特点来加以认识。

环境保护法是为了解决生态问题而产生的社会法,是为了保护人类共享的生态利益而诞生的重要法律部门,在认定生态损害方面是重要的法律依据。生态损害问题的实质就是要避免地球生态系统遭受不可挽回的破坏。生态损害的表现是多种多样的,既可能表现出自然现象(如山体滑坡、溢油污染、泥石流等),也可能表现出群体性疾病的暴发(如骨痛病、疟疾等)。环境保护法突破了仅仅以自然人、法人为法律保护对象的观点,从法理学的基本原理出发,将自然体系纳入法律管辖的范畴。在 2015 年施行的新环境法中已经明确了"生态损害"存在的必然性和法律保护的必要性。近年来,由于生态损害频繁发生,特别是海洋油污泄露事件,关于海洋生态体系保护的法律法规相继颁布施行,并取得了一定的成效。由此,我们可以看出,环境保护法的诞生主要是基于保护生态安全、建设生态文明。环境保护法将保障生态利益的必要性和重要性通过法律条文的形式予以确定,将生态损害确定为可以进行法律救济的环境危害行为。环境保护法是由生态利益的特点、要求以及社会发展的必要要求所决定的。环境保护法给予生态体系积极、充分的事前保护和严格的法律事后救济,将恢复生态体系作为一种损害赔偿责任,尽可能地防止损害人类生存、发展的事情发生。

(2)严格审查生态损害的鉴定意见:审理生态损害民事责任案件时,相关部门要作出环境状态的鉴定,此时应该注意克服两个方面的问题:一是不完全依赖损害鉴定的结论;二是分析鉴定结论时要慎重结合案件的基本情况。在审理案件过程中,生态损害的鉴定结论作为一种鉴定意见,视为民事诉讼证据的一种。鉴定意见是生态损害案件的事实范畴,可以视为因果关系中结果的呈现方式,但并不是唯一的。因为生态系统自我修复和自然因素的影响,鉴定意见并不能完全推导出导致生态损害的原因。对生态损害鉴定意见的合法性进行审查,确定倒查逻辑的前提,是生态损害因果关系认定的重要环节。

由于生态损害的发生是对一个完整生态体系的破坏,所以其过程具有复杂性,结果具有不定时性,危害程度具有不确定性,因此必然需要在鉴定过程中考量介入因素对案件基本事实的影响。对于复合型原因产生的生态损害问题,鉴定过程中应根据原因的大小分别确定,保证公平合理。因此,生态损害因果关系的认定需要具备事实因素和法律因素。

3.5.2.3 判定基础事实与法定事实之间的因果关系

相当因果关系理论是生态损害案件中适用最为普遍的因果关系理论,它由案件条件和结果相当性两个基本部分组成。在确定事实和法律关系的过程中,人们常以"若有则无"的基本原理进行判断。在生态损害民事责任认定过程中,人们应通过案件事实和结果认定的基本逻辑关系认定损害生态环境的行为与损害结果之间是否存在因果关系。从逻辑上判断,只要行为主体实施某一有损生态环境的行为,生态损害与该行为之间就可以认定至少存在事实上的因果联系。在审理案件过程中,利用这种理论分析法律因果关系时,由生态系统的复杂性所引发的生态损害延时性和隐性因素问题可以得到适当的处理。此外,对于生态损害后果的判定并不以严重后果的显现为条件。由于生态系统的特殊性,只要通过条件判断预测可能发生损害,即可以认定案件事实,作出法律判决。因为行为的叠加性或其他因素的介入都可能增加损害的程度或者导致危害的提前发生,所以相对因果关系理论可以妥善解决受害方已受损的认定或者使生态系统陷入更为危机的状态。

3.6 森林生态系统修复方案

3.6.1 封山育林

封山育林实际上是倡导生态系统自然恢复。实施有效的封山育林措施可以保护天然生态系统的林木与生境,促进天然植被的生长或者正向演替与发展。封山就是停止一切不利于树木生长发育的人为干扰,使森林自然恢复的潜力充分发挥,形成一个良好的外部条件,尽快促进自然恢复。

封山育林时主要选择具有一定数量的母树、伐桩或邻近有天然下种能力的母树的森林,并且根据需要采取相应经营措施以提高森林质量。对于那些生境十分恶劣的地区(如高山、陡坡,岩石裸露率高、造林极度困难的地段),也可进行封山育林。我国实施天然林恢复工程(天保工程)已有 20 多年,成效十分明显。但在生境极其恶劣的土壤贫瘠地区或者造林十分困难的山地,依靠自然恢复目前仍不可行。

3.6.2 林分改造

天然植被的演替过程较为漫长,为了促进森林快速顺行演替,可对处在演替早期阶段的林分和人工林进行改造,加速其演替进程。最好的改造办法是选用适宜的乡土种类,采取科学可行的方法和措施,对部分质量差的林分进行质量提升,提高生态系统服务功能。

3.6.3 抚育

为了加速天然植被的顺向演替过程,人们常采取两种方式。一种是根据天然植被所处的演替阶段,对处于演替后期的种类进行间伐、修枝、去劣等抚育措施,促进演替正向发展。另一种是择伐一些先锋树种的个体,促进处于后期演替阶段的种类生长,使之顺向演替为生态效益最高的地带性植被的顶级群落类型。

3.6.4 人工促进植被演替

所谓人工促进植被演替,指通过补播、补植等方法增加植被,促进植被演替发展,提高树种数量。

3.6.5 人工改善植被生长外部环境

所谓人工改善植被生长外部环境,指通过局部整地、去灌、除草来改善种子萌发条件,或通过间苗、定株、除去过多萌条来促进幼树生长,以调整种类组成与密度调控,改善林分结构。

3.6.6 人工加强森林植被保护

所谓人工加强森林植被保护,指通过预防病虫害、森林火灾及人畜破坏等灾害来保证林分正常生长,或通过采取多样的封育方式来保证自然恢复顺利进行。

3.6.7 人工造林

3.6.7.1 配置树种的选择

植被恢复和重建必须同时考虑生态学和经济学原则、人类经济发展的愿望和环境治理的现实,兼顾生态效益和经济效益。退化山地环境的治理与区域社会经济的持续发展相结合并同步加以解决,才是植被恢复和重建的正确目标。因此,选择适宜的树种对于促进植被恢复,发挥森林的生态效益、社会效益、经济效益极为重要。

对于配置树种的选择,在规划过程中主要考虑以下四个方面:①生态优先原则。植被恢复要把提高林分质量,增强森林生态功能,促进人与自然和谐,充分发挥森林的生态效益放在首位。②富民为本原则。植被恢复要把促进当地农村经济社会发展、调整林种结构、提高经济效益和促进林农增收致富作为原则。③适地适树原则。植被恢复要充分认识所选树种对不同土壤、海拔等环境条件的生态学适应特性,选择适宜物种。④乡土树种优先原则。外来树种与乡土树种在经济效益相当的情况下,应该优先选用乡土树种。乡土树种在该地区经历过常年性和偶发性灾害天气的考验和锻炼,可靠性大。优良的外来树种必须在该地区经过一段时间的试验,才能大面积推广栽培。

3.6.7.2 人工造林类型

(1)荒山绿化类型:根据林地现状,结合当地群众产业发展重点,分别确定林地的经营方向、经营目标,根据经营方向和经营目标采取相应的营林技术措施,在实际操作中选择适宜的种类。

(2)荒地及坡耕地绿化类型:在土壤条件好的地段选择经济价值高的树种造林,或者先种植草本、灌木,待条件改善后再栽植乔木。

(3)低效林改造类型:根据立地坡度不同采取全垦、带状垦复,人为改良土壤的通透性。坡度在 25°以下的地段适宜全垦,开垦深度为 20~30 cm;坡度在 25°~35°之间的地段适宜带状垦复,深度在 20 cm 左右;坡度大于 35°的地段一般不进行垦复深翻,以免造成水土流失。

3.7 典型案例分析

3.7.1 日本遗弃在华化学武器销毁工程征占用林地补偿价值评估

【基本情况】

二战期间,日本帝国主义者为了对外侵略扩张,大量开发和研制化学武器,并用于侵华战争。日本投降前夕,侵华日军为了掩盖罪行,将大量化学武器就近掩埋或遗弃。新中国成立后,我国许多地方陆续发现侵华日军遗弃的化学武器。目前,在东北、华中、华东、华南地区均有发现,其中以东北地区最为集中。

为推动这一历史遗留问题的早日解决,从 19 世纪 80 年代后期开始,我国政府正式向日本政府提出交涉,要求日方承担责任,尽快销毁日本遗弃在中国的化学武器。经过多轮谈判,中日两国政府于 1999 年 7 月正式签署《关于销毁中国境内日本遗弃化学武器的备忘录》,日方在"备忘录"中表示铭记中日联合声明和中日和平友好条约的原则和精神,承认在中国遗弃了化学武器,承诺将根据《禁止化学武器公约》诚实履行作为遗弃缔约国应承担的义务。

2006 年,由于日方过多地考虑本国的利益,导致中日双方围绕工程项目实施主体问题的磋商迟迟不能达成一致,影响了化学武器销毁进程。中方本着务实的态度,同意日方关于将最终销毁日期从 2007 年延至 2012 年的请求。

【项目过程】

2006年1月,受外交部处理日本遗弃在华化学武器问题办公室和国家林业局有关部门的邀请,有关专家开始介入处理日本遗弃在华化学武器项目(以下简称"日遗化武销毁工程")征占林地补偿问题的研究。

2006年11月,经过多轮谈判,在搜集的大量资料及已做过的生态赔偿案例面前,日方终于接受中方要求,同意依据《中华人民共和国森林法》及其实施条例等相关法律、法规对日遗化武销毁工程征占用林地按实际评估值进行赔偿。

2006年12月至2007年3月,项目评估人员查阅了大量的生态评估资料,进行了大量的实地核查和市场调查,还多次找有关专家就评估中遇到的问题进行咨询和论证。为了确定相关的评估指标,先后于2006年12月17日、2006年12月28日以及2007年3月3日组织召开代表国内最高水平的"森林生态系统服务价值评估研讨会",邀请国内著名的林业、生态、环境等方面专家对相关指标进行反复研究、讨论并达成一致意见。

2007年3月10日,中方出具了《"处理日本遗弃在华化学武器项目造成森林资源资产损失价值及所占用土地15年使用权价值"资产评估报告书》。

2007年4月至2008年8月,日方派出了多名林业、评估、生态、法律等方面专家,对评估报告的内容提出了三大方面的数百个问题,要求中方予以解释。由于在制定评估方案时,中方就充分考虑到了各方面的因素,做好了充分准备,收集和掌握了大量数据,并对日本有关森林方面的评估方法和评估价值进行了较全面的研究和资料收集。在评定估算阶段,评估项目组对各项数据精心分析,认真计算,严格控制误差,实事求是。经过八轮艰苦细致的解释工作,中方一一回答了日方提出的问题,在大量可靠的资料和数据面前,日方最终接受了评估结果。

【典型影响】

(1)外交影响:"处理日本遗弃在华化学武器项目造成森林资源资产损失价值及所占用土地15年使用权价值"评估项目中,相关工作人员在依法依规、客观公正、实事求是的基础上,为森林资源资产占有方争取到了合理利益,建立了国家间经济赔偿以公开市场评估值为依据的先例,获得了国务院、外交部、国家林业局等有关部门领导的表扬,同时也得到了日方的认可和尊重。该评估项目不仅维护了国家的权益,保护了当地人民群众的利益,而且减少了对生态环境的损害。

(2)行业影响:该评估项目对森林生态系统服务价值评估进行了相关研究与应用,对我国森林生态系统服务价值评估理论体系的形成和完善产生了实质性的推动作用,标志着我国的森林生态系统服务价值评估已经进入了可实际操作阶段,为今后我国的森林生态保护工作起到了积极作用。

该评估项目为保护我国宝贵的自然资源提供了新的路径:通过评估生态价值,正确认识生态价值,并将其纳入相关方的经济成本中,强力推进资源节约型、环境友好型的社会风尚和自觉行动。该评估项目对今后加快自然资源及其产品价格改革,全面反映市场供求、资源稀缺程度、生态环境损害成本和修复效益,实行资源有偿使用制度和生态补偿制度具有开拓性的贡献。

3.7.2 青岛莱西小沽河防护林盗伐案件

【基本案情】

小沽河是莱西市的一条重要防洪、排涝河道,也是 2008 年奥运会水上运动场所在地青岛市母亲河大沽河的最大一级支流。莱西市院上镇南辛庄村位于小沽河东岸,该河滩上有价值非常高的沙子。由于利益的驱动,犯罪嫌疑人于 2005 年 1 月用油锯一次性故意毁坏种植在小沽河岸边河滩上的防护林 1950 株,面积约 2.83 hm²。被毁松林是 1976 年开始栽植的黑松,历时近 30 年,经过反复补植才形成的防护林带。该林带具有重要的防风固沙、水源涵养、保持水土、护岸护堤作用。由于松林生长环境恶劣,虽然经过常年培育,但林木生长缓慢不成材,形成了林业上俗称的"小老头树",树高在 1.5~3 m 之间,其林木的材积量小,市场经济价值低,但其主要功能是生态防护。

盗毁松林案件发生后,公安检察机关研究案情时发现,如果以木材的材积或木材的市场销售价值来进行侦查起诉,由于材积量小、价值低,犯罪嫌疑人可能因此逃脱应有的法律制裁。所以,莱西市公安局找到北京中林资产评估有限公司,委托其对被毁松林进行全面的价值评估(包括林木价值和生态价值)。

【裁判结果】

根据现场实地勘察确认,被毁松林为防护林,不是用材林,其主要功能为水源涵养、防风固沙、水土保持、护岸护堤等,该防护林一旦被破坏就难以恢复,并且会给当地人民的生活带来不堪设想的后果。经过近 30 年的植树造林,该地区才形成了黑松防护林带,林带内耕地和居民生活环境得到了有效保护。

根据调查测算,被毁林带没有成材的木材,其木材价值非常低,即使按较高的绿化苗木以市场销售价格计算也仅为 15.6 万元,而其森林生态系统服务的价值则为 108 万元。当地公安、检察院、法院经调查审理,最终参考评估结果量刑,对被告七人分别作出了八个月到六年不等的判决。

【典型意义】

通过生态价值评估,该案例为司法机关严厉惩治犯罪分子提供了可靠依据,形成了威慑力量,提高了当地群众对生态环境价值的认识和保护生态环境的自觉性,为绿色发展、生态文明建设保驾护航,是我国生态环境损害司法实践的一次有益探索。

3.7.3　福建南平生态破坏案

【基本案情】

2008 年 7 月 29 日,"福建南平生态破坏案"被告人在未依法取得占用林地许可证及未办理采矿权手续的情况下,在福建省南平市延平区葫芦山开采石料,并将剥土和废石倾倒至山下,直至 2010 年停止开采,造成原有植被严重毁坏。在有关部门数次责令停止采矿的情况下,2011 年 6 月被告人还雇佣挖掘机到该矿山边坡处开路并扩大矿山塘口面积,造成 1.9 hm² 林地植被严重毁坏。2014 年 7 月 28 日,被告人因犯非法占用农用地罪分别被判处刑罚。

针对这一案件,评估部门根据调查到的破坏情况,聘请相关专家,并利用自身优势开展评估,提交了两个初步评估报告,报告结果分别是:①福建南平采石场所涉及生态修复项目的总费用在评估基准日的价值为人民币 110.19 万元(《福建南平采石场生态修复初步费用估算报告》)。②本次生态破坏事件造成的损害价值约为 134 万元人民币(包括损毁林木的价值)(《福建南平采石场生态修复初步费用估算报告补充意见》)。

2015 年 1 月 1 日,自然之友、福建省绿家园环境友好中心(以下简称"绿家园")提起诉讼,请求判令被告人承担在一定期限内恢复林地植被的责任,赔偿生态环境服务功能损失 134 万元;如不能在一定期限内恢复林地植被,则应赔偿生态环境修复费用 110 万余元;共同偿付原告为诉讼支出的评估费、律师费及其他合理费用。

【裁判结果】

福建省南平市中级人民法院一审认为,被告人为采矿占用林地,不仅严重破坏了约 1.9 hm² 林地的原有植被,还造成了林地植被受损至恢复原状期间生态系统服务功能的损失,依法应共同承担恢复林地植被、赔偿生态功能损失的侵权责任。遂判令被告人在判决生效之日起五个月内恢复被破坏的约 1.9 hm² 的林地,在该林地上补种林木并抚育管护三年。如不能在指定期限内恢复林地植被,则共同赔偿生态环境修复费用 110 万余元;共同赔偿生态环境服务功能损失 127 万元(扣除了损毁林木的价值),用于原地或异地生态修复;共同支付原告支出的评估费、律师费、为诉讼支出的其他合理费用 16.5 万余元。福建省高级人民法院二审维持了一审判决。

【典型意义】

本案判决以生态环境修复为着眼点,判令被告限期恢复被破坏林地功能,在该林地上补种林木并抚育管护三年,进而实现尽快恢复林地植被、修复生态环境的目的。本案首次通过判决明确支持了生态环境受到损害至恢复原状期间服务功能损失的赔偿请求,提高了破坏生态行为的违法成本,体现了保护生态环境的价值理念,判决具有很好的评价、指引和示范作用。

第4章　草地生态系统损害司法鉴定

4.1　草地生态系统的基本概念

草地生态系统包括草原和草甸等生态系统,由草地生物群落及其赖以生存的、与之进行物质循环与能量流动等功能过程的非生物环境共同构成。草原是指在中纬度地带大陆性半湿润和半干旱气候条件下,由多年生耐旱、耐低温的植物组成的,禾草占优势的植物群落,属于地带性植被类型;草甸是在土壤湿润或者有季节积水的生境下由多年生中生草本植物形成的植物群落,属于非地带性植被。

草地生态系统的生产者主要由禾本科、豆科、菊科、莎草科等绿色草本植物组成。草地生态系统的消费者有初级消费者和次级消费者之分。初级消费者是指直接以草原植物为食物的生物,如大型有蹄类动物(如羚羊、野牛、野马等)、小型啮齿类动物(如鼠类、兔类)及植食性昆虫等,而以这些动物为食物的生物(如狼、狐狸、蛇等)被称为次级消费者。草地生态系统的分解者是指能将复杂有机物分解为简单无机物的异养生物,如微生物(如真菌、细菌、放线菌等)以及某些无脊椎动物(如蠕虫、线虫、蚯蚓等)。构成草地生态系统的非生物环境包括参加物质循环的无机元素和化合物(如 C、N、P、O_2、CO_2 等)、联系生物及非生物成分的有机物质(如蛋白质、脂肪等)、气候和其他物理条件(如压力、温度等)。

不同的气候条件形成不同的草地生态系统类型。夏季少雨、冬季寒冷的温带地区有温带草原。在欧亚大陆,自欧洲多瑙河下游起,温带草原呈连续带状往东延伸,经罗马尼亚、俄罗斯和蒙古等国,直达我国境内,构成世界上最宽广的草原带。在北美洲,温带草原自南萨斯喀彻河开始,沿经度方向,直达得克萨斯,形成南北走向的草原带。在南美洲、非洲也有小面积的温带草原分布。全年干湿季交替明显的热带地区有热带稀树草原。在非洲,热带稀树草原占据大陆面积的 40%。南美洲的热带稀树草原集中在赤道以南的巴西高原上,北美西部、澳大利亚和亚洲也有小面积热带稀树草原分布。另外,分布在各大陆高山和高原地带的草原为高寒草原,面积虽不大,却也独具特色。草地生态系统作为陆地生态系统的一个重要组成部分,其形成与发展和人类活动密切相关。草地生态系统不仅具有防风、固沙、保土、调节气候、净化空气、涵养水源等生态功能,而且还具有提供食物和药物等经济功能。草地生态系统是自然生态系统的重要组成部分,对维系生态平衡、地区经济、人文历史具有重要地理价值。

4.2　中国草地生态系统

草地生态系统是我国陆地面积最大的生态系统类型,其中各类天然草地面积约 4×10^8 hm²,约占国土陆域面积的 41%。北方天然草地生态系统的面积约为 3.1×10^8 hm²,约占草地生态系统总面积的 78%,是中国草地生态系统的主体。

4.2.1　中国草地生态系统类型与分布

中国草地生态系统自东北平原的大兴安岭开始,经过辽阔的内蒙古高原,而后经鄂尔多斯高原、黄土高原,直达青藏高原的南缘,绵延约 4500 km,跨越约 23 个纬度(N 28°～N 51°)。大面积的天然草地生态系统覆盖了中国辽阔的北疆,从而成为中国北部,尤其是京津唐地区重要的绿色生态屏障。

中国草地生态系统有四个主要类型,包括草甸草原(meadow steppe)、典型草原(typical steppe)、荒漠草原(desert steppe)和高寒草原(alpine steppe),具体如表 4.1 所示。

表 4.1　中国主要草地生态系统类型及建群种

生态系统类型	建群种
草甸草原	贝加尔针茅、白羊草、小尖隐子草、羊草、窄颖赖草、线叶菊
典型草原	大针茅、克氏针茅、长瓣繁缕、针茅、瑞士羊茅、糙隐子草、冰草、羊草、冷蒿、褐沙蒿、细裂叶莲蒿、百里香
荒漠草原	戈壁针茅、克里门茨针茅、短花针茅、沙生针茅、无芒隐子草、碱韭、女蒿、灌木亚菊
高寒草原	紫花针茅、座花针茅、寒生羊茅、假羊茅、西山羊茅、青藏薹草、藏沙蒿、藏白蒿、垫型蒿

资料来源:孙鸿烈. 中国生态系统[M]. 北京,中国科学出版社,2005.

草甸草原生态系统是所有类型中最湿润、生态条件最好的,其年平均降水量约450 mm,土壤主要是黑钙土,有机质含量高,植物群落物种组成丰富,主要由中生杂类草组成。按照建群种,草甸草原生态系统可进一步划分为贝加尔针茅草甸草原生态系统、羊草草甸草原生态系统、线叶菊草甸草原生态系统等六个类型。图 4.1 为内蒙古呼伦贝尔草甸草原。

图 4.1　内蒙古呼伦贝尔草甸草原

典型草原生态系统是温带大陆性半干旱气候条件下形成的草原生态系统类型,主要分布在年平均降水量约 350 mm,海拔为 1000~1500 m 的高原地区,土壤以栗钙土为主,其植被类型主要为真旱生与广旱生多年丛生禾草。典型草原生态系统包括 13 个类型,如大针茅草原生态系统、克氏针茅草原生态系统、羊草小禾草草原生态系统、冷蒿草原生态系统等。图 4.2 为内蒙古锡林浩特典型草原。

图 4.2　内蒙古锡林浩特典型草原

荒漠草原生态系统分布于温带大陆性干旱气候条件下,年平均降水量在 150~250 mm 之间的地区,土壤以棕钙土为主,有一定盐分,有机质含量低,其植被类型以多年生旱生丛生小禾草为主,主要包括戈壁针茅草原生态系统、石生针茅草原生态系统、矮花针茅草原生态系统等 10 个不同类型。图 4.3 为内蒙古乌拉特荒漠草原。

图 4.3　内蒙古乌拉特荒漠草原

高寒草原生态系统主要分布于青藏高原,帕米尔高原以及天山、昆仑山和祁连山等亚洲中部高山,海拔为 2300~5300 m 的地区,大陆性气候强烈,寒冷而干旱,建群种以寒旱生丛生禾草为主,主要包括紫花针茅高寒草原生态系统、羽柱针茅高寒草原生态系统、座花针茅高寒草原生态系统等 10 个不同类型。图 4.4 为青海海西高寒草原。

图 4.4　青海海西高寒草原

中国的草甸主要包括典型草甸、高寒草甸、沼泽化草甸和盐生草甸等类型,如图 4.5 所示。中国最典型的草甸是由杂类草形成的五花草甸,在三江平原有广泛分布。高寒草甸最典型的是嵩草草甸,沼泽化草甸中较为多见的是苔草类草甸,盐生草甸较典型的是盐地碱蓬草甸。

（a）典型草甸——荻草甸

（b）沼泽化草甸——芦苇草甸

图 4.5　草甸

4.2.2 草地生态系统服务

草地生态系统服务是指自然草地生态系统结构和功能的维持会生产出对人类生存和发展有支持和满足作用的产品、资源和环境。联合国千年生态系统评估把包括草地生态系统在内的生态系统的服务功能归纳为四类，分别为供给服务、调节服务、支撑服务以及休闲服务，具体如表4.2所示。

表 4.2　草地生态系统服务内容

服务	功能	解释
供给服务	有机物质生产	植物通过光合作用固定太阳能，使光能通过绿色植物进入食物链，为人类提供诸如食品、药品等生命维持物质
调节服务	气候调节	草地生态系统吸收碳作为土壤有机质并储存在土壤中
	气体调节	草地生态系统通过物质生产过程而对氧气、二氧化碳、氮氧化物、甲烷等进行调节
	水土保持	草地植被将土壤覆盖，可以减少雨水对土壤的直接冲击，保护土壤，减少侵蚀，保持土壤生产力
	营养循环	营养物质(有机质、全氮、有效磷、有效钾等)在生物、废弃物、土壤之间进行营养物质循环
	涵养水源	植物根系深入土壤，使土壤对雨水更具渗透性
支撑服务	维持生物多样性	草地生态系统储存有大量基因物质，是作物和牲畜的主要起源中心
休闲服务	文化娱乐服务	草地生态系统为人类提供了娱乐、美学、文化、科学、教育等多方面的价值

中国草原生态系统服务主要分为气体调节、气候调节、干扰调节、水调节、水供给、控制侵蚀、土壤形成、养分循环、废物处理、传粉、生物控制、栖息地、食物生产、原材料供应、基因资源、娱乐、文化等17类。人们分别估算了每一类生态系统服务的经济价值，发现中国草地生态系统服务的年均价值为 1.4979×10^{11} 美元，其中干扰管理价值占16.07%，水管理和水供应价值占14.09%，侵蚀控制和营养循环价值占5.66%，废物处理价值占31.78%，授粉价值占4.88%，生物控制价值占4.49%，食物和原材料供应价值占14.37%，娱乐和文化价值占5.54%，其他(如气体管理价值、土壤形成和栖息地等)价值低于4%。

4.3　草地生态系统损害评价指标

4.3.1　草地生态系统损害行为

草地生态系统损害是指草业与畜牧业活动、草原开发建设活动、污染行为等挤占草原生态系统空间,对草原生态系统的生态环境要素造成不利影响,导致草原生态系统服务功能丧失等。从生态环境损害行为主体的角度分析,草地生态系统损害行为可归纳为三类,分别为草业与畜牧业发展活动、草原开发建设活动以及主观污染行为。

草业与畜牧业的无序发展是造成草原生态系统功能退化的主要原因之一。不经合理引导与规划的草业与畜牧业容易陷入"公地悲剧",导致草原生态系统退化等问题。此外,草业与畜牧业的无序发展会导致草原植物群落的优势种更替,牧草饲用品质恶化,植物个体小型化,光合效率显著下降,氮素、碳素等物质循环失调,群落生物生产力严重衰减等问题。

我国主要的草原开发建设活动包括煤矿开采、火力发电、特高压输电线等工程建设,煤化工、固体废物处理处置工程,运输基础设施建设(如铁路、公路、油气管线等),光伏、风电建设等。随着城市化、工业化进程的深入,草原开发建设活动对草原生态系统的影响愈发严重,导致大气、地表水、地下水、土壤等环境要素和植物、动物、微生物等生物要素的不利改变,致使其生态系统功能退化。

主观污染行为包括非法行为、不达标行为及其他污染行为。其中,非法行为包括将固体、液体、气体废物甚至是危险废物不经任何处理、处置直接排放至草原,非法捕杀具有重要生态价值的草原动物,以及对草原生态系统内部敏感区域和具有重要生态功能的区域的直接损害行为。不达标行为包括工业建设活动的主体未按照既定的生态环境保护标准开展环境保护工作、对草原生态系统造成污染与损害的超标排放废物的行为。其他污染行为是指间接造成生态环境损害的污染行为。

4.3.2　草地生态系统损害评价指标体系

生态系统健康评价是生态系统损害鉴定工作的重要前提。草地生态系统健康是一个复杂的概念,其内涵是指草地生态系统的生物要素与环境要素能够维持草地生态系统健康,提供正常的生态系统服务而不出现退化,这些要素包括植被覆盖、土壤环境质量、生产力、水资源等。国内外诸多研究人员从不同方面提出了草原生态系统健康的概念与评价体系。

生态系统健康评价为生态系统损害鉴定工作提供了翔实的背景资料与生态环境现状分析,为生态系统损害鉴定的损害基线确认、损害因果关系分析、损害阈值的判定提供了标准。生态系统损害鉴定工作是生态系统健康评价工作的发展与补充。生态系统健康评价工作的最终目的是生态建设与保护,而生态系统损害鉴定工作能够作为连接生态系统健康评价与生态环境保护的桥梁。一方面,生态系统健康评价的理论、技术方法、评价结果可转化为可操作的技术体系与实施方案,用于指导生态修复工程落地;另一方面,根据生态系统健康的评价结果,人们能得出生态系统损害鉴定的研究结果,为生态系统恢复与保护提供资金、技术、人员、资源、管理的保障。

CVOR 指数法通过生态系统基况(Condition)、活力(Vigor)、组织力(Organization)、恢复力(Resilience)四个维度评价草地生态系统健康状况,是应用案例较多、方法准确性较高的草地生态系统健康评价方法,其框架如图 4.6 所示。

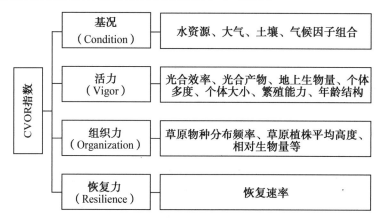

图 4.6　CVOR 指数框架

通过参考 CVOR 指数,人们可选取指示生态系统最本质、对结构变化最敏感的功能指标,构建草地生态系统损害评价指标体系。该指标体系包含 3 类 27 项 82 个具体指标,其中 1~8 项为植物组成的多样性野外调查内容,9~19 项为生态系统健康和关键生态系统功能指标,20~27 项为关键环境和人类活动干扰指标。草地生态系统损害评价指标体系及获取途径如表 4.3 所示,各个具体指标数据的获取途径、调查空间尺度也在表中进行了说明。

表 4.3　草地生态系统损害评价指标体系及获取途径

序号	监测项	具体指标	获取途径
1	植物群落的物种组成	植物物种名录	野外观测(样方)
2	植物物种多度	物种的地上生物量和个体密度	野外观测
3	植物群落的盖度	冠层盖度	野外观测
4	物种的点格局分析	个体的空间位置	野外观测

续表

序号	监测项	具体指标	获取途径
5	植物功能性状	植株高度、茎叶比、比叶面积、单叶重、单叶面积、叶干物质含量、叶氮含量、叶磷含量	野外取样和室内分析
		生长型、生活史策略、光合途径、固氮能力、克隆生长特性、根系结构和子叶类型	文献检索
6	植物种库	物种名录	野外观测（样带）
7	植物多样性	α、β、γ 多样性，物种丰富度、物种均匀度，物种多样性，功能多样性，谱系多样性	基于本表 1、2、6、7 项计算获得
8	哺乳动物多样性	珍稀、濒危动物的有无	社会调研
9	微生物多样性	分类操作单元	野外取样和室内分析
10	昆虫多样性	种数和个体数	野外取样和室内分析
11	鸟类的多样性	种数和个体数	野外观测
12	蝴蝶的多样性	种数和个体数	野外观测
13	蝗灾的状况	蝗虫个体的数量	野外观测
14	鼠害的状况	鼠洞和土丘的密度	野外观测
15	净初级生产力	地上、地下净初级生产力	野外取样和室内分析
16	土壤碳、氮、磷储量	土壤容重、土壤碳氮磷含量	野外取样和室内分析
17	水土保持力	裸地面积、凋落物量及凋落物覆盖度、植被盖度	野外观测、取样和室内分析
18	地下水供给	地下水水位及水质	野外观测、取样和室内分析
19	气象因子	降水、气温、年潜在蒸散量、年实际蒸散量、年总太阳辐射、年光有效辐射、积温	气象站实测、模型插值
20	其他环境变化因子	大气 CO_2 分压、氮沉降量、酸沉降量	地面实测、模型计算和预测
21	土壤理化性质	土壤类型、质地、酸碱度、有机质含量、持水量	野外取样和室内分析
22	地形因素	坡向、坡度、地表起伏度、地表粗糙度	通过 DEM 数据计算获得
23	土地利用	土地利用类型、土地利用强度、土地利用历史	遥感、社调和文献检索

续表

序号	监测项	具体指标	获取途径
24	社会经济因素	家畜(牛马羊)粪便密度、人口数量、生活来源、人均收入	社会调研和年鉴统计资料检索
25	景观因素	生境破碎化程度	遥感
26	地史进化因素	地质历史和进化历史	文献检索、谱系分析

注:1.资料来源:万宏伟,潘庆民,白永飞.中国草地生物多样性监测网络的指标体系及实施方案[J].生物多样性,2013,21(6):639-650.

2.获取途径详细说明见附录5。

4.4 草地生态系统损害鉴定

生态系统损害鉴定是环境损害案件通过诉讼方式解决纠纷的关键技术支撑,对环境司法案件的处理有着举足轻重的意义。草地生态系统损害鉴定运用科学专业技能对环境污染和生态破坏造成人身、财产及生态环境损害等专门性问题进行了科学界定,包括污染物和污染破坏行为的定性、污染破坏行为与损害结果之间的因果关系判定、损害程度和范围的界定与数额量化等方面的判断。草地生态系统损害鉴定的主要工作环节包括环境损害调查、环境损害基线确定、环境损害因果关系判定、环境损害修复方案筛选、环境价值评估。

4.4.1 草地生态系统环境损害调查

环境损害调查是开展环境损害鉴定评估的前提和基础。调查取证不仅直接影响环境损害鉴定评估的结论,而且决定了环境损害鉴定评估工作的公正性、严肃性和合法性。在实践中,由于调查工作条件较恶劣、时效性要求高,草地生态系统环境损害调查存在证据固定困难、技术难度高、缺乏统一标准等难题。

草地生态系统环境损害调查的主要方法包括资料收集与调查分析、现场踏勘与人员访谈、生态环境监测、专项分类调查。

收集与调查的资料主要包括影响区域的自然环境背景信息、历史监测数据、环境质量信息、社会经济信息等背景资料,这些资料可用于梳理损害影响区域的基本情况。除背景资料外,污染事件的经过和处置过程也是重点调查的信息,它包括污染源数量、位置、所属行业,特征污染物的类型和种类,污染物排放的地点、方式、发生和持续的时间、应急处置措施等。基于以上信息的梳理和总结,人们可对环境损害情况进行初步的判断并制订详细的调查工作计划。

现场踏勘与人员访谈是环境损害调查的必要环节。开展踏勘一方面是对已有信息进行核实,另一方面是使调查人员对影响区域产生直观感受。现场踏勘主要关注的信息包括潜在污染源的现状、草地生态系统的现状、初步判定可能影响的草地生态系统范围等。现场踏勘过程中可使用现场快速检测仪器,对受影响和潜在受影响区域的空气、水体和土壤进行检测,快速固定必要的数据证据。人员访谈指利用当面交流、电话交流、电子或书面调查表等方式,对影响区域现状或历史的知情人、环境保护等行政主管部门人员、附近居民等相关人员进行访谈。

生态环境监测是环境损害调查工作中的重点,生态环境监测的科学性将直接影响环境损害鉴定评估结果的准确性。调查人员应根据现场踏勘、人员访谈获得的信息,制定环境损害鉴定评估监测方案。环境损害鉴定评估监测方案的内容包括核查已有信息、判断污染物的可能分布、确定环境介质和生态受体、制定采样方案、制定健康和安全防护计划、制定样品分析方案、确定质量保证和质量控制程序等。在实际工作中,特别是对于突发环境事件应急监测、超大型污染场地调查、复杂条件采样监测等环境损害调查,调查人员需要结合已有规范条例,根据实际需要和条件制定科学合理的环境监测方案,提高针对性、可操作性和合理性。

专项分类调查主要包括人身损害调查、财产损害调查、生态环境损害调查和事务性费用支出调查。环境损害鉴定评估主要关注人身损害、财产损害、生态环境损害和事务性费用支出,所以调查应针对不同类型环境损害的特点,设计合理的调查问卷和数据报送方式,采用全面调查、抽样调查等方法,配合环境监测、实验室样品检测等手段协同开展。人身损害调查主要关注人的死亡、受伤、中毒情况,住院人数,入院及出院时间,心理和精神状态以及发生的相关费用等,需要开展必要的人体样品检测。财产损害调查主要包括财产损毁情况、为防止污染扩大而支出的费用等信息调查,需要开展必要的农产品等财产类物品的检测分析。生态环境损害调查需要重点开展三方面的调查,包括污染清理情况,大气、地表水、土壤、地下水、沉积物等环境介质变化情况,草地生态系统中的动植物受损情况和生态系统服务功能受损情况。事务性费用支出调查应涵盖环境监测、现场防护等费用的信息。

4.4.2　草地生态系统环境损害基线

生态环境损害基线是判断生态环境损害发生的依据,也是确认生态环境损害时空尺度、损害程度、生态环境损害修复的重要标准,在生态环境损害鉴定评估工作中发挥着极其关键的作用。在开展生态环境损害鉴定评估与生态修复时,必须选择并确定一个合理的基线。

草原生态系统环境损害基线是指草原生态系统损害未发生时草原生态系统的初始状态。草原生态系统损害原因各异,损害形式多样,损害过程复杂,而草原生态环境损害基线的判定是确定损害形式、过程的重要前提和关键环节。

目前,生态环境损害基线的判定尚无统一标准和规范,主流的判断基线方法有参照点位法、历史数据法、环境标准法和模型推算法,如表4.4所示。这些方法的原理均是将一定时间或空间范围内未受到破坏的生态状态作为基准值或目标修复值。

表4.4　生态环境损害基线判定的常用方法

方法	依据	工作步骤	优点	缺点
历史数据法	受损害区域历史信息	基础调研→历史数据收集→数据筛选、分析和评估→确定基线	损害评估结果准确	受历史数据资料限制,较难直接应用
参照点位法	相似条件未受污染的参照区域数据	基础调研→选定参照点位或区域→深入调查分析→确定基线	直接、客观	需对参照区域开展大量和长期的调查分析
环境标准法	环境标准值	基础调研→相关环境标准比较分析→确定基线	简单、方便	部分现行标准难以满足实际应用需要
模型推算法	模型	基础调研→数据收集→模型构建和优化→深入调查、分析和评估→基线水平预测和确定	易于控制,可将现象简化、放大或缩小	需要大量数据,模型不确定性程度难以确定,且可用模型较少

在草地生态系统环境损害基线的确定过程中,利用历史数据法、参照点位法、环境标准法、模型推算法时,均需要根据草原生态系统的自身特点和实际情况,科学、合理地确定基线。

4.4.2.1　历史数据法

历史数据法是指以损害事件发生前的区域状态为参照,采用能够用于描述评估区域环境损害事件发生前场地特性的历史资料信息和相关数据来确定该区域的生态环境损害基线。相关信息和数据来源包括常规监测、专项调查、统计报表、学术研究等反映人群健康、财产状况和生态环境状况的历史数据。对于需要追溯损害行为发生前的时期长短,《生态环境损害鉴定评估技术总纲》中规定为三年。历史数据法确定草地生态系统环境损害基线的流程如图4.7所示。

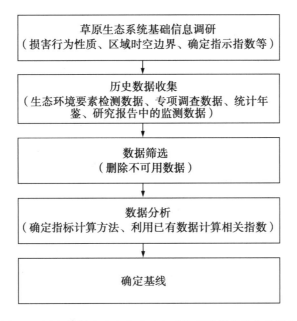

图 4.7　历史数据法确定草地生态系统环境损害基线的流程

利用历史数据法确定草原生态系统生态环境损害基线时要注意以下几个问题:①历史数据选择。虽然《生态环境损害鉴定评估技术总纲》中推荐收集损害行为发生前三年的历史数据,但对于大多数生态要素而言,三年的时间并不能够反映某一问题的真正损害水平,并且某些气候要素(如强降雨、极端天气等)可能会对某一年产生较大的影响。②草地生态系统有其自身的演化。一个损害行为造成生态环境损害的后果应当由损害后的生态系统状态与自然演化后的生态系统状态对比后得出,而历史数据法所对应的生态系统状态是系统初始状态,未考虑生态系统的自然演化,可能导致生态系统环境损害鉴定结果出现较大的偏差。③数据较难获得。草原大部分地区没有实现长期的生态环境定位监测,表征损害前生态系统结构、功能状态的历史数据难以获得。历史数据监测的目的并不是服务生态环境损害鉴定,因此历史数据可能达不到生态环境损害鉴定评估工作定性分析与定量分析的要求。

4.4.2.2　参照点位法

参照点位法是指从一组生境类似、可用于以比较的参照点位中选择未受干扰的区域作为参照区,利用该区域的历史数据或实验数据与评价区进行比较的方法。参照点位法凭借其完整性、可重复性、灵活性等优势被广泛应用于土壤研究、鱼群繁衍、水质测评等方面,是目前应用最广泛的生态环境损害基线判定方法。参照状态是指一定区域内受人类活动干扰最少或影响程度最小的状态,是参照点位法中参照点的最优生态状态。若无参照状态,人们很难确定区域内随时间变化而改变的生态状态及其受人类干扰的程度,参照状态的选择将对生态系统环境损害基线的判定有重大影响。在任何时间段、任何点位上，参照状态均呈现出一系列的生物属性，而这些属性将随着气候和自然的变化而改变。由于研究者角度、研究目的和区域可获数据不同，参照状态中所呈现出来的最佳状态也不同。国内外学者把参照状态分为四类：

（1）极小干扰状态（minimally disturbed condition，MDC）：极小干扰状态用于描述区域内没有显著人类干扰的状态。极小干扰状态是自然环境下最优的状态，虽然这种状态受到气候和地质变化的影响，但最大限度地保留了当地的生物完整性。极小干扰状态下，每个样点的生态指标值虽然不同，但差距较小，波动较低。尽管人类足迹未至区域已不多，但在人类已至区域中，并没有受到人类干扰（比如自然保护区）的生态状态可以被称为"极小干扰状态"。该状态常出现在保存完好的草原深处。

（2）历史状态（historical condition，HC）：历史状态用于描述区域内某一时间节点的状态。由于跨度长、调查方法和实验技术的改进，相同地点的历史状态也会随着时间变化而变化。历史状态的样点通常选择没有进行过城市化、工业化和农业集约化的地区，同时区域内的水文、地质和生态没有发生大的改变。

（3）最低干扰状态（least disturbed condition，LDC）：最低干扰状态用于描述现阶段区域内受到干扰最低、各项指标最佳的状态。由于人类活动和指标选择的影响，最低干扰状态的指标值呈现出区域差异性，并且根据人类干扰程度显现变好或者变坏的趋势。在一定范围内，即使有人类干扰，但某一特定区域生态暴露风险和受干扰程度明显小于周边区域，那么该区域内的生态状态也可以被称为最低干扰状态。该状态常出现于未过度放牧的草原区。

（4）最佳可获得状态（best attainable condition，BAC）：最佳可获得状态用于描述在环境治理或管理下，区域达到的最佳状态。由于最佳可获得状态是在最佳管理目标、先进的修复技术下才达到的理论状态，所以又称"期望状态"。该状态取决于人类活动对区域的干扰情况，但不会优于极小干扰状态，也不会差于最低干扰状态，常出现于城市化和工业化程度较高、经济较发达的生态治理区域。

一个区域最开始的状态是极小干扰状态，自然结构稳定，生态功能齐全。由于自然或者人为干扰，生态系统逐渐向着不稳定的方向发展。当干扰程度超过一定阈值时，生态系统在结构和功能等方面将表现出受损症状，此时的参照状态是最低干扰状态，且差于极小干扰状态。随着干扰强度和时间继续增加，超过一定阈值，生态系统的稳态将被打破，退化到另一阶段。在退化过程中某一时间节点的参照状态是历史状态。在生态系统演变的过程中，同一时点的历史状态等于最低干扰状态，差于极小干扰状态。在受损的情况下，对生态系统进行恢复，此时的参照状态是最佳可获得状态。最佳可获得状态取决于人类活动对区域的干扰程度、恢复时间和技术。

相同区域内选择不同参照点位会带来不同的参照状态，进而造成结果的差异。如何科学地选择最准确的参照状态,是参照点位法在损害基线判定中的重点和难点。在草原区损害基线判定的具体操作过程中,不同草原区自然生境、人类干扰程度存在差异,四种状态的选择对损害基线判定将产生较大影响。一般而言,极小干扰状态是损害基线的最优选择,但所有草原区都以其为判定标准是比较困难的。首先,草原受降水影响较大,草原种类分布与降水分布呈现非常强的相关性,降水对草原有渐变性和波动性影响,同一片区域的优势种和建群种因降水周期的改变而改变。对一个区域进行损害基线判定时,即使无人为干扰,也很难根据植被类型确定该区域目前的状态就是历史上受干扰程度最小的状态。其次,草原包括草甸草原、典型草原、荒漠草原等多种类型,并且内陆草原存在着草甸草原荒漠化的过程,若选择的区域是典型草原或者荒漠草原,则很难确定该区域原始的草原状态,进而无法判断该区域目前状态是否为极小干扰状态。

历史状态能够较好地反映区域环境的变化情况,但该状态同样不宜作为所有草原损害基线的状态。首先,历史状态有效性程度取决于基础数据的完整性。在生态损害发生前,很少有科研机构或个人对该区域进行长时间的监测,草原区生境状态资料匮乏。其次,历史研究通常不是以生态环境损害为目的的研究,草原区所获得的历史数据常用于研究植被特征、物种演化、群落稳定性等特征,导致历史数据很难满足生态环境损害基线定量化的要求。最后,由于研究介质和对象的自然可变性,同一区域的草原可能发生退化,植物群落、土壤性状发生改变,导致在确定生态系统环境损害基线时出现偏差。对于草原生态自然保护区、观测研究站等区域附近的草场,由于有连续的基础数据,加之保护力度强、人为干扰少,草原生境变化少,宜采用极小干扰状态和历史状态作为基线标准。

4.4.2.3 环境标准法

环境标准法是以国家或地方颁布的环境标准为评估参照,将相关法规和环境标准中的适用基准值或修复目标值作为基线水平,用偏离标准值或修复目标值的程度衡量损害程度的大小。在我国首例大气污染环境公益诉讼案——中华环保联合会与德州晶华集团振华有限公司大气污染责任纠纷案中,鉴定人员以 SO_2、NO_x 和烟尘等污染物排放的标准限制为生态系统环境损害基线,基于超标排放事实,成功判定了超标排放会对生态环境造成损害的事实。

通过环境标准法确定草地生态系统损害基线的关键点是选择科学、合理的标准,涉及草地生态系统的环境标准如表 4.5 所示。以环境标准为基线水平是草地生态系统环境基线确定最简单、最方便的方法。但是在采用环境标准法确定生态系统环境损害基线时要注意以下几个问题:①环境标准种类繁多,在实际应用中要注意环境标准之间的关系,选用合适的环境标准,确保损害评价结果准确。②有些标准存在滞后性,例如近年来层出不穷的新型污染物对生态环境造成了诸多不利影响,或者说随着科学技术的进步,许多化合物的潜在副作用被逐渐揭露,但是环境标准对于上述化合物可能还未给出相关检测标准与监测方法。③相较于环境要素,环境标准法并不适用于损害行为造成的生态系统退化、生态系统服务丧失等方面的生态系统环境损害基线确定工作。

表 4.5 涉及草地生态系统的环境标准

编号	名称	实施时间	主要内容	适用范围
GB/T 21439—2008	《草原健康状况评价》	2008.04.01	草原健康评价的指标和方法	草原健康状况的分级和评价
GB/T 29366—2012	《北方牧区草原干旱等级》	2013.07.20	北方牧区草原的干旱等级	北方牧区对牧草生长情况的监测以及草原干旱的评定
NY/T 1579—2007	《天然草原等级评定技术规范》	2008.03.01	天然草原等级评定指标和方法	天然草原质量和生产力的综合评定
QX/T 183—2013	《北方草原干旱评估技术规范》	2013.05.01	北方草原区主要草原类型干旱评估指标及技术方法	北方草原区草原干旱的评估
QX/T 142—2011	《北方草原干旱指标》	2012.03.01	北方草原区主要草原类型干旱指标的计算方法及干旱等级划分	中国北方草原区和高寒草原区草原干旱监测、预测及评估
NY/T 1899—2010	《草原自然保护区建设技术规范》	2010.09.01	草原自然保护区建设的原则和内容	草原自然保护区的建设
NY/T 1233—2006	《草原资源与生态监测技术规程》	2007.02.01	草原资源与生态监测的内容和方法	全国各级行政区域草原资源与生态监测

4.4.2.4 模型推算法

模型推算法通过大量数据构建污染物浓度与生物量、生境丰度等之间的剂量-反应预测模型,揭示自然状况下生态环境应有的组成和结构,其核心是建立基线预测模型。模型推算法是以没有发生污染事件的状态为参照的,一般适用于以生物资源为评估对象的系统生态环境损害基线确定。采用该方法确定的生态环境损害基线需要先根据大量数据和已知的变化规律进行模拟,然后通过总结趋势数据,预测或模拟无污染事件时的状态水平。

损害评价指标的筛选是构建预测模型的基础。不同的损害行为所作用的损害受体不同,损害的表征亦不同。损害评价指标包含了反映评估区域生态系统结构和功能状态的综合性指标集。针对草地生态系统,损害评价指标主要包括环境要素指标(如水体、大气、土壤理化指标)、生物要素指标(如植被的高度、盖度、多度、频度、生物量)及固碳释氧、防风固沙、保育土壤、生物多样性等生态系统功能表征指标。目前,我国草原大部分地区没有实现长期的生态环境定位监测,表征损害前生态系统结构、功能状态的历史数据难以获得。而净初级生产力易于通过遥感数据获得,是生态系统中物质与能量运转的基础,直接反映了植被群落在自然环境条件下的生产能力。生态系统中其他要素的不利变化,最终均可在植被净初级生产力上得以体现,其受损程度能在一定程度上反映生态系统破坏的程度。

　　2020 年,研究人员以净初级生产力为草地生态系统损害的重要表征指标,以锡林浩特市巴彦宝力格矿区为例,将生态系统环境损害基线看作是一个动态的变量,运用未开发建设前(2000—2008 年)的净初级生产力历史数据所体现出来的特征和变化规律,通过灰色拓扑模型动态预测该矿区开发后(2009—2011 年)的净初级生产力数值,并将预测值作为动态基线值。灰色系统理论是一种研究少数据、贫信息以及存在不确定性的问题的新方法。自创立以来,该理论在环境质量和生态安全领域得到了广泛应用。GM(1,1)模型作为灰色预测理论的一种预测手段,将随机的原始时间序列进行累积叠加,得到规律性较强的以指数形式为基础的新时间序列,然后将新时间序列转化为微分方程,建立发展变化模型并进行预测。GM(1,1)模型要求原始时间序列光滑平稳,即原始时间序列应是一个特定的指数曲线。该模型对波动幅度较大的时间序列的预测精度较低,不能反映不规则的波形。净初级生产力受诸多因素影响,数据波动大,波动规律性较差,采用基本的 GM(1,1)模型很难对其进行准确预测。灰色拓扑预测是对一段时间内系统行为特征数据波形的预测。它从给定的一系列阈值出发,一个模型对应一个阈值,建立多个GM(1,1)模型;利用多个 GM(1,1)模型对未来的时刻进行预测,从而得到未来发展的总体趋势预测图。灰色拓扑预测能弥补单一 GM(1,1)模型的不足,对波动幅度较大且频繁的序列的预测有很大优势。

4.5　草地生态系统修复方案

　　生态修复是恢复生态学的核心内容之一。近年来的相关研究中,生态恢复与生态修复的使用频率都很高。生态恢复是指停止人为干扰后,生态系统依靠自动适应、自组织和自调控能力,按自身规律演替,通过休养生息的漫长过程,向自然状态演化。生态恢复的目标是完全依靠大自然本身,恢复原有生态系统的功能和演变规律。生态修复则是指为了加速已被破坏生态系统的恢复,辅助人工措施,为生态系统健康运转服务,从而加快生态恢复的过程。生态恢复强调的是自然恢复,而生态修复需要自然恢复与人为辅助措施相结合。生态修复是生态文明建设的主要任务和基本要求,是建设"美丽中国"的重要途径。我国十分重视生态文明建设,强调要加大生态系统保护力度,加强生态修复,实施重要生态系统保护和修复重大工程,提升生态系统质量和稳定性,构筑生态安全屏障。

草地生态系统作为我国面积最大的陆地生态系统类型,受到人们生产、生活和其他活动的严重干扰甚至破坏,其生态修复任务艰巨。北方草地生态系统面临的问题是草地退化、沙化和盐渍化(简称"三化")。修复"三化"草地一直是生态学研究的热点,也是今后长期的重点任务。目前,草地生态系统还面临两个新的挑战:一是城镇化快速发展对周边草地严生了严重干扰;二是能源开发过程中大型露天煤矿形成的排土场,改变了草地的原始景观,对环境和生态产生了巨大的负面影响。

4.5.1 "三化"草地生态修复

由于草地生态条件的先天脆弱性,人们在利用自然资源时,常常会导致生态和环境的退化和劣化,具体表现为退化、沙化、盐渍化。草地"三化"是人类活动和气候变化双重作用的结果,主要表现为生产力下降、干旱、许多河水断流、湖泊缩减或干涸、大量湿地萎缩。近年来,草地生态建设取得了明显成效,"三化"草地面积呈减少趋势。但从整体来看,草地生态仍很脆弱,加大草原生态系统修复仍是一项重要工作。

4.5.1.1 退化草地修复技术

针对各个地区不同类型不同退化程度的草地,从促进植被自然恢复、扩大土壤种子库、改善土壤理化性质等方面入手,采用封育、施肥、补播、清除有毒有害植物等措施改良不同程度退化草地植被状况,采取浅翻、松土、切根等措施改良草地土壤状况,结合实际情况单独或者结合使用一些技术和措施,以达到良好的草地修复效果。

4.5.1.2 沙化草地修复技术

沙化草地修复首先要使流沙固定,依据不同沙化草地地貌、风向、坡度、植被等环境特征确定不同的固沙技术,为植物的定居和生长创造良好的环境。流沙固定技术一般有三种:①化学固沙,即通过在流沙表面喷洒化学胶结物质来固定流沙表面。②机械固沙,即通过设置机械沙障来改变下垫面性质,从而达到防风固沙目的。③生物固沙,即通过应用适宜的造林种草技术和封沙育林技术来恢复沙地植被。

例如,2016—2018 年内蒙古锡林浩特市治理风蚀沙化草地 680 hm²。根据风蚀坑、陡坡、缓坡区、平坦区等不同地形沙化程度,锡林浩特市采用围栏封育、埋置机械沙障(如稻草、芦苇等)、生物沙障、人工撒播草籽(如一年生与多年生、禾本科与豆科混播)、铺设枯草和覆盖固沙网等技术进行治理。监测数据表明:原为裸地的风蚀坑,治理后流沙得到固定,植被盖度达到 55%～65%。

4.5.1.3 盐渍化草地修复技术

目前,我国盐渍化草地改良技术有围封、松土等物理技术,施肥(腐殖酸)、沙压碱、施石膏等化学技术和种植盐碱植物的生物技术。其中,种植盐碱植物、施枯草等生物技术更简单、易实施。常用的生物技术有:①在盐渍化程度较轻的草地直接单播或混播碱茅、羊草、芨芨草等耐盐碱的牧草。②在重盐碱地上平埋玉米秸秆,覆盖枯草层,从而降低土壤 pH,抑制盐分上升。同时,种植耐盐碱一年生、多年生混播草种,可较快形成新的植被层,给羊草、野大麦等多年生植物创造定居条件。治理盐渍化草地时,首先需要调查草地的盐渍化程度、盐碱斑面积,分析化验土壤的 pH 和盐碱种类、含量,根据不同区域盐渍化类型、程度以及盐渍化草原修复研究成果,制订可操作的治理方案。

例如,2017—2018 年内蒙古东乌旗、乌拉盖管理区治理盐渍化草地约 333.3 hm²,其中重度盐渍化草地约 133.3 hm²。通过疏松地表、施用腐殖酸肥、混播种植耐盐碱植物组合(碱蓬、碱茅、芨芨草、羊草、草木樨等)、铺设枯草等综合治理措施,内蒙古东乌旗、乌拉盖管理区的盐渍化区域植被覆盖率达 35%～55%。

4.5.2　城镇周边被破坏草地生态修复

随着城镇化进程的加快,北方城镇周边草地生态系统普遍受到严重损伤。城镇扩张不仅占用了大量的优良草地,使周边区域草地出现垃圾遍地、污水横流等现象,与城里的干净整洁形成强烈反差,而且与生态文明建设的要求格格不入。北方城镇周边草地的生态条件一般较差,受干扰的因素难以在短期内消除,治理难度极大。这些区域草地生态修复不仅受技术的制约,也受社会环境的制约,是一项复杂的系统工程。

2012 年,呼和浩特市进行约 6.6667×10⁶ hm²(号称"万亩草场")的草原修复工程,即"大青山生态园万亩草场建设项目"。项目实施前,呼和浩特市对修复区域的自然环境、水文气候、土壤植被、地形地貌、原生生物以及相关数据资料进行了现场勘察、分析研究,邀请相关专家进行了反复论证,形成了因地制宜的施工技术方案,提出了施工过程中需要注意的几个关键点:

(1)土地整理。针对沟壑集中、碎石裸露等区域,选用平整、客土等方法,营造良好的土壤环境。其他区域也采用机械平整的方式,恢复原有的地貌。

(2)施肥。依据表土特征,施用农家肥、商品有机肥、生物菌肥等多种肥料,增加土壤肥力,改善土壤结构。

(3)灌溉。埋设地下管道,选择喷灌、微喷等浇灌方式,达到节水增效的目的。

(4)喷播。以适宜的客土为基质,加入黏结剂、保水剂、牧草种子等成分,形成耐雨水、抗风蚀、牢固透气的多孔团粒体,进行机械喷播,为种子萌发营造良好环境。

(5)植物种选择。选择适于当地条件的乡土草种,混合种植。

(6)监测和维护。进行连续的田间管理和观测,掌握演替规律和群落变化,积累数据。

2012—2015 年,人们对大青山生态园万亩草地建设项目区进行监测分析,发现该草地裸露地表面积减少,土壤流失减少,植物生长繁茂,枯落物增多,土壤中有机质含量增加,有原生植物大量出现,多样性增强,均匀度指数下降,植物群落趋于稳定。在原生植物保留较多的区域,建群种和优势种由施工前的以蒿属植物为主,逐渐向羊草、冰草、白草、披碱草、针茅等成分演替,群落的水平结构分异明显,呈现出对基质条件的自然适应。植物种由6种增至27种,每平方米产草量由2012年的27 g增至2015年的330 g。

4.5.3　草原大型露天煤矿排土场生态修复

我国露天煤矿主要位于北方干旱、半干旱地区,这些地区植被稀少,生态脆弱。煤矿开采会对矿区生态造成严重破坏,而露天煤矿的排土场是开采煤矿过程中废弃物的主要集中处置地,一般占露天煤矿用地的一半以上。采矿过程中大量土石混合剥离物产出,导致诸多生态环境问题,如破坏矿区地形地貌、土壤结构、原有植被等,并由此引发水土流失、土壤质量下降、生态系统退化和生物多样性丧失等一系列问题。因此,对矿区排土场进行生态修复,是露天煤矿可持续发展主要解决的问题之一。

目前,许多露天煤矿排土场的生态修复取得了成功,其主要经验有:

(1)牢固树立环保理念。

(2)严格执法和规范管理。

(3)重视植被重建与生态修复的投入。

(4)重视技术研发。

例如,锡林郭勒草原的露天矿采取"生物笆"模式进行排土场的生态修复。"生物笆"是针对锡林郭勒盟矿山排土场坡度大、土质疏松、土壤贫瘠、气候常年干旱等因素,在草原矿区大型排土场生态治理中采用的一种护坡绿化的新型生物性材料。"生物笆"作业流程为:①整理坡面。使用"生物笆"护坡绿化时,需将矿山坡面平整为田字形栽植台或小鱼鳞坑,便于播种和铺设"生物笆"。②撒播灌木及草种。在排土场坡面平整的栽植台上,人工撒播牧草、灌木种子(如野生狗尾草、披碱草、冰草、沙打旺、胡枝子、锦鸡儿等),且一年生与多年生、禾本科与豆科草种相结合。③覆盖吸水物。播种完成后,再覆盖碎草、秸秆和锯末等可降解的吸水物。④铺设"生物笆"。将编制好的"生物笆"平铺在坡面上,并用木楔将其固定。⑤插沙障。为减小地表径流和塌方,选用充分木质化且规格适宜的柳条,在铺设"生物笆"的排土场坡面上人工插成一定规格的网格沙障,起到聚土的作用,以利于植物生长。⑥补播。第一次播种出苗后,视出苗情况再进行一次补播。经过3~5年的矿山实地实验研究,人们发现"生物笆"具有稳定坡面、蓄水保墒、吸纳沙尘枯叶、增加表土层和保温调控等功能,适合于北方半干旱地区草原矿区生态治理,在草原矿山生态综合治理中取得了良好的效果。

4.6　草地生态系统损害评估

在进行草地生态系统损害评估时,如果既无法将受损的环境修复至基线,也没有替代性修复方案,或只能修复部分受损环境,则应采用环境价值评估法对受损环境或未得以修复的环境进行价值评估。草地生态系统损害评估应当包括基底调查评估和损害价值评估两方面内容。基底调查评估包括调查被破坏草原的类型、等级等基本情况,评估草原被破坏前的生态系统服务功能及其价值。损害价值评估包括鉴定草原被损害程度,评估修复草原生态所需时间和费用,测算修复期间草原生态系统服务功能的损失、生态环境功能永久性损害造成的损失,测算生态环境损害造成的直接经济损失等。

4.6.1　草地生态系统损害价值评估

草地生态系统损害价值评估的基本方法主要有两大类:一是替代等值分析法,二是环境价值评估法。

4.6.1.1　替代等值分析法

替代等值分析法包括资源等值分析法、服务等值分析法和价值等值分析法。①资源等值分析法将环境的损益以资源量为单位来表征,通过建立环境污染或生态破坏所致资源损失的折现量和修复行动所修复资源的折现量之间的等量关系来确定生态修复的规模。资源等值分析法的常用单位包括草地植物生物量、植物生物多样性和动物生物多样性等。②服务等值分析法将环境的损益以生态系统服务为单位来表征,通过建立环境污染或生态破坏所致生态系统服务损失的折现量与修复行动所修复生态系统服务的折现量之间的等量关系来确定生态恢复的规模。服务等值分析法的常用单位包括草地面积、草地生态系统服务恢复的百分比等。③价值等值分析法分为价值-价值法和价值-成本法。价值-价值法是从草地功能退化对人类经济活动和生活造成损害的角度出发,评价草地功能退化的方法。价值-成本法首先估算受损环境的货币价值,进而确定修复行动的最优规模。修复行动的总预算为受损环境的货币价值量。

4.6.1.2　环境价值评估法

环境价值评估法包括直接市场价值法、揭示偏好法、陈述偏好法。①直接市场价值法:通过计量因草地环境质量变化引起的牧草产量、牲畜数量和利润等方面的变化,来计量环境质量变化的经济效益或损失,包括人力资本法、影子工程法、机会成本法等。②揭示偏好法:通过考察人们支付与草地环境质量有密切联系的物品的价格信息,间接推断人们对环境的偏好,以计量环境质量变化的经济价值,包括资产品质评估法、旅行费用支出法等。③陈述偏好法:构建一个虚拟市场,通过问卷或其他形式向受访者询问与草地环境质量有关的问题,从中得到受访者对环境质量变化的支付意愿,由此对环境质量进行价值评估,这种方法也被称为"意愿调查评价法"。

4.6.1.3 草地生态系统损害评估方法的选择原则

进行草地生态系统损害评估时,优先选择替代等值分析法中的资源等值分析法和服务等值分析法。如果受损的环境以提供资源为主,则优先采用资源等值分析法;如果受损的环境以提供生态系统服务为主,或兼具资源与生态系统服务,则优先采用服务等值分析法。采用资源等值分析法或服务等值分析法评估草地生态系统损害价值时,应考虑以下两个基本条件:①修复的环境及其生态系统服务与受损的环境及其生态系统服务具有同等或可比的类型和质量。②修复行动符合成本有效性原则。

如果不能满足资源等值分析法和服务等值分析法的基本条件,可考虑采用价值等值分析法。如果修复行动产生的单位效益可以货币化,考虑采用价值-价值法;如果修复行动产生的单位效益不能货币化(耗时过长或成本过高),则考虑采用价值-成本法。同等条件下,推荐优先采用价值-价值法。

如果替代等值分析法不可行,则考虑采用环境价值评估法。以下情况推荐采用环境价值评估法:①当评估生物资源时,如果选择生物体内污染物浓度或对照区的发病率作为损害基线,由于在生态修复过程中难以对生物体内污染物浓度或对照区的发病率进行衡量,推荐采用环境价值评估法。②由于某些限制原因,环境不能通过修复或恢复工程完全恢复,可采用环境价值评估方法评估环境的永久性损害。③如果修复或恢复工程的成本大于预期收益,推荐采用环境价值评估方法。

4.6.2 草地生态系统损害修复成本评估

草地生态系统损害修复成本评估的一般步骤:①量化草地生态环境损害或损失。②确定单位效益的预期修复量。③用总的损害或损失除以单位效益修复量,得出需要的修复总量或修复方案所需经费。

4.6.2.1 量化损害

期间损害量的计算高度依赖于受影响区域采取的基本修复方法类型。若采取人工修复措施,受损的资源与生态服务可以较快地修复到基线水平,相应的期间损害量较小。若采取自然修复措施,受损的资源与生态服务修复到基线水平所需较长时间,相应的期间损害量较大。环境资源量和生态服务量的期间损害与所选择的基本修复方案密切相关,即所选择的基本修复方案很大程度上决定了环境资源量和服务量的期间损害量。

期间损害计算的关键是预测开展基本修复行动后受损资源和服务的修复路径,即要预测受损资源和生态服务在损害发生到修复到基线水平这段时间内每年受损资源量和服务量的大小。期间损害量为受损的期间内每年的资源或生态服务损失贴现量的总和，其计算公式如下：

$$H = \sum_{t=0}^{n} (R_t \times d_t) \times (1+r)^{T-t} \tag{4.1}$$

式中，H 为期间损害量。t 为评估期内的任意给定年限（$t=0,1,2,\cdots,n$）。$t=0$ 表示起始年，即损害开始年或损失计算起始年；$t=n$ 表示终止年，即不再遭受进一步损害（通过自然恢复达到，或者通过基本修复措施达到）的年份。T 为贴现基准年，一般指进行损害评估的年份；R_t 为受影响资源或服务单位数量。对于受损资源，该参数可以是多样性、生物量或对生态系统具有重要影响的其他度量；对于生态服务，该参数可以是受影响的草地面积（hm²）等。d_t 为损害程度，指资源或生态服务的受损程度。损害程度随时间变化而变化，可以是受损害的个体数量，对于亚致死效应而言，损害程度也可以是预期寿命或生物数量。如果损害的资源单位数量涵盖了亚致死概念，则不需要将其受损程度单列出来。r 为现值系数，推荐采用 2%～5%。

环境类型的不同，环境期间损害经济价值的量化模型也不同。如果环境的价值以使用价值为主，建议采用式（4.2）计算；如果环境的价值以非使用价值为主，建议采用式（4.3）计算。

$$H = \sum_{t=0}^{n} \left[(Q_{nt} \times P_{qn}) + (Q_{lt} \times P_{ql}) \right] \times (1+r)^{T-t} \tag{4.2}$$

式中，Q_{nt} 为损失资源或生态服务的单位数量，可以是娱乐使用天数（如骑马、草原游），也可以是公众所认可的使用该资源或生态服务的其他某种度量。P_{qn} 为受损资源或生态服务的单位经济（货币）价值，是与人类使用损失有关的单位价值（用货币衡量），一般根据现有文献或数据收集来估计此价值。Q_{lt} 为质量降低状态下使用的资源或生态服务的单位数量，它不是完全丧失，而是只能提供质量较低的资源或生态服务。例如，有些人可能仍在被污染的草地放牧，但是他们从草地中获得的价值会减少。P_{ql} 为在质量降低状态下的资源或服务的单位经济价值，一般根据现有经济文献或主要数据收集（如调查）对此价值进行评估。

当环境主要表现为非使用价值时，人们通常使用支付意愿法或接受意愿法进行环境资源经济价值评估。由于支付意愿或接受意愿表现为为防止受到损害而愿意支付的一次性付款，或愿意接受损害而接受的一次性付款，这可能需要贴现，也可能不需要贴现。如果调查问卷中的问题要求被调查人填写经过贴现计算的一次性付款，则不需要贴现；如果被调查人填写的一次性付款是现值，则需要贴现。假设不需要贴现，则期间损害量为

$$H = \sum_{t=0}^{n} (Q_t \times P_t) \tag{4.3}$$

式中,Q_t 为资源或生态服务随时间的变化,此参数可以是资源或生态服务因损害引起的总变化的定性描述。该定性描述通常包括初始基线水平、与基线的差距、回到基线水平的修复路径、基本修复措施和补充性修复措施等。P_t 表示资源或服务变化的价值,是人们赋予环境资源或服务变化的价值(用货币衡量),一般根据现有文献或调查来估计此价值。根据人们对预防环境变化的支付意愿,或不希望变化的接受意愿,此价值考虑了资源和服务的损失程度以及资源修复路径和时间。

4.6.2.2 确定补偿性修复方案的单位效益

补偿性修复方案的规模确定通常是指要确定修复工程需要修复的资源量或生态服务量(如草地面积)。要确定补偿性修复方案的规模,首先要确定修复单位面积(通常以公顷计)的资源或生态服务所产生的效益,其计算公式如下:

$$H = \sum_{t=t_1}^{n} e \times (1+r)^{T-t} \tag{4.4}$$

式中,e 为补偿性修复行动在第 t 年的年度单位效益;t_1 为补偿性修复工程的起始年;n 为补偿性修复行动中单位效益的贴现值近似为零的年限。若受损的环境始终无法修复到基线水平,在计算补偿性修复行动的单位效益时,建议 n 取 $t_1 + 100$。修复资源与生态服务所产生的效益取决于补偿性修复方案的现值系数、工程持续的时间以及工程每年可以产生的单位面积环境效益。若采用资源对等法或服务对等法计算,则补偿性修复工程各年度可以修复的环境效益以资源量或生态服务量为单位表示。若采用价值-价值法计算,则补偿性修复工程各年度可以修复的环境效益以货币量来表示。

4.6.2.3 确定补偿性修复方案的规模

补偿性修复方案的规模(S)等于需要补偿的期间损害量(H)除以补偿性修复方案修复单位资源与生态服务所产生的效益(E),其计算公式如下:

$$S = \frac{H}{E} \tag{4.5}$$

补偿性修复的规模通常用修复的资源量或恢复面积来计量。补偿性修复的规模取决于修复单位资源或生态服务所需时间、选取的现值系数、补偿性修复行动产生的单位面积效益以及期间损害的大小。

4.6.2.4 确定补偿性修复方案

人们通常根据计算得出的修复量,提出备选修复方案。如果修复方案效果不确定,还需要利用实验或者模型模拟等方法开展必要的专项研究,提出备选修复方案。

4.7　工程投资估算

对于草地生态破坏损失的核算,首先要计算草地生态系统所产生的生态服务价值和人为破坏率,然后将二者相乘并汇总即可得到草地生态破坏损失价值,其计算公式如下:

$$L = \sum_{g=1}^{n} (V_g \times r_g) \tag{4.6}$$

式中,L 为草地生态破坏损失价值;V_g 为草地的 n 种生态系统服务价值($g = 1, 2, \cdots, n$),如提供产品、调节水量、水土保持等;r_g 为人为破坏率,相对于过度放牧,其余的人为破坏因素所占比重较小。考虑到数据资料的可得性,通常采用牲畜超载率与人为破坏率之间的 Logistic 关系模型来确定人为破坏率。

草地生态系统的年度服务价值(V_g)核算包括以下六个方面。

4.7.1　草产品的价值

草产品是指畜产品和药用植物等,主要为牧草资源,常用直接市场价值法来评估其价值。草产品的价值计算公式为

$$V_m = S \times Q \times P \tag{4.7}$$

式中,V_m 为草地生态系统的牧草价值;S 为草地的分布面积;Q 为单位面积的牧草生物量;P 为草地牧草的市场价格。

4.7.2　涵养水源的价值

完好的天然草地不仅具有截留降水的生态功能,而且有比空旷裸地更高的渗透性和保水能力。涵养水源的价值量常采用降水贮存量法计算,即用草原生态系统的蓄水效应来衡量草地生态系统截留降水、涵养水分的服务价值,其计算公式如下:

$$\begin{cases} V_t = 10 \times C_库 \times I \\ I = A \times J \times R \\ J = J_0 \times K \\ R = R_0 - R_g \end{cases} \tag{4.8}$$

式中,V_t 为草地生态系统调节水量的价值;$C_库$ 为建设拦截 1 m³ 洪水水库、堤坝的工程费用;I 为与裸地相比较,草地生态系统截留降水、涵养水分的价值量;A 为草地面积;J 为多年平均产流降雨量;J_0 为多年平均降雨总量;K 为产流降雨量占降雨总量的比例;R 为与裸地(或皆伐迹地)相比较,草地生态系统减少径流的效益系数;R_0 为产流降雨条件下裸地降雨径流率;R_g 为产流降雨条件下草地降雨径流率。

4.7.3　固碳释氧的价值

草地生态系统对大气的调节作用主要表现在吸收大气中的二氧化碳和向大气释放氧气,这对保持大气中二氧化碳和氧气的动态平衡、减缓温室效应以及提供人类生存的最基本条件起着至关重要的作用。根据植物光合作用和呼吸作用反应方程式,人们可以推算出每生产 1 g 干物质,草地生态系统可以固定 1.62 g 二氧化碳,同时释放出 1.2 g 氧气。固定二氧化碳或释放氧气的价值计算公式如下:

$$V_o = M \times S \times X \times N \tag{4.9}$$

式中,V_o 为固定二氧化碳或释放氧气的价值;M 为某类型草原单位面积产草量;S 为某类型草原的分布面积;X 为固碳或制氧系数;N 为固碳或制氧成本。

4.7.4　土壤保持价值的评价

(1)减少土地面积损失的价值:土壤的潜在侵蚀量是指土壤在无任何植被覆盖的情况下的最大侵蚀量。人们可以采用机会成本法来估算土地损失价值,其计算公式如下:

$$V_r = a \times p = \frac{q}{m \times h} \times p \tag{4.10}$$

式中,V_r 为减少土地面积损失的价值;a 为减少土地损失面积;p 为单位面积草地的收益;q 为减少的土壤侵蚀总量;m 为土壤容重;h 为土层厚度。

(2)减少土壤肥力损失的价值:土壤侵蚀造成土壤养分大量流失,土壤肥力快速降低,主要包括氮、磷、钾和有机质的损失。通常,人们可根据土壤侵蚀量和单位重量土壤各营养物质含量来计算土壤营养物质损失总量,采用替代市场法来估算土壤肥力的损失价值,其计算公式如下:

$$V_f = \sum_{i=1}^{n} (T \times R_i \times J_i \times P_i) \tag{4.11}$$

式中,V_f 为减少土壤肥力损失的价值;T 为减少的土壤侵蚀总量;R_i 为单位重量土壤第 i 种营养物质含量;J_i 为氮、磷、钾和有机质等转换成相应肥料(尿素、过磷酸钙和氯化钾)及碳的比率;P_i 为当前氮、磷、钾等肥料的价格。

(3)减少泥沙淤积的价值:土壤侵蚀流失的泥沙可造成水库库容、江河湖泊有效容积减少,进一步可造成水库防洪、发电、灌溉和养鱼等功能的破坏及相应的经济损失。根据土壤侵蚀量和淤积量,人们可采用影子工程法来估算减少泥沙淤积的价值,其计算公式如下:

$$V_s = 0.24 \times T \times \frac{C_库}{D} \tag{4.12}$$

式中,V_s 为减少泥沙淤积的价值;T 为减少的土壤侵蚀总量;$C_库$ 为建设拦截 1 m^3 洪水水库、堤坝的工程费用;D 为土壤容重。

4.7.5　净化空气价值的核算

本节将着重从吸收和阻滞粉尘这两个方面来评价草地生态系统净化空气的价值。

4.7.5.1　草地吸收 SO_2 的价值

草地吸收 SO_2 的价值计算公式如下：

$$V_a = Y \times S \times K \times d \times W \tag{4.13}$$

式中，V_a 为草地吸收 SO_2 的总价值；Y 为某类型草原单位面积产草量；S 为某类型草原的分布面积；K 为每千克干草叶每天吸收 SO_2 的量；d 为牧草生长期；W 为 SO_2 的虚拟治理成本。

4.7.5.2　草地阻滞粉尘的价值

草地阻滞粉尘的价值计算公式如下：

$$V_p = S \times K' \times W' \tag{4.14}$$

式中，V_p 为不同类型草原净化粉尘的总价值；S 为某类型草原的分布面积；K' 为草地每年的滞尘量；W' 为粉尘的虚拟治理成本。

4.7.6　维持生物多样性价值的核算

草地生态系统维持生物多样性价值的核算一直是一个难题，目前仍未有明确的核算方法。草地生态系统维持生物多样性价值由草地自然保护区的机会成本、政府经费投入和公众支付意愿三方面构成。因此，人们可以分别采用机会成本法、防护费用法、支付意愿法来估算该项生态价值。

4.7.6.1　机会成本（V_1）

机会成本的计算公式如下：

$$V_1 = B \times S_T$$

式中，V_1 是草原生态系统维持生物多样性所丧失的机会成本；B 为单位面积机会成本；S_T 为研究地自然保护区总面积，即草地生态系统自然保护区面积加上生境。

4.7.6.2　政府经费投入（V_2）

人们常用防护费用法来估算政府对生物多样性保护的经费投入，即通过政府对自然保护区每年总的经费投入以及草地自然保护区占全省自然保护区面积的比例进行估算。

4.7.6.3　公众支付意愿（V_3）

人们常用支付意愿法来计算公众支付意愿，其计算公式如下：

$$V_3 = L \times r$$

式中，L 为人们愿意为保护生物多样性支付的费用（元）；r 为草地生态系统的保护物种比例（%）。

草原生态系统维持生物多样性的价值（V）为

$$V = V_1 + V_2 + V_3$$

4.8 典型案例分析

4.8.1 青海省玛多县非法采矿刑事附带民事公益诉讼案

【基本案情】

2016 年 7 月至 8 月，被告人高某等七人经商议，在未取得相关部门批准的情况下，擅自在位于砂金禁采区的玛多县花石峡镇吉日迈村被告人角某承包的草场上开采砂金，造成当地草原裸土外露，河谷融区潜水层结构及地形地貌景观被破坏。玛多县人民检察院以被告人高某等七人犯非法采矿罪提起公诉，同时提起附带民事公益诉讼，要求七名被告人支付恢复其破坏地形地貌景观和植被资源所需费用 24.26 万元。

【裁判结果】

玛多县人民法院认为，被告人高某等七人违反矿产资源法的规定，在未取得开采许可证的情况下，擅自采矿，造成生态环境严重损害，情节严重，其行为均已构成非法采矿罪，遂以非法采矿罪判处被告人 1~2 年不等的有期徒刑，对承担修复责任的被告人李某判处有期徒刑、缓期执行。在审理过程中，被告人李某通过定西中鼎工程机械有限公司委托邢台地矿地质工程勘察院编制了《青海省玛多县花石峡镇吉日迈村砂金过采区矿山地质环境综合治理方案》。该方案针对矿区存在的矿山地质环境问题，提出了沙堆清理、回填采坑，场地平整，撒播草籽、养护等较为具体的综合治理措施，其技术上较为可行，工程部署较为合理，具有一定的可操作性，且得到黄河源国家公园管理委员会的认可。该方案所需治理费用 24.26 万元。被告人李某自愿承担所需治理费用，并与公益诉讼起诉人达成调解协议。

【典型意义】

玛多的藏语意为"黄河源头"，地处黄河源国家公园。本案在审理过程中注重发挥环境司法职能作用，维护自然保护区管理制度的运行。尤其是在生态环境敏感区等生态红线划定区内，司法裁判严守环境保护优先和生态红线管理制度，严禁任意改变自然生态空间用途的行为，防止不合理开发资源的行为损害生态环境，对污染环境犯罪采取零容忍态度。本案以生态环境的损害修复情况为刑事处罚的重要情节，将环境修复与严厉打击非法开采相结合，判决和调解结果符合生态文明建设和绿色发展的要求，对引导当地牧民合理利用草场,有效遏制非法开采,保护自然保护区环境资源具有指导意义。

4.8.2　内蒙古霍林郭勒市农牧林业局环境保护行政管理公益诉讼案

【基本案情】

2017年,周某某因犯非法占用农用地罪被判处刑罚。2018年,霍林郭勒市人民检察院向市农牧林业局发出检察建议书,要求其依法履行监管职责,及时采取必要措施,修复被周某某非法开垦破坏的约54.84 hm² 草原植被。至本案起诉时,该草原植被尚未修复,检察机关提起行政公益诉讼。

【裁判结果】

霍林郭勒市人民法院认为,行政机关履职未到位,使国家和社会公共利益处于被侵害状态,属于行政行为违法或不作为。判决如下:责令农牧林业局依法继续履行草原治理监管职责;全面修复被周某某非法开垦破坏的草原植被,直至与周边植被相协调。

【典型意义】

本案系对破坏草原监管不力引发的行政公益诉讼案件。人民法院助推退耕还林还草、水土保持等重点生态建设工程顺利实施,督促行政机关依法行政。本案在审理过程中重视司法公开和公众参与,邀请行政机关人员及当地群众旁听庭审,"法检两长"担任审判长和公益诉讼起诉人,农牧林业局局长出庭应诉,当庭宣判。本案有助于行政机关积极履行行政职责,杜绝行政机关慢作为、不作为,对于落实草原生态保护责任,推动完善环境治理体系的发展有着重要意义。

第5章 湿地生态系统损害司法鉴定

5.1 湿地生态系统类型与保护级别

5.1.1 湿地的概念

湿地的中英文原意均指过度湿润的土地。国内外许多研究人员分别从不同的研究对象、国情以及角度为湿地进行了定义,目前已统计到的湿地定义超过 50 种。由于水域、陆地和湿地之间缺乏明显的界限,各学科对湿地研究的侧重点不一样,这使得湿地的定义一直存在争议。直到现在,湿地也没有一个统一的、科学的定义,但这些定义可以大致分为狭义和广义两种。狭义上,湿地一般被认为是水生生态系统和陆地生态系统之间的过渡生态系统。国际生物学计划对湿地的定义就是典型的狭义定义,该计划中指出:湿地是水域和陆地间的生态交错带或过渡带,其特点是表层土壤往往过于湿润,有浅层积水,有水生植物或沼生植物生长,并且具有水成土的发育趋势。美国鱼类和野生生物保护组织于 1979 年在《美国湿地和深水栖息地的分类》中对湿地的定义也是狭义定义:湿地是陆地和水域之间的过渡带,其地下水位往往位于或接近表层土,或土地被浅层水体覆盖。该定义还指出:在淡水生态系统中,湿地和深水栖息地之间的边界位于水下 2 m 处。广义上,湿地一般指全球范围内除了 6 m 以上水深的海洋外,其他水体。《关于特别是作为水禽栖息地的国际重要湿地公约》(简称《湿地公约》)中对湿地定义就是广义的定义:湿地指天然或人工的、暂时或者永久的泥炭、沼泽或者水域地带,并带有静止或流动的淡水、半咸水或咸水体,同时湿地也包括低潮时水深低于 6 m 的海域。

无论是狭义定义还是广义定义,湿地都具有一个共同的特点:充满了水或表层土壤偶尔被水覆盖。狭义的湿地定义将广阔的水体与湿地区分割开来,给湿地的保护和管理带来阻碍。而广义的湿地定义除了包含狭义湿地的区域外,还将其与周围的水体视作整体,便于保护与管理。《湿地公约》中,湿地的广义定义具有很强的科学性,在湿地的保护与管理方面上展现出明显优势。目前,该广义定义已经被国际上各个国家和科研机构普遍接受。据统计,截至 2022 年,已有 2466 块湿地被列入《国际重要湿地名录》,《湿地公约》的缔约国(包括我国)已经达到 172 个,几乎所有的缔约国均参考或直接采用《湿地公约》中对湿地的定义。

5.1.2 湿地生态系统的主要类型及特点

根据《湿地公约》,湿地大体可以分成两大类,即天然湿地和人工湿地。1999 年,国家林业和草原局根据《湿地公约》的分类,将我国湿地划分为濒海和海岸湿地、河流湿地、湖泊湿地、沼泽湿地、库塘五大类,并以此来开展全国湿地资源调查。《中国湿地保护行动计划》也将我国湿地进行了类似的划分,即将湿地划分为浅海和滩涂湿地、河流湿地、湖泊湿地、沼泽湿地、人工湿地五大类。

(1)浅海和滩涂湿地分布于陆地和海洋之间的地带,是由自然滨海地貌形成的浅海、海岸、河口和沿海湖泊湿地的统称,包含在低潮时水位不超 6 m 的永久浅海域,是海洋和大陆之间相互作用最强烈的区域。由于浅海和滩涂湿地的盐浓度高于内陆湿地,因此生长在浅海和滩涂湿地的湿地植物与内陆湿地的湿地植物有很大差异。内陆淡水湿地生长的典型挺水植物包括芦苇、香蒲等,而沿海地区则以海藻和红树林为主。

(2)河流湿地常年有流动水体,属于流水生态系统,是连接内陆和湖泊或海洋的纽带,可转运水流为周边提供水源。由于河水流动性大,径流中的颗粒物和悬浮物被搬运、转化并储存在沉积物中。同时,储存在沉积物中的营养物质和污染物质也可以通过水的流动性释放到水体。水的流动性可以进一步扩散点源污染,从而进一步污染河流周围的生物和栖息地。

(3)湖泊湿地是河流的汇集地。由于湖水不流动或很少流动,因此湖泊湿地属于静水生态系统,具有供应水源、调蓄、为动植物提供栖息地、调节气候等作用。湖水流动性较差,导致水体中的悬浮颗粒物在湖底大量沉积,同时也会导致湖水含氧量低,更易被污染。湖泊沉积物中生长着各种需氧量低的微生物、水生昆虫和软体动物。图 5.1 为湖泊湿地中的莲花沼泽和香蒲沼泽。

(4)沼泽湿地包括沼泽和沼泽化草甸,指的是表层土壤和地表下层土壤往往水分充足,几近饱和,有泥炭累积或无泥炭累积但有潜育层的土地,并伴有大量水生植物生长的区域,如图 5.2 所示。一些沼泽和泥炭地有静止的水面,水位较浅。依据沼泽泥炭的积累发育过程,沼泽湿地可分为贫营养沼泽、中营养沼泽和富营养沼泽。

(5)人工湿地指的是由人为因素形成的工程湿地系统,通常被用于净化污水、调蓄和灌溉。以污水处理为目的的人工湿地在类似于沼泽湿地的地面上对污水及污泥进行合理调配,使污水与污泥在流动的过程中利用沉积物、湿地植物及微生物之间的协同作用得到净化处理。建设人工湿地净化水体已逐渐成为修复生态环境的重要措施之一。

（a）莲花沼泽

（b）香蒲沼泽

图 5.1　湖泊湿地

（a）黄河三角洲芦苇湿地

（b）黄河三角洲柳荻湿地

图 5.2　沼泽湿地

5.1.3　中国主要湿地分布

中国湿地分布范围广且类型多样，从滨海到内陆、从山区平原到高原、从温带到寒带都有湿地分布。湿地具有丰富多样的组合类型，常常表现出同一地区内有多种湿地类型和一种湿地类型分布于多个地区的特点。根据区域和植被的差异，中国湿地主要分为八个区域，分别为东北湿地、黄河中下游湿地、长江中下游湿地、云贵高原湿地、西北干旱和半干旱湿地、青藏高原高寒湿地、滨海湿地以及东南华南湿地。

（1）东北湿地：东北湿地以淡水湖泊和沼泽湿地为主，主要位于黑龙江省、吉林省、辽宁省以及内蒙古东北部。东北湿地是我国贫营养型藓类沼泽植被发育最典型、分布面积最大的地区。三江平原、大小兴安岭、长白山均有沼泽湿地。其中，三江平原是中国面积最大的淡水沼泽分布区。

（2）黄河中下游湿地：黄河中下游湿地以河流为主，分布着许多沼泽、河流、河口三角洲，包括黄河中下游地区及海河流域，涉及北京、天津、河北、河南、山西、陕西、山东七个省（市）。黄河是黄河中下游湿地形成的主要水源。

(3)长江中下游湿地:长江中下游湿地是长江及其支流形成的河湖湿地区,也是我国淡水湖泊分布最集中的地区,包括长江中下游地区及淮河流域,涉及湖北、湖南、江西、江苏、安徽、上海、浙江七个省(市),中国五大淡水湖中大部分都位于该区。长江中下游湿地是人工湿地中稻田面积最集中的地区,是中国重要的粮、棉、油和水产基地,是一个巨大的自然-人工复合湿地生态系统。

(4)云贵高原湿地:云贵高原湿地以淡水湖泊为主,主要分布在云南、贵州、四川的高山与高原冰(雪)蚀湖盆、高原断陷湖盆、河谷盆地及山麓缓坡等地区,由金沙江、南盘江、元江、澜沧江、怒江和伊洛瓦底江六大水系共同构成云贵高原湿地的基础。云贵高原湿地的湖泊换水周期长,生态系统较脆弱。

(5)西北干旱和半干旱湿地:西北干旱和半干旱湿地主要包括河流湿地、湖泊湿地、沼泽湿地等。西北干旱和半干旱湿地可分为两个湿地区:一是新疆高原干旱湿地区,主要分布在天山、阿尔泰山等海拔 1000 m 以上的山间盆地、谷地及山麓平原-冲积扇缘潜水溢出地带;二是内蒙古中西部、甘肃、宁夏的干旱湿地区,主要以黄河上游及沿岸湿地为主。

(6)青藏高原高寒湿地:分布于西藏、青海和四川西部等,长江、黄河、怒江和雅鲁藏布江等河源区都是青藏高原高寒湿地集中分布区。青藏高原东半部主要为草本沼泽,西半部、藏北高原和柴达木盆地主要为盐沼,藏南谷地、怒江河源区主要为草丛沼泽,青藏高原东北边缘的若尔盖高原有中国面积最大、分布集中的泥炭沼泽区。

(7)滨海湿地:滨海湿地涉及中国滨海地区的 11 个省(区、市)。杭州湾以北的滨海湿地由环渤海滨海湿地和江苏滨海湿地组成,杭州湾以南的滨海湿地以岩石性海滩为主。江苏滨海湿地主要有盐城地区湿地、南通地区湿地和连云港地区湿地。辽河三角洲有集中分布的世界第二大苇田。杭州湾以南的湿地主要河口及海湾有钱塘江口(即杭州湾)、晋江口(即泉州湾)、珠江河口湾和北部湾等。

(8)东南华南湿地:东南华南湿地包括珠江流域绝大部分、东南及台湾诸河流域、两广流域的内陆湿地,涉及福建、广东、广西、海南、台湾和香港、澳门两个特别行政区,主要为河流、水库等。分布于东南沿海热带、亚热带海岸港湾、河口湾等受掩护水域的红树林是东南华南湿地生态系统不可缺少的部分,也是海岸带中生产力较高、生物量巨大的系统。东南华南湿地在防浪护岸、维持海岸生物多样性和渔业资源、净化水质等方面有重大作用。

5.2　湿地生态系统损害评价指标

湿地生态系统损害主要表现在三个方面:①生态系统内物质循环和能量流动受到损害。②生态系统内关键有机组织和生态组分受损。③生态系统对人为及自然的扰动缺乏弹性和稳定性,生态功能受损。湿地生态系统损害评价的目的是诊断由自然因素和人类活动引起的湿地生态系统损害和退化的程度,以此发出预警,为管理者、决策者提供目标依据,以便更好地利用、保护和管理好湿地生态系统。确定湿地生态系统损害评价指标的目的是辨识湿地已经发生或可能发生的各种变化,提供一个能精确反映湿地生态系统结构和功能的方法。湿地生态系统十分复杂,使用单一的评价指标并不能准确反映其受损情况。在评估湿地生态系统受损情况时,需要增加评价指标的数量,以此来增加获取信息的可能性。湿地生态系统损害评估指标必须选择能精确反映生态系统管理和评价的目标。因此,选择评估指标时,人们要考虑湿地的物理化学性质指标、湿地生物指标以及湿地生态系统功能指标。

5.2.1 物理化学指标

湿地水分的供应维系着湿地生态系统的运转。水位与湿地植被的分布密切相关,湿地的挺水植物可以正常生长的最深临界水位为 2 m。由于农田灌溉、城市用水以及围湖造田等行为使得部分自然湿地生态系统水供应受阻,许多湿地的水位和面积呈下降趋势。湿地水位过低会干扰其水文周期,引起特定物种的丧失,破坏生态平衡,引起湿地土壤的矿质化增加,阻碍粗制土壤植被发育,对湿地生态系统的环境功能产生不利影响。湿地的水体化学性质主要受到外源污染物、集水区离子交换以及大气沉降的影响。城市及工业排放的工农业废水和排泄物排入河流后流入沼泽,给河流及沼泽的生物带来了极大威胁。对湿地生态系统而言,酸雨的沉降使湿地水体的酸度增加,导致钙和镁的含量降低,潜在的有毒金属含量增加,进而导致湿地生态系统中的生物群落逐渐走向灭亡。此外,酸雨可能会阻碍土壤微生物活性和功能,破坏湿地的营养物质循环。通常情况下,测定湿地生态系统损害的水体物理化学指标有湿地面积、水文周期、水位、水体 pH、溶解氧、五日生化需氧量、高锰酸盐指数、氨氮含量、挥发酚含量、砷含量、总磷含量、总氮含量、叶绿素含量、硫化物含量等。相关部分通过观测水体物理化学指标的变化,了解湿地水体富营养化、重金属富集等问题,有目的地对不合理指标进行检测和控制。

湿地土壤作为湿地生态系统的一个重要成分,是水体中污染物质和营养物质的"源"或"汇"。污染物质和营养物质经过地表径流、大气沉降等多种途径进入湿地水体,通过扩散、沉积和颗粒吸附等途径进入湿地土壤,成为污染物的"汇"。然而,当环境条件产生变化时,湿地土壤收集的污染物被释放到水体中,成为了水体的污染源,导致二次水污染。湿地土壤在养分供应、污染物吸附和降解等方面起着至关重要的作用。湿地土壤中的微生物多样性显著多于湿地水体,湿地土壤协同湿地挺水植物和土壤微生物可以实现湿地水体中污染物质的高效净化。湿地土壤的物理化学性质主要受到外源污染物、大气沉降以及湿地植物根际的影响。点源、面源污染及酸雨沉降也会影响湿地土壤的理化性质,对土壤底栖生物及微生物群落产生极大威胁。此外,植物根系分泌物的分泌及植物残体的分解是湿地土壤有机碳增加的重要原因,为微环境中的微生物群落提供了丰富的有机碳源,促进了湿地的营养物质循环。通常情况下,测定湿地生态系统损害的土壤物理化学指标有土壤 pH、土壤机械组成、土壤容重、有机质、土壤水溶性盐总量、土壤含水量、全氮含量、全磷含量、全钾含量、重金属含量等。通过观测土壤化学指标的变化,人们可以了解湿地土壤污染及营养状态,有目的地对不合理要素进行检测和控制。

5.2.2　生物指标

生物指标是湿地生态系统健康的显著标志。由于点源、面源污染会给湿地生态系统中动植物群落带来有毒物质,不仅会对生物本身产生影响,也会影响整个生物链及人类的健康。此外,由于人为活动的影响,湿地中常会被引入大量的外来物种,与本地物种发生竞争及捕食关系,引起本地物种栖息地丧失及物种衰退、灭亡。因此,湿地生态系统是否受损及受损程度要基于实地观测及取样,对湿地群落的物种多样性进行计算,进而作出诊断。而确定外来物种入侵对湿地生态系统的损害则是通过对外来物种的数量和比例进行定量和定性分析,从而得出结论。通常情况下,对湿地生态系统植被群落监测的主要指标有湿地植被的类型面积与分布、植物种类、各物种的个数、物种多样性、密度、高度、盖度、频度以及生物量等。并且,人们主要利用野外调查法、样方法、捕捞等方法对湿地中的水鸟、兽类、两栖和爬行类、鱼类、贝类、虾类及底栖动物等的动物群落及物种多样性进行监测。

5.2.3　生态功能指标

湿地生态系统是地球上主要的生态系统之一,可以提供多种生态系统服务功能,包括气候调节、洪水调蓄、水质净化等,对维持全球生态平衡、人类生存和生产活动有重要影响。湿地生态系统受到自然或人为损害会影响其生态系统服务功能的提供,从而造成湿地生态系统服务价值的损失。因此,湿地生态系统服务功能是否受损及受损程度要基于其生态系统服务价值的估算,才能作出诊断。

湿地虽然只占地球表面积的 $4\%\sim6\%$,但储存了约 1.5×10^{15} kg 的有机碳量。湿地植物既是生态系统碳沉积的来源,也是微生物分解产生的 CO_2 和 CH_4 释放途径,但是研究表明,湿地光合作用沉积有机碳量远高于微生物对有机碳的分解率。因此,在全球气候变暖的趋势下,湿地是个高效的有机碳沉积库,对调节气候、缓解全球气候变暖有重要作用。

湿地的沉积物具有特殊的水文物理性质,其饱和持水量达到 830% 以上,其泥炭层的孔隙度达到 72% 以上。湿地既是地表水的接受系统,又是地面水流的发源地。当上游的湿地水位达到一定水平时,形成地面出流,对下游的河流水量起到重要的调节作用;当地下水位下降时,湿地可向地下含水层补充大量水源,保持地下水位,防止土地沙漠化。因此,湿地是天然的蓄水库,在调蓄洪水和调节径流等方面发挥着重要作用。

湿地生态系统具有降解和消除污染物的作用,被称为"地球之肾"。湿地通过土壤、微生物和湿地植被的协同作用,对污染物质进行吸附、离子交换、植物吸收以及微生物分解,将其从水体中去除,实现对水质的高效净化。

湿地生态系统的供给服务是指人类从生态系统中获得的产品。湿地生态系统可以为人类提供鱼类资源、淡水资源、纤维、燃料和生物化学物质,这些是人类生存和发展所必需的物质。

5.3　湿地生态系统损害鉴定

5.3.1　物理化学指标鉴定

湿地生态系统损害的水体物理化学指标的测定方法分别参照《水位观测标准》(GB/T 50138—2010)、《水质 pH 值的测定　玻璃电极法》(GB/T 6920—1986)、《水质溶解氧的测定　电化学探头法》(HJ 506—2009)、《水质　五日生化需氧量(BOD5)的测定　稀释与接种法》(GB/T 7488—1987)、《水质　高锰酸盐指数的测定》(GB 11892—1989)、《水质　铵的测定　纳氏试剂比色法》(GB/T 7479—1987)、《水质　挥发酚的测定　蒸馏后 4-氨基安替比林分光光度法》(GB/T 7490—1987)、《水质　总砷的测定　二乙基二硫化氨基甲酸银分光光度法》(GB/T 7485—1987)、《水质　总磷的测定　钼酸铵分光光度法》(GB/T 11893—1989)、《水质　总氮的测定　碱性过硫酸钾消解紫外分光光度法》(GB/T 11894—1989)、《水质　叶绿素 a 的测定分光光度法》(HJ 897—2017)、《水质　硫化物的测定　亚甲基蓝分光光度法》(GB/T 16489—1996)。湿地生态系统损害的土壤物理化学指标的测定方法分别参照《土壤检测　第 2 部分:土壤 pH 的测定》(NY/T 1121.2—2006)、《土壤检测　第 3 部分:土壤机械组成的测定》(NY/T 1121.3—2006)、《土壤检测　第 6 部分:土壤有机质的测定》(NY/T 1121.6—2006)、《土壤检测　第 16 部分:土壤水溶性盐总量的测定》(NY/T 1121.16—2006)、《土壤水分测定法》(NY/T 52—1987)、《土壤全氮测定方法(半微量开氏法)》(NY/T 53—1987)、《土壤全磷测定法》(NY/T 88—1988)、《土壤全钾测定法》(NY/T 87—1988)。

5.3.2　生物指标鉴定

要判断湿地生态系统的受损程度,首先要基于实地观测及取样,对湿地的动植物群落多样性进行计算,进而作出诊断。群落多样性指数是衡量一个地区生态保护、生态建设与恢复水平的指标。香农-威纳多样性指数是调查生境内群落多样性(α-多样性)的指数,其计算公式如下:

$$H = -\sum_{i=1}^{s} P_i \ln(P_i) \qquad (5.1)$$

式中,H 为样品的信息含量,即群落的多样性指数;s 为种数;P_i 为样品中属于第 i 种的个体比例。若样品总个体数为 N,第 i 种个体数为 n_i,则 $P_i = n_i/N$。

湿地生态系统中动物物种丰富度及各物种的个体数等数据的获取方法有直接计数法、样带法、样方法、捕捞等。具体来说,湿地水鸟数量的监测采用直接计数法,调查监测时以步行为主,在生境均匀、开阔的大范围区域内可借助汽车、船辅助调查,有条件的地方还可以开展航调。水鸟的监测时间可分为繁殖季、越冬季和迁徙季,应根据各湿地所在的物候特点选择最佳的监测时间。兽类种类、数量及分布监测可采用样带法、样方法,并结合近期野生动物调查资料进行监测。两栖类和爬行类动物种类、数量监测可采用样方法,即通过对设定样方中见到的动物实体进行计数,然后通过频度分析来推断动物种群数量的调查方法,样方面积应不小于 5 m×5 m。鱼类、贝类、虾类的种类和数量监测可采用网捕、电捕或钓捕等方法,或利用水产部门、渔场或渔民所提供的渔获物进行监测。底栖动物群落数据的获取则通过用采泥器对湿地土壤样本进行采集后,在实验室内进行物种鉴别和计数。

在湿地生态系统内,植物群落物种丰富度主要在选择的监测区域内利用样方法或样线法进行监测。而湿地植物群落内灌木和乔木的个体数则采用直接计数法来获取。除此之外,湿地植被群落监测的主要指标还包括湿地植被的类型面积与分布、密度、高度、盖度、频度以及生物量。其中,湿地植被的类型面积与分布主要利用卫星影像、航空相片、地形图等资料,并结合野外调查进行监测。密度是指单位面积上某个种的实测植株数目,即密度=(样地内某种植物的个体数/样地面积)×100%。高度反映了植物的生长情况和对生境的适应能力,调查时要记录每个物种的平均高度和最大高度。盖度需要在调查时记录乔木的树冠投影盖度、灌木和草本植物枝叶部分的投影盖度。频度表示某种植物个体在群落中水平分布的均匀程度,即频度=(某种植物个体出现的样地数/同一植被单元内的全部样地数)×100%。生物量是指单位群落面积上所有植物体的总量,可采用收获测定法来获取。

外来物种入侵对湿地生态系统的损害可通过直接调查法对外来物种的种类、数量分布和危害来进行定量和定性描述。

5.3.3　湿地生态系统服务功能指标鉴定

湿地具有丰富的生物多样性,对维持全球生态平衡以及人类的生存和生产活动均产生重要影响。湿地生态系统服务功能可划分为支持服务、供给服务、调节服务和文化服务四大类。不同生态系统的生态功能不同,湿地的生态功能有气候调节、水文调节、水质净化、供给服务、生物多样性维持及文化服务功能。

（1）湿地气候调节功能价值评估：湿地生态系统对大气环境既有正面影响（即固定CO_2），也有负面影响（即释放CH_4等温室气体）。湿地内主要植被类型为水生或湿生植物，芦苇等挺水植物和金鱼藻、黑藻、竹叶眼子菜等沉水植物分布广泛。这些植物均为一年生植物，生长期结束后，会沉入水底，进而转化为泥炭被固定在水底。已有研究表明，湿地光合作用沉积有机碳量远高于微生物对有机碳的分解，因此可仅考虑湿地对大气环境的固碳释氧功能，即通过水生植物的光合作用固定大气中的CO_2，并向大气释放O_2。根据光合作用方程式，绿色植物每生产 1 g 干物质，能固定1.63 g CO_2，释放 1.20 g O_2。对固碳释氧进行评估的基本方法为替代市场价值法，即以生态系统的净初级生产力或植物的产量为基础，利用光合反应公式推算出待评估生态系统在计算期内所吸收的CO_2和O_2的量，用造林成本、国际碳税及工业制氧的成本作为CO_2或O_2的价格，进而推算出湿地气候调节功能价值，其计算公式如下：

$$U_1 = 1.63 \times R_{碳}(L+Q) \times C_{碳} + 1.2(L+Q) \times C_{氧} \tag{5.2}$$

式中，U_1为湿地生态系统固碳释氧价值（元/a）；L为芦苇产量（t/a）；Q为其他水生植物产量（t/a）；$R_{碳}$为CO_2中碳的量；$C_{碳}$为固碳价格，每吨约为 1200 元；$C_{氧}$为氧气价格，每吨约为 1000 元。

（2）湿地水文调节功能价值评估：湿地可通过自身水循环实现容纳洪水的作用。湿地洪水调蓄是指湿地能暂时蓄纳洪水并缓慢泄出，进而减轻洪水的威胁。湿地洪水调蓄价值评估可采用影子工程法，基本思路是将建造并维护一个与湿地蓄水量相当的水库的成本作为洪水调蓄的总价值，即将湿地的蓄水量与单位蓄水库建设成本的乘积作为湿地洪水调蓄的总价值。湖泊与河流湿地分别以湖泊和河道调蓄量来表示，其他类型湿地按照其面积和平均水深估算。湿地调蓄洪水价值的计算公式如下：

$$U_2 = \left[\sum_{i=1}^{n} (A_i \times H_i) \right] \times P_r \tag{5.3}$$

式中，U_2为湿地调蓄洪水的价值；A_i为湿地面积（m^2）；H_i为平均水深（m）；P_r为水库建设成本（元/m^3）；i为湿地个数；n为湿地总数。

（3）湿地水质净化功能价值评估：湿地能够稀释、沉积、分解或转化水体污染物，从而净化水环境。湿地水质净化功能价值的计算可重点考虑湿地对水体化学需氧量的稀释净化作用，其价值评估可采用影子工程法，主要考虑污染物进入生态系统导致的水质变化，其次考虑污水的处理成本。湿地水质净化功能价值可以看成是化学需氧量的总量与污水处理厂处理单位化学需氧量成本的乘积。因劣 V 类水体基本丧失了水的使用功能，因此以劣 V 类水质化学需氧量含量（40 mg/L）为上限，参照各类湿地的地表水水质等级估算其净化潜力。湿地净化水质价值的计算公式如下：

$$U_3 = \left\{ \sum_{i=1}^{n} [H \times A \times (40 - P)] \right\} \times p \tag{5.4}$$

式中,U_3 为湿地净化水质价值;H 为湿地平均水深(m);P 为湿地水质等级化学需氧量含量(mg/L);A 为湿地面积(hm²);p 为污水处理厂处理单位 COD 的成本(元/t)。

(4)湿地供给服务功能价值评估:湿地的供给服务是指人类从湿地生态系统获得的产品,如食物(尤其是鱼类)。湿地生态系统提供的物质产品主要以水产品为主,因此湿地供给服务功能价值评估采用直接市场价值法,即用生态系统所提供的产品数量乘以单位市场价格。湿地中养殖和捕捞总价值的计算公式如下:

$$U_4 = \sum_{i=1}^{n} P_i \times M_i \tag{5.5}$$

式中,U_4 为湿地中养殖和捕捞总价值;P_i 为第 i 种产品单位重量的市场价值(元/t),M_i 为第 i 种产品的产量(t)。

(5)湿地生物多样性的维持功能价值评估:湿地是最丰富的物种基因库,也是人类可持续发展的根本保证。由于地质、气候、环境等不同,湿地生物在生态系统、物种、遗传和景观上具有丰富的多样性。湿地生物多样性的维持功能价值评估使用替代市场价值法,即用单位面积生物多样性维护价值乘以湿地面积。生物多样性维护价值的计算公式如下:

$$U_5 = A \times P_w \tag{5.6}$$

式中,A 为湿地面积(hm²);P_w 为单位面积生物多样性维护价值(元/hm²)。

(6)湿地文化服务功能价值评估:湿地为水生生物和陆地生物提供栖息地的同时也为人类提供了重要的休闲娱乐服务和教育科研服务,因此湿地的文化服务功能价值为旅游价值和科教价值两部分之和。

其中,休闲旅游价值的估算采用费用支出法,其计算公式如下:

$$U_6 = C_旅 + C_剩 + C_时 \tag{5.7}$$

式中,U_6 为休闲旅游价值;$C_旅$ 为旅行费用支出;$C_剩$ 为消费者剩余;$C_时$ 为旅游时间价值。

科教科研价值估算采用替代法,利用单位面积湿地生态系统教育科研价值的平均值乘以湿地面积计算出湿地教育科研价值,其计算公式如下:

$$U_7 = A \times P_k \tag{5.8}$$

式中,U_7 为湿地教育科研价值;A 为湿地面积;P_k 为单位湿地面积产生的科研教育价值(元/hm²)。

5.4　湿地生态系统损害追溯与致损判定

近年来,重大湿地损害事件频发不仅严重影响了我国经济增长和居民生活水平,而且引发了大量的湿地环境纠纷。对于造成环境污染危害的行为,当事人有责任排除危害;对于已经发生的环境侵权行为,当事人应当立即停止该侵权行为;对于妨碍他人行使民事权利的行为,当事人应排除这种行为。赔偿损失是承担环境侵权民事责任最常见的形式,指加害人因污染或破坏环境的行为给他人造成财产或人身损害时,加害人应该依法补偿受害人的经济损失。因此,湿地损害追溯和判定问题不仅关系到湿地资源的合理利用和保护,也关系到公民的基本湿地权益和湿地法律制度的实施。

5.4.1　湿地生态系统水体污染追溯与判定

当湿地发生水体污染事件时,应该重点对湿地入水口和排污口上游的污水处理厂、重点监管企业、危废和重金属企业近期排放的污水和废水进行监测排查。工业企业排入污水处理厂的污水要同时满足污水处理厂的设计标准和市政管网接纳标准。各级环保部门对超标排放的企业需一律实行停产治理。对于虽能达标排放但污染物排放总量仍然较高,且排放的污水严重影响下游水体的企业,需限期进行深度治理。同时,各级环保部门应对信访案件进行重点检查,发动湿地周围群众积极反映湿地污染问题,对由人为因素引起湿地水源变化、水质污染的行为追究责任并督促当事人限期整改,严厉查处环境违法行为。

5.4.2　湿地生态系统地下水超采追溯与判定

当由于地下水超采导致湿地生态系统出现水质下降、水源枯竭、地面沉降等环境地质问题,严重影响湿地生态功能时,环保部门应该监测排查湿地周边区域是否存在侵占、损坏或者擅自移动检测设备、计量设施的现象。对未取得许可证或在地下水禁采区,擅自开采地下水的违法凿井施工、违法凿井取水及逃避监管排放污染物等行为应责令立即整改,处以罚款,并限期恢复原状,拒不执行的应依法追究有关人员责任,以严厉的惩罚措施保障最严格的地下水管理规定的落实。

5.4.3　湿地生态系统开垦追溯与判定

围湖造地、围垦河道会使湿地面积不断缩小,导致地表径流调蓄困难、旱涝灾害频繁发生。当湿地生态系统出现违法围湖造地或者未经批准围垦河道时,《中华人民共和国防洪法》第五十六条规定,违反本法第十五条第二款、第二十三条规定,围海造地、围湖造地、围垦河道的,责令停止违法行为,恢复原状或者采取其他补救措施,可以处五万元以下的罚款;既不恢复原状也不采取其他补救措施的,代为恢复原状或者采取其他补救措施,所需费用由违法者承担。

5.4.4　湿地生态系统外来物种入侵追溯与判定

近年来,许多外来物种通过贸易、旅游、交通运输等途径进入我国,其中相当一部分引起了生物入侵,每年造成经济损失高达上百亿人民币,严重影响了我国的生态系统服务功能。防治生物入侵,要从源头上控制。在生物入侵的各个阶段,传入期的控制是最重要的。人为的外来物种传入包括无意引种和有意引种两种。无意引种引起的湿地生物入侵主要由检疫立法疏忽和检疫执法纰漏造成,且无意引种的损害者难以查清,所以外来物种入侵责任的追溯仅适用于有意引种。有意引种引起湿地生物入侵导致的经济损失和生态损失是巨大的,承担责任的当事人往往凭借自己的力量难以弥补,最终这些损失都转嫁给了国家。所以,对有意引种造成湿地重大损失的个人,只能追究刑事和行政责任。而对单位违法引进有害物种造成的重大损失,除对单位追究行政责任和赔偿责任外,对直接责任人也要追究刑事责任和其他除民事责任以外的责任。

5.5　湿地生态系统修复理论与技术

5.5.1　湿地生态系统修复理论

保护湿地的前提是明确湿地的功能定位及其保护对象、目标和范围,继而整治与其功能定位不相符且不合理的开发行为,逐步恢复被损坏的生态功能,保证其生态功能的完整性。湿地生态系统的修复一方面可通过减少受损湿地的人为干扰使之自然恢复,另一方面可通过生态技术或生态工程对退化或消失的湿地进行修复或重建,再现干扰前的生境和生态功能。

湿地生态系统修复的原则包括:①地域性原则,即根据地理位置、气候特点、湿地类型、功能要求、经济基础等因素,制定适当的湿地生态修复策略、指标体系和技术途径。②生态学原则,即按照生态系统自身的演替规律,逐步、分阶段地修复生态系统,按照生态位和生物多样性的原则,构建生态系统结构和生物群落,使物质循环和能量转化处于最大利用和最佳循环状态,实现水文、土壤、植被、生物的同步协调演化。③最小风险和最大效益原则,由于退化湿地系统的生态恢复是一项技术复杂、时间长、成本巨大的工作,人们往往无法准确地预估和掌握生态恢复的结果和生态演替的最终方向,因此退化生态系统的修复具有一定风险。这就需要对待修复的湿地进行系统、全面地分析论证,将风险降到最低,同时要尽量做到风险最小、投资最少、效益最大。要实现生态效益、经济效益和社会效益的统一,既要考虑生态效益,又要考虑经济效益和社会效益。

湿地生态修复的总体目标是利用适当的生物、生态和工程技术,逐步修复退化湿地生态系统的结构和功能,最终使湿地生态系统达到自我可持续状态。湿地生态修复的基本目标和要求如下:①实现生态系统地表基底稳定。地表基底是生态系统发展和生存的载体,如果地表基底不稳定,就不可能保证生态系统的演替和发展。湿地系统基底类型变化在很大程度上加剧了湿地生态系统的不可逆演替。②通过修复湿地水文条件,控制污染,改善湿地水环境质量,最终恢复湿地良好的水环境。③恢复植被和土壤,保证一定的植被覆盖率和土壤肥力。④增加物种组成和生物多样性。⑤实现生物群落的恢复,提高生态系统的生产力和自我维持能力。⑥恢复湿地景观,增加视觉和审美享受。⑦实现区域社会经济的可持续发展。湿地生态系统的恢复需要生态、经济和社会因素之间相互协调且平衡。

5.5.2　湿地生态系统修复技术

湿地生态系统修复技术主要包括水状态修复、生物修复、土壤修复及基底修复四类技术。

(1)水状态修复技术:水状态修复包括湿地水环境修复和湿地水文条件修复。湿地水环境修复技术主要包括以下几点:①生态拦截。通过建设生态沟渠或生态隔离等方式对流入湿地的污染物进行物理拦截。②湿地植物净化。种植耐污能力好、吸收污染物能力强的水生植物,可实现湿地植物、土壤及根际微生物的三重协同作用,从而对湿地水体进行高效净化。此外,也可将水生植物种植于人工浮岛上,利用水生植物对水体氮、磷等营养元素的吸收,达到对水体的净化。③湿地动物净化。调整水生动物群落结构和湿地生态系统的食物网结构,利用取食关系达到控制水体藻类和其他浮游繁殖的目的;向水体泼洒微生态制剂,利用微生物的代谢对水体中的有机物污染物进行消化和吸收。④人工湿地建设。人工湿地具有相对成熟、净化效果好、运行成本低等优点,被广泛用于各种湿地生态系统修复中。湿地的水文条件是维持湿地生态功能的关键要素,决定了湿地物质循环和能量循环。湿地的水文条件修复技术主要通过蓄水防渗技术及筑坝抬高水位、修建引水渠等水利工程来恢复湿地水位和水文周期,进而运用水环境修复技术来净化水质,去除或固定污染物,改善湿地水质。

(2)生物修复技术:植被是湿地生态系统的重要组成部分,受损湿地的植被群落结构较为单一或者缺乏植被覆盖,从而导致湿地生态系统不稳定。对湿地植被进行修复时,一般先选择根系发达、生长迅速的草本植物作为先锋物种,以达到固定湿地土壤、改善土壤结构的目的。在湿地植被构建过程中,应遵循本地物种优先的原则,但为了增加湿地生态系统生物多样性,也可适当引入外源物种。在引入外源种时应避免引入与本地种生态位相同的物种,以防生物入侵。湿地的植被修复技术正日益成熟,其中通过种子库进行天然恢复的研究受到格外重视。此外,利用湿地植物克隆繁殖特性来快速恢复湿地植被的技术也越来越受到重视。

(3)土壤修复技术:土壤修复技术主要利用生物和生态手段对湿地被损土壤进行污染控制和土壤肥力及功能恢复,例如通过种植超积累水生植物对湿地土壤的重金属进行吸收,以减少湿地重金属污染。但是,湿地土壤的修复过程较为复杂,修复结果不易控制。例如,研究人员发现在湿地土壤修复的过程中,洪水冲击土壤的做法不但不能恢复土壤肥力,而且还会引起水土流失,增加湿地水体污染的风险。因此,使用土壤修复技术前需要以对土壤物理、化学、生物过程机理有充分了解。

(4)基底修复技术:基底修复技术采用工程措施,对湿地的地形和地貌进行改造,以达到稳定湿地面积、维持湿地稳定性等目的。基底修复技术包括湿地基底改造技术、湿地上游水土流失控制技术等。

5.5.3 湿地生态系统修复案例分析

5.5.3.1 东洞庭湖沼泽湿地候鸟栖息地修复案例

洞庭湖曾是中国的第一大淡水湖,素有"鱼米之乡"的美誉。但是近年来人类活动加剧,忽视了湿地生态价值和长久发展,仅注重当前的利益,导致洞庭湖湿地面积逐渐减小,湿地资源日趋枯竭,目前已退居为我国第二大淡水湖。针对洞庭湖流域湿地开展生态修复已成为当前国家生态文明建设和长江经济带建设的重要举措。东洞庭湖的湖滨沼泽湿地是重要的候鸟栖息地,但由于 2003 年三峡水库的运行导致该沼泽湿地出现了水位下降、湿地苔草植被退化严重等现象,鸟类保护也面临严峻的挑战。本节以东洞庭湖沼泽湿地候鸟食源补给地建设项目为例,分析以候鸟生境恢复为目标的沼泽湿地生态修复。

东洞庭湖沼泽湿地限制鸟类栖息的原因有:①湿地水位下降导致植被带整体下移,表现为林地挤占芦苇地,芦苇地挤占湖心苔草植被,出现苔草被芦苇替代而退化的现象。②湖心生境类型较为单一,湖心沉水植被消失,导致候鸟食物结构单一化。③湿地水量下降导致旱季部分洲滩缺水,导致鸟类生境的进一步恶化。东洞庭湖丁字堤一带是洞庭湖鸟类栖息的主要场所,但是植被格局的剧烈变化对其生境和食物结构产生了重大影响。在修复湿地植被时,人们应充分考虑植被带状分布的特点,对水文、微地型、地貌等方面进行综合考虑,营造湖心景观,恢复沉水植物、苔草等功能性植被。

东洞庭湖沼泽湿地鸟类栖息地的修复思路:①湿地内食源性植被的恢复和种植应在改造地形、优化水系流动路线、构建合理的水位梯度的基础上,按照植被自身的特点开展,使植被可以自我维持生长。②湿地内植被生态恢复需要按照湖滨沼泽植被带状分布的特点来开展,并增殖放流定居性鱼类。③恢复湿地植被群落的多样性,使洲滩植物达四类以上,沉水植物达五类以上,为候鸟提供充足的食物和必要的栖息环境。④在湿地植被恢复过程中,为了提高洞庭湖本地物种的存活率,加速构建稳定的植被群落,快速达到修复效果,可采用先幼苗培育后栽培的恢复方式,使恢复后的植被达到自我维持的目的。

东洞庭湖沼泽湿地鸟类栖息地修复的效果:通过以上沼泽湿地生态修复的措施,湿地植被群落结构趋于稳定,为候鸟提供了良好的栖息环境和充足的食物,恢复后的湿地区内候鸟数量较之前提升 30% 以上。

5.5.3.2 湖南捞刀河湿地重金属污染修复案例

2014 年,根据《全国土壤污染状况调查公报》,我国耕地土壤的重金属超标率为

19.4％,其中以镉、砷、铅、铬为代表的重金属污染最为突出。地表污水的灌溉是土壤重金属超标的主要原因之一。根据农业部的调查,污水灌溉区土壤的重金属超标区面积占所有污水灌溉区总面积的64.8％。但是,由于目前地表水污染范围广,淡水资源匮乏,大量农田仍然使用污染的地表水进行灌溉。使用适当的地表水修复技术降低湿地内地表水的重金属污染是保证粮食和食品安全的关键。湖南捞刀河湿地流域灌渠底泥镉含量(13.8～49.3 mg/kg)及种植稻米的镉含量(0.65～1.45 mg/kg)均超标,镉污染严重。本节以湖南捞刀河流域重金属污染治理项目为例,说明以污染治理为目标的河流湿地生态修复模式。

湖南捞刀河湿地重金属污染治理修复思路:①建设人工湿地,达到去除重金属污染的目的。选择距离灌溉口较近,水流平缓,河滩面积在400 m² 以上的河段建设人工湿地。人工湿地河床自下而上依次分层填入粒径4～30 mm的生石灰、斜发沸石、炉渣及河沙,填料层的总厚度约40 cm。然后,在填料上层覆盖20 cm的无污染土壤。选择对镉吸收和富集能力强的湿地植物进行种植,植物种类为水生美人蕉、芦苇、香蒲、水葱和水蓼。由水及岸成带栽植,顺序为水蓼→水葱→水生美人蕉→香蒲→芦苇。湿地水位控制在10～30 cm,在植物生长末期对植物进行收割,定期开闸门冲沙以防止河道淤积。②对河槽和岸坡进行整治和加固。在河槽的左右两侧,采用浆砌石加固,既保留了原有河槽的行洪功能,又能防止洪水对人工湿地基质和植物的冲刷。采用浆砌石挡墙对左右堤岸进行基础加固,用连锁生态砖或草皮作左右两岸的护坡。

湖南捞刀河湿地重金属污染治理修复效果:通过人工湿地的建设和净化,出水的镉浓度由先前的1.23 μg/L下降到0.66 μg/L,镉的去除率达到6.23％。河滨带人工湿地净化了灌溉水水质,所形成的水生植物群落不仅具有较好的观赏效果,而且可以为鱼类、蛙类等动物提供良好的栖息环境,对农村的生态环境具有一定的改善作用。

5.6 湿地生态系统损害评估

5.6.1 湿地生态系统损害的损失价值评估

近年来,我国社会经济快速发展,湿地生态系统损害事故逐渐增多。湿地生态系统损害的损失价值评估目标是将生态破坏的损失价值量化,为环境管理提供科学依据。湿地生态系统损害的损失价值评估要建立在湿地生态系统服务价值评估的基础上,湿地受损后其生态系统价值的损失即为湿地生态系统损害的损失价值。

5.6.2 湿地生态系统损害的修复成本评估

湖泊湿地的退耕还湖是典型的通过减少人为干扰来达到湿地修复效果的工程。过度土地开发和过度放牧等活动致使湖泊湿地地下水位下降,湖区面积萎缩,生物多样性锐减,土地盐碱化日益严重,湿地的生态系统服务功能基本丧失。启动退耕还湖工程,引导居民改变耕作方式,逐渐修复保护湿地的植被盖度和生物多样性,湿地生态系统受损情况会明显改善。但是,湿地生态环境退化的驱动力机制并没有根本性改变,如果不进行适当的经济补偿,社区居民不会有改变湿地生态环境的强烈愿望。因此,在湿地恢复过程中,为了保证经济效益均衡,应对社区居民生产资料的丧失给予合理补偿。对社区居民的经济补偿就是退耕还湖政策的湿地修复成本,可以采用问卷调查法对关于湿地生态恢复的居民补偿意愿价值进行评估。首先,结合社区居民的生产生活实践设计退耕还湖补偿意愿调查问卷。然后,通过实地考察和与当地居民进行座谈来填写问卷。最后,整理出基于退耕还湖政策下居民希望政府每年给予的经济补偿。

另外,对于损害严重且不能通过自身修复达到生态恢复的湿地,我们还可通过生态技术或生态工程进行修复或重建,从而再现干扰前的湿地生境和生态功能。湿地生态系统损害修复的成本即实行生态技术和生态工程的建设费用,可以分别从水状态修复、生物修复、土壤修复及基底修复四个方面进行估算。

5.7　典型案例分析

5.7.1　湖南西洞庭湖非法捕捞水产品案

【基本案情】

2017 年 6 月,被告人罗某、邱某因非法捕捞水产品罪,被判处拘役五个月,缓刑六个月。2019 年 9 月,被告人罗某、邱某主谋,周某协助,在湖南西洞庭湖国家级自然保护区坡头轮渡附近水域,采用电捕鱼法共捕鱼 800 kg。

【判决结果】

湖南省汉寿县人民法院一审认为被告人罗某、邱某、周某违反了保护水生资源法规,采用禁用捕鱼法在禁渔区捕捞水产品,情节严重,其行为构成非法捕捞水产品罪,分别判处罗某有期徒刑七个月,邱某有期徒刑六个月,周某拘役一个月。湖南常德市中级人民法院二审维持原判。

【案例分析】

湖南省西洞庭湖国家级自然保护区是国际上重要的湿地保护区、东亚候鸟重要越冬地和长江生物多样性保护的重要节点。近年来,虽然渔民上岸政策得到了全面实施,但仍有少数人被利益驱使,采用禁用捕鱼法在禁渔区捕捞水产品。本案被告人系在非法捕捞水产品罪缓刑期满后,再次非法捕捞水产品,人民法院严格贯彻宽严相济、罚当其罪原则,判处被告人实刑,对引导沿岸渔民的捕捞行为、维护湿地生态系统平衡具有重要意义。

5.7.2 长江流域违法排放高浓度废水污染环境刑事案

【基本案情】

南京某水务有限公司成立于 2003 年 5 月,经营范围为向南京化学工业园区排污企业提供污水处理服务,是国家危险废物重点监测企业。被告人郑某是该公司的总经理。2014 年 10 月到 2017 年 4 月期间,该公司修建隐蔽管道,篡改监控数据,在没有危险废物处理资质的情况下接收其他单位的化工染料类废物,向长江流域非法排放 284 583.04 m³ 的高浓度废水、4362.53 t 污泥和 54.06 t 危险废物。经鉴定,该公司违法行为造成的生态环境损害总额约 4.7 亿元。2018 年 1 月,江苏省南京市鼓楼区人民检察院提起公诉,指控南京某水务有限公司、郑某等 12 人犯污染环境罪,并作为公益诉讼起诉人于 2018 年 9 月提起刑事附带民事公益诉讼,请求判令被告公司承担生态环境修复费用。

【判决结果】

江苏省南京市玄武区人民法院一审认为,被告公司违反国家规定,排放、处置有毒物质,严重污染环境,后果特别严重,构成环境污染罪。被告人郑某是直接负责的主管人员,应以环境污染罪定罪处罚。被告公司以环境污染罪判处罚金 5000 万元,郑某等人被判处有期徒刑六年到一年不等,并处罚金 5 万元到 200 万元不等。南京市中级人民法院二审维持原判。经南京市玄武区人民法院调解,南京市鼓楼区人民检察院与该公司、第三人投资有限公司签署调解协议,确认该公司赔偿生态环境修复费用约 2.37 亿元。第三人投资公司对前述款项承担连带责任,须完成替代性修复项目,且资金投入不少于 2.33 亿元。

【案例分析】

本案中,人民法院依法严惩重罚污染环境犯罪,不仅对被告单位追究责任,而且对直接责任人员、分管负责人员以及篡改监测数据的共同犯罪人员一并追究刑事责任。同时,人民法院高度重视环境公共利益的有效保护,及时引导检察机关补充固定证据,建议公益诉讼起诉人根据新的事实增加诉讼请求,多次组织专家学者、环保行政部门人员论证调解方案,最终确认被告公司赔偿生态环境修复费用约 2.37 亿元,第三人投资公司对前述款项承担连带责任,须完成替代性修复项目,且资金投入不少于 2.33 亿元,用于环境治理、节能减排生态环保项目的新建、升级和提标改造。本案中,第三人投资公司基于股东社会责任等考虑,主动加入附带民事公益诉讼案件的调解中,承担流域湿地环境修复费用,为调解方案的执行提供了有力保障。本案的判决充分展示了依法从严惩治向长江等重点湿地流域违法排污犯罪行为的司法政策,以损害担责、全面赔偿的救济原则,在惩治、震慑环境污染犯罪,确保长江生态环境有效恢复,促进企业进行绿色升级改造,引导股东积极承担生态环境保护社会责任,促进湿地生态保护等方面,均有重要的示范意义。

第6章 农田生态系统损害司法鉴定

6.1 农田生态系统的定义、服务类型及健康评价方法

6.1.1 农田生态系统的定义

农田生态系统是人类依靠土地资源,利用农田生物与非生物环境之间、农田生物种群之间的关系来获取人类所需食物和其他农产品的半自然人工生态系统。该系统由社会、经济、自然复合而成,具有高度的目的性、开放性、高效性、易变性、脆弱性及依赖性,同时其服务还具有特殊性。

农田生态系统根据土地利用类型分为耕地和园地。耕地指种植农作物的土地,包括:①熟地、新开发地、复垦地、整理地、休闲地(含轮歇地、轮作地)。②以种植农作物(含蔬菜)为主,间有零星果树、桑树或其他树木的土地。③平均每年能保证收获一季的已垦滩地和滩涂。耕地中还包括南方宽度小于 1.0 m、北方宽度小于 2.0 m 的固定沟、渠、路和地坎(埂),临时种植药材、草皮、花卉、苗木等植物的耕地,临时种植果树、茶树和林木且耕作层未破坏的耕地,以及其他临时改变用途的耕地。耕地又可分为三个二级地类,分别是水田、水浇地和旱地。水田指用于种植水稻、莲藕等水生农作物的耕地,包括实行水生、旱生农作物轮种的耕地。水浇地指有水源保证和灌溉设施,在一般年景能正常灌溉,种植旱生农作物(含蔬菜)的耕地,包括种植蔬菜的非工厂化大棚用地。旱地指无灌溉设施,主要靠天然降水种植旱生农作物的耕地,包括没有灌溉设施,仅靠引洪淤灌的耕地。

园地是指种植以采集果、叶、根、茎、汁等产品为主的集约经营的多年生木本和草本植物,覆盖度大于 50% 或每亩株数大于合理株数 70% 的土地,包括用于育苗的土地。但是,苗圃是固定的林木育苗地,属于林地而非园地。园地又可分为果园(种植果树的园地)、茶园(种植茶树的园地)、橡胶园(种植橡胶树的园地)和其他园地(如种植桑树、可可、咖啡、油棕、胡椒、药材等其他多年生作物的园地)。

6.1.2　农田生态系统服务类型

农田生态系统服务功能不仅包括为人类的生存与发展提供坚实物质基础和食物保障的产品服务功能,而且包括环境服务功能。农田生态系统服务功能具体如下:

(1)农产品及原材料生产:农田生态系统的供给服务是指人类从农田生态系统获取的各种农产品和原材料生产服务。农田生态系统为人类提供粮食、蔬菜、瓜果等维持生命的食物,以及饲料、药材等经济作物,这些是农田生态系统的首要服务,是人类生存、繁衍和发展的基础。同时农田生态系统还为工业发展提供纤维、木材、橡胶等原料,例如秸秆作为可再生资源,可提供的热量为 $14.50 \sim 15.00$ MJ/kg。中国作为农业生产大国,秸秆产量约为 7×10^8 t/a,可用于燃烧、饲养、直接还田、工业加工和食用菌栽培等,具有较高的可收集性和经济利用价值。

(2)净化大气:农田中的许多作物能够吸收空气中的有害气体并进行分解,如稻田生长期间植株可提供释放 O_2、吸收 CO_2 等对人类有积极贡献的服务功能。同时,农田作物释放的 N_2O、CH_4 等气体将导致温室效应增加,表现为负效应。农田生态系统的净化大气服务主要包括固定 CO_2,吸收 SO_2、NO_2、HF,释放 O_2,通过光合作用固定太阳能,将 CO_2 等转化为有机质。目前,农田土壤的碳储存是比较合理的,占全球碳存储总量的 $8\% \sim 10\%$。

(3)处理废弃物:消纳、分解畜禽粪便废弃物是农田生态系统独特而重要的服务之一。目前,畜禽废弃物处理和利用的方式主要是直接还田,这种方式不仅可维持农田养分的平衡,而且减少了环境污染,降低了处理成本。有数据显示,北京城郊农田生态系统每年消纳畜禽废弃物的价值达 1.649 亿元。

(4)涵养水源:农田生态系统具有涵养水源功能,例如稻田会与其相邻的沟渠、山塘构成隐形的水库。农田土壤具有渗透水资源和蓄水功能,能够减少和滞后降水进入河流,进而减少洪水发生。土壤的保水能力由其孔隙大小决定,涵养水源的功能主要是土壤非毛管孔隙的作用。农作物根系深入土壤,也能截留降水,进而减少和推迟地表径流,使地表径流较缓慢且均匀。涵养水源是农田生态系统服务的一个重要组成部分,而水又维持着农田生态系统正常运行和生态平衡。

(5)土壤形成与保护:土壤是陆地生态系统的核心组成部分,在全球生物地球化学循环中起着重要作用。农作物对地表土覆盖以及各种水资源涵养具有积极作用。土壤在预防土壤侵蚀、维持区域生态安全及可持续发展中发挥着重要作用,因此人们可以从减少土壤侵蚀、保护土壤肥力、减少废弃地和减轻泥沙淤积灾害等方面对农田保持服务进行评价。

(6)维持养分循环:维持养分循环是农田生态系统支持服务中的一项重要服务,为作物产量提供了物质保障。农田土壤质量是对土壤肥力概念(与土壤生产力直接相关)的发展,是对农田土壤功能更全面的描述和评估。生态系统的营养物质循环主要是在生物库、凋落物库和土壤库之间进行,而农田生态系统的凋落物较少,因此从生物和土壤之间的养分交换过程来考虑农田生态系统的养分循环。

(7)维持生物多样性:农田生物多样性是农田生态系统功能及其提供生态系统服务的基础。农田生态系统是生物多样性富集的"野生生境岛屿",有许多边际土地是珍稀野生生物物种聚集的地点,因此农田生态系统中的生物多样性是全球生物多样性的重要组成部分。

(8)提供美学景观:农田生态系统也为人们提供了生态旅游服务。20世纪90年代,我国农业旅游发展迅速,生态旅游、民俗旅游、农节旅游日趋旺盛,乡村新鲜的空气、寂静的环境及美丽的风景深受城市居民喜爱。

6.1.3　农田生态系统健康评价方法

农田生态系统健康可以被定义为:在人为和自然等复杂因素的影响下,并在受到一定胁迫时,农田生态系统能够维持其稳定的可持续发展状态,利用自身恢复能力恢复至系统功能正常状态。目前,针对农田生态系统健康的评价,还没有一套完整的、通用的评价方法和标准,在对其评价方法进行选择时应该综合考虑人工与自然因素。2021年,研究人员从固有属性和动态属性两个方面分别选取基础指标,采用灰色关联分析法对农田土壤健康状况进行综合评价。基于多功能性的农田土壤健康评价方法可为进一步探究农田土壤健康变化趋势,实施农田土壤资源有效管理提供一定参考。

6.1.3.1　评价指标体系构成

农田生态系统是一个复杂的生态系统,在对其生态健康状况进行评价时,需要建立一套涵盖农田生态系统自然环境、社会及经济等多方面的综合评价指标体系,所建立的科学、完整的评价指标总体需由一系列相互联系、相互制约的指标组成。但是,目前在农田生态系统健康评价指标体系的构建、指标阈值和指标权重的确定等方面还没有统一规定,在进行评价指标选取时应遵循系统性原则、客观性原则、主导性原则、操作性强原则和国际可比性原则。应用指标体系法时,指标的选取要根据评估区域的实际情况,选择能够代表该区域的自然和社会特征指标。评价指标主要包括生物学指标、环境学指标和生态经济学指标三大类。

(1)生物学指标:生物学指标又称"结构指标",包括作物多样性、品种结构、农田景观格局等指标。

①作物多样性:农田生态系统的生物多样性主要考虑其作物多样性,在作物种类生长异质性适当的情况下,较高的种群结构更有利于农田生态系统的发展。

②品种结构:调查某一作物的品种数时,通常用同一作物的品种数来表示农田生态

系统的品种结构。

③农田景观格局:农田景观格局一般是指空间格局,即大小和形状各异的景观元素在空间上的排列形式。

(2)环境学指标:农田生态系统环境学指标主要包括土壤肥力、降水量变化率、水质状况、土壤重金属含量、土壤退化度、空气质量和农药残留量等指标。

①土壤肥力:土壤肥力是反映土壤是否肥沃的重要指标,是土壤的本质属性,用来衡量土壤提供给作物生长所需的各种养分的能力,可选取有机质、全氮、碱解氮、全磷、速效磷、全钾及速效钾等指标,评价标准参照《全国第二次土壤普查土壤养分分级标准》,土壤1、2级为丰,3、4级为中,5、6级为缺。

②土壤供水能力:通过降水满足率结合地下水丰富度度、地下水埋深米来共同评定。

③水质状况:依据国家环境保护局颁布的《农田灌溉水质标准》(GB 5084—2021)来评定水质状况。环境质量判定采用单项污染指数与综合污染指数相结合的方法,综合污染指数不得超过1。

④土壤重金属含量:对调查区土壤重金属含量进行测定时,参考国家环境保护局颁布的《土壤环境质量 农用地土壤污染风险管控标准(试行)》(GB 15618—2018)中的规定。

⑤土壤退化度:综合考虑土壤侵蚀、沙化、盐渍化、污染以及耕地的非农占用情况,但核心仍是土壤退化。

⑥空气质量:以 SO_2、NO_2 和可吸入颗粒物为主要监测项目,依据国家环境保护局发布的《环境空气质量标准》(GB 3095—2012)评定空气等级。

⑦农药残留量:参考《农药合理使用准则(四)》(GB/T 8321.4—2006)规定的农药最高残留限量评定。

(3)生态经济学指标:生态经济学指标包含生产力指标、持续力指标、管理指标和经济学指标四个方面。生产力指标包括光热水效率、能量产出率、单位土地产值和劳动生产力等;持续力指标包括生态适应性、生产力稳定性和抗逆能力等;管理指标包括政策法规、劳动力素质、科技进步贡献率和商品率等。

①光热水效率:用每生产一千克粮食消耗的水量、热量来表示。

②能量产出率:根据系统能量转移原理,人们以能量产出率的报酬递减规律为基础,结合我国农田能量产出量处于减速上升阶段的现状,参考我国历史能量产出率和国外水平来划分农田生态系统健康等级。

③单位土地产值:土地生产率反映土地生产能力,一般用单位土地(一亩)生产的产品数量或产值来表示。

④劳动生产力:用一年内单位劳动力生产产值来表示。

⑤生态适应性:生产适应性包括作物与环境的生态适应性和作物之间的生态适应性。作物与环境之间的生态适应性评价采用生物节奏与季节节奏平行分析法,作物之间

的生态适应性评价要综合考查作物的形态特征、生育特性和分泌物等情况。

⑥生产力稳定性：用生物量（产量）变化率来表示。

⑦抗逆能力：用年成灾率来表示。

⑧商品率：用商品量占总产量的比重来表示。

6.1.3.2　农田生态系统健康分级诊断

评价生态系统健康的前提是拥有一套健康评价标准。综合以上评价指标对农田生态系统健康分级，具体可分为很健康、健康、比较健康、一般病态、疾病五级。农田生态系统健康评价指标分级标准如表 6.1 所示。

表 6.1　农田生态系统健康评价指标分级标准

指标	级别				
	很健康	健康	较健康	一般病态	疾病
作物多样性	多样性指数 >1.5	1.0<多样性指数<1.5	0.5<多样性指数<1.0	多样性指数 <0.5	多样性指数 <0
品种结构	5	4	3	2	1
农田景观格局	优	好	比较好	差	很差
土壤肥力（肥力指数）	>0.6	0.4～0.6	0.3～0.4	0.2～0.3	<0.2
土壤供水能力	降水满足率 >70%，地下水埋深<5 m	降水满足率 60%～70%，地下水埋深 5～10 m	降水满足率 50%～60%，地下水埋深 10～20 m	降水满足率 40%～50%，地下水埋深 20～40 m	降水满足率 <40% 地下水埋深>40 m
水质状况（综合污染指数）	<0.5	0.5～1.0	1.0～2.0	2.0～4.0	>4.0
土壤重金属含量（综合污染指数）	<0.5	0.5～1.0	1.0～2.0	2.0～4.0	>4.0
土壤退化度	各项指标好于一级的 10% 以上	各项指标好于一级的 5%～10%	一级	二级	三级
空气质量	一级	二级	三级	四级	五级

指标	级别				
	很健康	健康	较健康	一般病态	疾病
农药残留量	残留量低于最高残留量的10%	残留量在规定的最高残留量范围以内	残留量为规定最高残留量的1～2倍	残留量为规定最高残留量的2～10倍	残留量为规定最高残留量的10倍以上
光热水效率	理论值的50%以上	理论值的40%～50%	理论值的20%～40%	理论值的10%～20%	小于理论值的10%
能量产出率	<3%	3%～6%	6%～8%	8%～10%	能量产出率>10%
单位土地产值	>1500	1000～1500	600～1000	300～600	<300
劳动生产力	>2000	1200～2000	800～1200	500～800	<500
生态适应性	强	比较强	中等	弱	不适应
生产力稳定性	生物量基本没有变化或略有减少,减少率<5%	生物量减少,减少率为5%～15%	生物量明显减少,减少率为15%～30%	生物量显著减少,减少率为30%～50%	生物量显著减少,减少率为>50%
抗逆能力	<10%	10%～20%	20%～40%	40%～60%	>60%
商品率	>90%	60%～90%	40%～60%	20%～40%	<20%

在评价指标选取及标准制定时可根据评估区域自身特色,因地制宜地选择合适的指标,例如可将日照时间、病虫害发生率等纳入评价指标体系,并根据评估区实际生产力对相应的评估标准作出调整。

随着我国社会经济飞速发展,环境污染治理设施落后,特别是农村环境污染治理问题一直被边缘化,企业及农村生产生活造成的农田污染问题越来越突出。截至2000年,据不完全统计,我国共发生农业环境污染事故891起,污染农田$4×10^4$ hm^2,直接经济损失达2.2亿元。2014年,《全国土壤污染调查公报》显示我国耕地土壤污染点位超标率达19.4%,主要污染物为重金属。2016年,我国约有$1.5×10^4$ hm^2土地遭受水蚀,约$1×10^4$ hm^2耕地盐渍化,风蚀与荒漠化面积约3333.33 hm^2,固体废弃物堆压土地约533.33 hm^2。本书着眼于农田环境污染损害损失的鉴定评估,为化解农田环境污染矛盾纠纷提供鉴定评估依据,保障群众利益,保护生态环境。

6.2　农田生态系统损害鉴定

6.2.1　准备工作

农田生态系统损害鉴定准备工作如下：通过资料收集分析、文献查阅、座谈走访、问卷调查、现场踏勘等方式，掌握涉及农田土壤生态环境损害的基本情况，了解评估区的自然环境与社会状况，分析农田土壤可能的受损范围，明确农田土壤生态环境损害鉴定评估工作的主要内容，研究确定每一步评估工作要采用的具体方法，编制鉴定评估工作方案。

6.2.1.1　基本情况调查

通过现有数据，结合实际情况，了解已发生的农田环境污染损害基本情况，如事件发生时间、涉及的范围（或尺度）、环境污染损害类型（如水蚀、风蚀、盐渍化、荒漠化、固体废弃物堆压、污染物污染、病虫害）等，调查已经或潜在造成社会、生态经济损失的情况（农产品种类、产量、流通）。基本情况调查涉及的生物因子有目标作物、生育期、品种、病害、虫害、杂草、微生物和动物等，非生物因子有光照、温度、湿度、田间小气候是否适宜、土壤、肥水管理等。调查的基本要求如下：

（1）分析或查明污染来源，生产历史，生产工艺，污染物产生环节、位置，污染物堆放和处置区域，历史污染事故及其处理情况。对于突发环境事件，应查明事件发生的时间、地点，可能产生的污染物的类型、性质和排放量（体积、质量），污染物浓度等资料和情况。

（2）查明污染物排放方式、排放时间、排放频率、排放去向，特征污染物类别、浓度，可能产生的二次污染物类别、浓度等资料和情况；查明污染物进入外环境生成的次生污染物种类、数量和浓度等信息；查明受破坏耕地、园地等地区的自然状态，以及污染物损害动植物的时间、方式和过程等信息。

（3）收集污染物清理、防止污染扩散等措施实施的相关资料和情况，具体包括实施过程、实施效果、费用等相关信息。

（4）监测工作开展情况及监测数据。

6.2.1.2　自然环境与社会经济信息收集

调查、收集评估区域的自然环境信息，具体包括：
(1)地形地貌、水文、气候气象资料。
(2)地质资料。
(3)土地利用的历史、现状和规划信息。

（4）土壤历史监测资料。

（5）居民区、饮用水水源地、自然保护区、湿地、风景名胜区等环境敏感区分布信息以及主要生物资源的分布状况。

（6）厂矿、水库、构筑物、沟渠、地下管网、渗坑及其他面源污染等分布情况。

评估区域社会经济信息具体包括经济和主要产业的现状和发展状况，地方法规、政策与标准等相关信息，人口、交通、基础设施和能源供给等信息。

6.2.2　农田土壤损害调查确认

对农田土壤损害调查确认时，应按照评估工作方案的要求，参照《区域环境地质勘查遥感技术规定1∶50 000》(DZ/T 0190—2015)等相关规范性文件，开展地质调查，掌握农田土壤性质、地层岩性及构造分布等关键信息。在此基础上，针对事件特征开展农田土壤布点采样分析，确定土壤污染状况，并对土壤的生态系统服务功能展开调查。同时，通过历史数据查询、对照区调查、标准比选等方式，确定农田土壤环境及其生态系统服务功能的基线水平，再通过对比确认土壤环境及其生态系统服务功能是否受到损害。

6.2.2.1　地质调查

（1）调查目的：了解调查区土壤性质、地层岩性分布、构造发育等情况，获取地质信息，判断污染物在土壤中的迁移扩散条件，为土壤污染状况调查奠定基础，并为土壤环境及其生态系统服务功能受损情况的量化提供依据。

（2）调查原则：①充分利用现有资料，根据现有资料对调查区地质信息进行初步了解。②兼顾评估区所在区域和评估区地质条件开展调查。以评估区为重点调查区，收集评估区所在区域的地质资料，并根据区域资料初步判断评估区地质状况。区域资料不能满足调查需要时，使用钻探、物探和试验等手段有针对性地开展评估区地质调查工作。

（3）调查方法：①资料收集。进一步收集调查区域地质图、钻孔柱状图、地质剖面图、地质构造图等相关资料，获取评估区地层岩性及其分布情况、基岩裂隙发育情况等地质参数。②现状调查。③钻探、物探和试验。

对于损害范围疑似较大、需要初步查明近地表地层介质及特殊构造分布、不便大范围开展钻探工作的情况，优先选择物探手段对区域进行识别，确定重点评估区，指导后续的钻探工作。然后，通过钻探验证或进一步确定重点评估区关注问题，以获取局部污染物迁移速率、分布情况和突变原因等信息。

对于损害范围较小、需详细查明污染物分布特征、有条件开展详细钻探调查工作的情况，应充分利用评估区所在区域已有地质调查数据、物探结果等资料，并根据需要在重点关注点位开展钻探试验，获取重点评估区地质参数。

当单一技术手段不足以完成损害评估工作时，需使用多种技术手段。若无法判断基岩裂隙分布时,可以采用物探和钻探相结合的方法查明基岩裂隙分布情况。同时,可利用土壤钻探过程中的钻孔记录确定地层岩性及其分布状况,开展地质试验。

6.2.2.2　农田土壤污染状况调查

(1)特征污染物识别与选取:对于污染源明确的情况,通过现场踏勘、资料收集和人员访谈,根据生产工艺、行业特征、调查区域环境条件、物质性质和转化规律等,综合分析,识别并选取特征污染物。对于污染源不明的情况,通过对采集样品的定性和定量分析,筛选特征污染物。特征污染物的筛选应结合调查区域特征,优先选择我国环境质量相关标准中规定的物质。对于环境质量相关标准中未规定的物质,应通过查询国外相关标准、研究成果,必要时结合相关实验,评估其危害,确定是否选作特征污染物。

(2)调查方法:初步调查阶段以现场快速检测为主、实验室分析为辅。进行样品快速检测的同时保存不低于20%比例的样品,以备复查。在详细调查阶段,重点开展系统的布点、采样。

(3)点位布设:对于疑似损害范围较小或污染物迁移扩散范围相对较小的情况,可根据污染发生的位置、污染物的排放量、土壤环境及其生态系统服务功能受损情况以及区域的地质条件,判断污染物可能的迁移扩散范围、土壤环境及其生态系统服务功能受损区,在该区域合理布设土壤调查点位,进行采样分析。采样布点可以参考《农田土壤环境质量监测技术规范》(NY/T 395—2012)的规定,接近污染发生点的点位要相对密集,远离污染发生点的点位要相对稀疏;表层点位间隔小,深层点位间隔大。

对于疑似损害范围较大或污染物迁移扩散范围相对较大的情况,若无法对受损害区域的污染分布进行初步判断,可采用系统布点法,识别出受损害区域或污染分布区后使用分区布点法或专业判断布点法有针对性地进行调查。若根据前期资料收集、分析与初步勘查结果,可识别出疑似受损害区域,则将该区域作为重点调查区域。对土壤进行受损情况调查时,应在疑似受损害区域加密布点,确定损害范围和程度。系统布点、分区布点和专业判断布点的方法可参照《农田土壤环境质量监测技术规范》(NY/T 395—2012)等相关标准规范。

(4)样品检测:根据选定的特征污染物,分别取土壤样品进行检测分析。在评估土壤环境及其生态系统服务功能受损情况时,应检测影响其生态系统服务功能的相关指标,如土壤生物群落,有机质、污染物含量,酸碱度等。土壤采集、保存、流转、分析检测、质量控制方法选择和要求等可参照《土壤环境监测技术规范》(HJ/T 166—2004)和《农田土壤环境质量监测技术规范》(NY/T 395—2012)的相关规定。土壤生物群落的调查可参照《生物多样性观测技术导则　大中型土壤动物》(HJ 710.10—2014)和《生物多样性观测技术导则　大型真菌》(HJ 710.11—2014)的相关规定。

6.2.2.3　基线水平调查

基线水平指污染环境或破坏生态行为未发生时,评估区内农田土壤环境质量及其生态系统服务功能的水平。

(1)优先使用历史数据作为基线水平:查阅相关历史档案或文献资料(包括针对调查区域开展的常规监测、专项调查、学术研究等过程获得的报告、监测数据、照片、遥感影像、航拍图片等),获取能够表征评估区农田土壤环境及其生态系统服务功能历史状况的数据。

(2)将对照区调查数据作为基线水平:如果无法找到能够表征影响区域内农田土壤环境质量和生态系统服务功能历史状况的数据,则选择合适的对照区,进行土壤钻探、采样分析和调查工作,获取对照区土壤环境质量和生态系统服务功能状况。对照区所在区域的地理位置、气候条件、地形地貌、生态环境特征、土地利用类型、社会经济条件、生态系统服务功能等条件应与评估区类似,其土壤的物理、化学、生物学性质应与评估区类似。对照样品的采样深度应尽可能与评估区内土壤的采样深度相同。

(3)参考环境质量标准确定基线水平:如果无法获取历史数据和对照区数据,则根据影响区域土地利用方式,查找相应的土壤环境质量标准,包括国家标准、行业标准、地方标准和国外相关标准,如 GB 15618—2018。如果存在多个适用标准,应该根据评估项目所在地区技术、经济水平和环境管理需求选择合适的标准。

(4)开展专项研究确定基线水平:如果无法获取历史数据和对照区数据,且无可用的农田土壤环境质量标准时,应开展专项研究,如土壤中污染物的健康风险评估、土壤中污染物迁移转化规律研究和模拟、污染物浓度与种群密度和物种丰度等指标之间剂量-效应关系研究、生态系统服务功能专项调查等,确定土壤环境及其生态系统服务功能的基线水平。

6.2.2.4　损害确认

当污染事件导致以下一种或几种后果时,可以确认该事件造成了农田土壤环境及其生态系统服务功能损害。

(1)调查点位所能代表区域的农田土壤中特征污染物的平均浓度超过基线水平20%以上。

(2)评估区指示性生物物种种群数量、密度、结构、群落组成、生物物种丰度等指标与基线相比存在显著差异。

(3)土壤的其他性质发生改变,导致土壤不再具备基线状态下的生态系统服务功能,如土壤的农产品生产功能等。

根据受污染情况,开展农田土壤、水质、空气及农产品监测,结合国家各类监测因子的相关标准,对比未受污染和人类影响的土壤、水质、空气及农产品监测结果,确定污染农田的污染因子。

根据调查结果确定土壤环境及其生态系统服务功能损害的类型,并结合污染源分布、可能的迁移路径、受体特征等,确定不同类型生态环境损害评估区。对受损害区域进行损害程度确认,确认内容包括污染物浓度和污染物危害程度。①污染物浓度确认:开展土壤及农作物布点采样分析,掌握土壤的基本理化性质及作物质量相关信息,结合当地背景值及国家标准限值,对污染产生影响的范围及深度进行调查,以确定土壤与作物污染状况。②污染物危害程度确认:在污染物浓度及分布已确认的基础上,结合污染物的理化性质对污染物及其危害进行分类,参考国家法律法规及专业技术部门的相关规定,分析污染对农田生态系统服务功能、农产品及人体健康造成的危害。

6.2.2.5　误差分析与控制

(1)非污染因素与污染因素交叉引起的误差:若非污染因素与污染因素相交叉,且危害特征相似,对污染因素致害进行经济损失估算时,存在非污染因素致害产生的经济损失排除引起的误差。

充分收集并分析农业环境本底资料,查阅土壤肥力、田间管理、气候等资料,结合与对照区的比对,尽量排除非污染因素造成的经济损失,降低误差。

(2)累积性污染引起的误差:估算经济损失时,可能存在上一次污染或累积性污染所造成的经济损失,因无法完全剔除而引起误差。

收集污染事故前农产品和农业环境的监测报告及相关检测数据,无法获得时,通过与对照区比较,确定事故发生前被评估农产品及农业环境经济状况。

(3)参数确定引起的误差:非商品规格的农业产品换算为商品规格时的换算率、受污染的损失率以及平均价格的确定受诸多因素影响,会给计算结果带来一定误差。

鉴定机构应根据估算对象的具体情况,结合行业和市场经验,考虑估算方法的特点,通过证据质证、实地调查、监测等方法,确定具体参数和误差控制范围。

6.2.3　农田土壤损害因果关系分析

6.2.3.1　污染环境行为与损害之间的因果关系分析

结合鉴定评估准备阶段以及损害调查确认阶段获取的损害事件特征、评估区域环境条件、农田土壤污染状况等信息,采用必要的技术手段对污染源进行解析;构建概念模型,开展污染介质、载体调查,提出特征污染物从污染源到受体的迁移路径假设,并通过迁移路径的合理性、连续性分析,对迁移路径进行验证;基于污染源解析和迁移路径验证结果,分析污染环境行为与损害之间是否存在因果关系。

(1)确定污染源：在已有污染源调查结果的基础上，通过人员访谈、现场踏勘、空间影像识别等手段和方法，调查潜在的污染源，必要时开展进一步的地质调查，并根据实际情况选择合适的检测、统计以及分析方法确定污染源。

通过地质调查，开展土壤采样分析，了解污染物的空间分布特征，或利用同位素技术，进一步分析可能的污染源。对可能存在的污染源进行监测分析，比对污染因子，并用排除法确定污染源头。

①确定灌溉用水是否为污染源：活水、工业污水中含有植物所需的养分，且含有许多有毒、有害物质，如果没有经过处理而直接用于农田灌溉，会导致农田受污染。

②确定大气是否为污染源：大气中存在工业排出的有毒废气，它的污染面很大，会对土壤造成严重污染。工业废气的污染大致分为两类：气体污染，如二氧化硫、氮氧化物等；气溶胶污染，如粉尘、烟尘等固体粒子及烟雾、雾气等液体粒子，它们通过沉降或降水进入农田，造成污染。

③确定化肥是否为污染源：施用化肥是农业增产的重要措施，但不合理地使用化肥也会引起农田污染。长期超量使用农肥会破坏土壤结构，影响农作物的产量和质量。

④确定农药是否为污染源：用于作物上的农药，除部分被植物吸收或进入大气外，另一部分散落于农田，与直接施用于田间的农药构成农田土壤中农药的基本来源。

⑤确定固体废物是否为污染源：工业废物和城市垃圾都是导致土壤污染的固体污染物。固体污染物既不易蒸发、挥发，也不易被土壤微生物分解，是一种长期滞留土壤的污染物。

污染源解析常用的检测和统计分析方法包括：①指纹法。采集潜在污染源和受体端土壤样品，分析污染物类型、浓度、比例等情况，并采用指纹法进行特征比对，判断受体端和潜在污染源的同源性，确定污染源。②同位素技术。对于损害持续时间较长，特征污染物为铅、镉、锌、汞等重金属或含有氯、碳、氢等元素的有机物，可采用同位素技术对潜在污染源和受体端土壤样品进行同位素分析，根据同位素组成和比例等信息判断受体端和潜在污染源的同源性，确定污染源。③示踪技术。在潜在污染源所在位置投放示踪剂，在受体端对示踪剂进行追踪，从而确认污染源。④多元统计分析法。采集潜在污染源和受体端土壤样品，分析污染物类型、浓度等情况，采用相关分析、主成分分析、聚类分析、因子分析等方法分析污染物与土壤理化指标及其时空分布相关性，判断受体端和潜在污染源的同源性，确定污染源。

(2)迁移路径调查与分析：基于前期调查获取的信息，初步构建污染物迁移概念模型，通过地形条件分析、地质条件调查和分析、包气带和含水层中污染物分布特征调查和分析等手段，识别传输污染物的载体和介质，提出从污染源到受体之间可能的迁移路径假设。通过对载体运动方向和污染物空间分布特征的模拟和分析，判断迁移路径的合理性，并分析迁移路径的连续性。如果存在迁移路径不连续的情况，应对可能的优先通道进行分析。必要时,利用示踪技术对迁移路径进行验证。

(3)因果关系分析:若同时满足以下条件,则可以确定污染环境行为与损害之间存在因果关系:①存在明确的污染环境行为。②土壤环境及其生态系统服务功能受到损害。③污染环境行为先于损害发生。④受体端和污染源的污染物存在同源性。⑤污染源到受损土壤之间存在合理的迁移路径。

6.2.3.2　破坏生态行为与损害之间因果关系分析

通过文献查阅、专家咨询、遥感影像分析、现场调查等方法,分析破坏生态行为导致土壤环境及其生态系统服务功能受到损害的作用机理,建立破坏生态行为导致土壤环境及其生态系统服务功能受到损害的因果关系链条。若同时满足以下条件,则可以确定破坏生态行为与损害之间存在因果关系。

(1)存在明确的破坏生态行为。

(2)土壤环境及其生态系统服务功能受到损害。

(3)破坏生态行为先于损害发生。

(4)根据生态学、地质学等理论,确定破坏生态行为与土壤环境及其生态系统服务功能损害具有关联性。

(5)可以排除其他原因导致土壤环境及其生态系统服务功能损害。

6.2.4　农田土壤损害实物量化

将土壤中特征污染物浓度、生物种群数量和密度等相关指标的现状水平与基线水平进行比较,分析土壤环境及其生态系统服务功能受损的范围和程度,计算土壤环境及其生态系统服务功能损害的实物量。

6.2.4.1　损害程度量化

损害程度量化是指对农田土壤中特征污染物浓度、生物种群数量和密度等相关指标超过基线水平的程度进行分析,为生态环境恢复方案的设计和后续的费用计算、价值量化提供依据。

(1)评估指标为污染物浓度:基于农田土壤中特征污染物平均浓度与基线水平,确定每个评估区域农田土壤的受损害程度。某评估区域土壤的受损害程度(K_i)的计算公式如下:

$$K_i = (T_i - B_p)/B_p \qquad (6.1)$$

式中,T_i为第i个评估区域土壤中特征污染物的平均浓度;B_p为土壤中特征污染物的基线水平。

目前,人们常用超基线率来确定评估区域土壤的受损害程度。超基线率(K)即评估

区域土壤中特征污染物平均浓度超过基线水平的区域面积占总调查区域面积的比例,其计算公式如下:

$$K = N_o/N \qquad (6.2)$$

式中,N_o为评估区域土壤中特征污染物平均浓度超过基线水平的区域面积;N为调查区域面积。

(2)评估指标为土壤生态系统服务功能:如果土壤的生态系统服务功能受损,人们可根据生态系统服务功能的类型特点和区域实际情况,选择合适的评估指标。例如,采用资源对等法,可用指示性生物物种种群数量、密度、结构,群落组成、结构,生物物种丰度等指标表征;采用服务对等法,可用面积、体积等指标表征。另外,人们也可以基于土壤生态系统服务功能现状与基线水平,确定评估区域土壤生态系统服务功能的受损害程度。土壤生态系统服务功能的受损害程度(D)的计算公式如下:

$$D = (S - B_e)/B_e \qquad (6.3)$$

式中,S为土壤生态系统服务功能指标的现状水平;B_e为土壤生态系统服务功能指标的基线水平。

在农田环境损害价值评估的诸多方法中,市场价值法是相对客观、误差较小的方法,可作为农业环境污染事故经济损失估算的首选方法。市场价值法又称"直接市场法",该方法是以估算对象(农产品、农业环境、其他财产)的市场价格为基础来计算环境污染带来的各种经济损失,计算值较为准确、真实。该方法包括生产率法、机会成本法、人力资本法、费用支出法、影子工程法、防护支出法等。这些方法适用于不同类型的损失估算,有各自的适用范围和误差。

(1)生产率法:对有确定市场定价或可通过现有市场定价进行价值估算的农业产物进行经济损失估算。

(2)机会成本法:对有确定市场定价的农业产物进行经济损失估算。

(3)人力资本法:对人体健康损失进行估算。重置资本法可对受损设施的经济价值进行估算,该部分可认为是重新购买设施或修缮受损设施的费用。综合使用人力资本法和重置资本法可对农业环境的修复价值进行评估。

(4)费用支出法:对生态环境中具有经济价值的生态功能进行货币化评估,但实际评估应用中不易操作。

(5)影子工程法:对于农业环境价值中难以直接估算的部分,可采用此方法进行估算,该部分价值可用替代工程成本来表示。

(6)防护支出法:以受损农田生态系统恢复至正常状态所消耗的修复费用或保护费用为参考,间接观测和度量农业环境的经济损失。

损害程度量化包括财产损失、资源环境损失、健康损失三部分,其中财产损失包括农产品损失与生产设施损失两部分。农产品损失包括农业生物死亡损失、农产品产量下降损失、农产品质量下降损失三部分。农业生物死亡损失是指因污染事故导致农作物死亡，造成的经济损失，相关的计算指标包括因污染事故死亡的农作物的数量、单位产品的市场平均价格、农产品的种类。农产品产量下降损失是指因污染事故导致农产品产量下降，造成的经济损失，相关的计算指标包括农产品在正常年份的产量（一般以近三年的平均产量计算）、污染事故当年及以后几年的产量（根据当年产量或预测随后几年的产量变化）、单位产品市场平均价格、因污染事故导致产量下降的农产品种类。生产设施损失包括污染事故导致农业机械、农业灌溉设施、农产品加工设备等废置或功能受损，其损失按重新购置或修缮恢复所需费用计算。

农产品产量损失经济价值（L_y）估算的计算公式如下：

$$L_y = \sum_{i=1}^{n} (D_i \times a \times A_i \times P_i^0 - F_i) \tag{6.4}$$

式中，D_i 为正常情况下第 i 类农产品单位产量（kg/hm²）；a 为第 i 类农产品受污染损害后的产量减少幅度（%）；A_i 为第 i 类农产品受损面积、数量或其他统计数据；P_i^0 为第 i 类农产品的单位产品市场平均价格（元/kg）；F_i 为第 i 类农产品的后期投资总额（元）；n 为质量受损的农产品种类数。该公式同样适用于农产品死亡（产量为零）造成的经济损失估算。

农产品质量损失经济价值 L_q 估算的计算公式如下：

$$L_q = \sum_{i=1}^{n} \left[(P_i^0 - P_i) Q_i - F_i \right] \tag{6.5}$$

式中，P_i^0 为第 i 类农业产品的单位产品市场平均价格（元/kg）；P_i 为受污染损害影响的第 i 类农产品后调整的实际单位产品市场平均价格（元/kg）；Q_i 为受污染的第 i 类农产品生物量（kg）；F_i 为第 i 类农产品的后期投资总额（元）；n 为质量受损的农产品种类数。

资源环境损失是指污染事故对环境造成的损失，通常用恢复保护费用来计算，即在事故发生区域为避免污染范围进一步扩大或污染程度进一步加重，对已污染区域进行保护、整治所投入的费用，包括物资购置费、设备购置（租用）费、运输费、劳动力费用等。

健康损失是指农业环境污染事故对人体健康造成的损失，包括食用被污染农产品而导致食用者生病，健康受损。

6.2.4.2　损害范围量化

根据所掌握的损害情况和所收集的环境信息和社会信息，人们可初步判断土壤环境及其生态系统服务功能的受损范围，必要时可结合遥感图、影像图进行辅助判断，或利用现有监测数据进行污染物空间分布模拟。缺乏具有时效性的监测数据时，可建立区域或场地概念模型进行推演，从而确定损害范围。然后，根据各采样点位土壤损害确认和损害程度量化的结果，分析受损土壤的位置和深度。在充分获取土壤相关参数的情况下，构建调查区土壤污染概念模型,采用空间插值方法模拟未采样点位土壤的损害情况,获得受损土壤的二维、三维空间分布,并根据需要模拟土壤中污染物的迁移扩散情况,明确土壤当前的损害范围及评估时间范围内可能损害状况,计算目前和评估时间范围内可能受损的土壤面积与体积。

评估范围包括空间边界和时间边界,评估范围的确定在特定农业污染损失评估鉴定中占据十分重要的地位,直接决定了后续开展的损失评估工作是否科学与公正。损失评估鉴定空间边界和评估范围的确定可以遵循以下原则:

(1)以污染途径和受影响途径为线索划分空间边界。确定评估区域时,首先需要分析农业环境污染因子危害途径、各个受体及受影响的途径、经济受影响的范围,并以此为线索划分空间边界,不能简单地根据地形图来确定。

(2)以鉴定事项中载明的受损区域为核心,并适当考虑核心区域的周边区域。

(3)确定生态敏感区。农田生态敏感区指农业生态系统的物种、种群、群落、生境及生态食物链等易受破坏的区域。

确定评估时间边界是进行系统分析和经济评估的前提。评估时间的起始点必须能将事故造成的影响从其他途径造成的受体变化中区分出来。例如,松花江流域地下水水质可能长期受到各种污染源的影响,由于污染物扩散迁移的复杂性,不能简单地将某种污染物的浓度变化归为某次污染事故造成的影响。因此,评估应该在事故发生一段时间(一般应当是 6 个月至 8 个月)以后进行。如果评估有时间要求,则需要估算可能发生的间接损失和预期损失。在进行经济评估时必须注意这些损失的变化趋势,预测其随时间的变化。此外,不同事故造成的损失显现程度和显现时限不同,所以对鉴定时间的选择不能一概而论,应针对具体事故和周边环境的变化趋势进行科学判断,选择最佳评估时间。

6.2.5 农田生态系统致损判定

(1)土壤盐碱化是指地下水中盐分不断向上运移到土壤层,聚集形成盐渍土的过程。土壤盐碱化评价指标如表 6.2 所示。

表 6.2 土壤盐碱化评价指标

危害类型	评价指标	好地	轻盐碱地	中盐碱地	重盐碱地
盐害	碱度为 0 时(毫克当量/100 克土)的含盐量/%	<1.5	1.5~2.5	2.5~4.0	>4.0
碱害	盐度小于 1 时(毫克当量/100 克土)的含碱量/%	<0.3	0.3~0.6	0.6~0.9	>0.9
综合危害	含盐量/%	<0.1	0.1~0.2	0.2~0.3	>0.3

危害类型	评价指标	好地	轻盐碱地	中盐碱地	重盐碱地
土壤盐碱化评价		各类农作物正常生长	种植作物幼苗能成活,但长势落后数天	种植作物幼苗生长受抑制,并有死苗现象	种植作物死苗严重,需要用科学的种植方法才能减轻死苗程度

资料来源:王世贵.农田灌溉水质和土壤盐碱化评价指标[J].长春地质学院学报,1987,17(4),449-454.

(2)土壤酸化是指土壤吸收性复合体接受了一定数量的交换性氢离子或铝离子,使土壤中碱性(盐基)离子淋失的过程。土壤酸化会导致农田土壤 pH 显著降低,引起土壤微生物多样性、土壤物理化学性质发生变化,继而引起农作物产量降低。

(3)农田污染(无机污染、有机污染):依据《土壤环境质量 农用地土壤污染风险管控标准》(GB 15618—2018)的相关规定,农用地土壤五项重金属污染风险筛选值(基本项目)如表 6.3 所示,农用地土壤污染风险筛选值(其他项目)如表 6.4 所示,农用地土壤五项重金属污染风险管控值如表 6.5 所示。

表 6.3 农用地土壤五项重金属污染风险筛选值(基本项目)

重金属和类金	污染物项目		风险筛选值/(mg/kg)			
			pH≤5.5	5.5<pH≤6.5	6.5<pH≤7.5	pH>7.5
1	镉	水田	0.3	0.4	0.6	0.8
		其他	0.3	0.3	0.3	0.6
2	汞	水田	0.5	0.5	0.6	1.0
		其他	1.3	1.8	2.4	3.4
3	砷	水田	30	30	25	20
		其他	40	40	30	25
4	铅	水田	80	100	140	240
		其他	70	90	120	170
5	铬	水田	250	250	300	350
		其他	150	150	200	250

表 6.4　农用地土壤污染风险筛选值(其他项目)

序号	污染物项目	风险筛选值/(mg/kg)
1	六六六总量①	0.10
2	滴滴涕总量②	0.10
3	苯并芘	0.55

注:①六六六总量为 α-六六六、β-六六六、γ-六六六、δ-六六六四种异构体的含量总和。

②滴滴涕总量为 p,p'-滴滴伊、p,p'-滴滴滴、o,p'-滴滴涕、p,p'滴滴涕四种衍生物的含量总和。

表 6.5　农用地土壤五项重金属污染风险管控值

序号	污染物项目	风险管控值/(mg/kg)			
		pH≤5.5	5.5<pH≤6.5	6.5<pH≤7.5	pH>7.5
1	镉	1.5	2.0	3.0	4.0
2	汞	2.0	2.5	4.0	6.0
3	砷	200	150	120	100
4	铅	400	500	700	1000
5	铬	800	850	1000	1300

(4)农田肥力下降:农田肥力评价标准参照《全国第二次土壤普查土壤养分分级标准》,土壤养分分级标准如表 6.6 所示。

表 6.6　土壤养分分级标准

项目	级别					
	一级	二级	三级	四级	五级	六级
有机质/(g/kg)	>40	30~40	20~30	10~20	6~10	<6
全氮/(g/kg)	>2	1.5~2	1~1.5	0.75~1	0.5~0.75	<0.5
全磷/(g/kg)	>1	0.8~1	0.6~0.8	0.4~0.6	0.2~0.4	<0.2
全钾/(g/kg)	>25	20~25	15~20	10~15	5~10	<5
碱解氮/(mg/kg)	>150	120~150	90~120	60~90	30~60	<30
有效磷/(mg/kg)	>40	20~40	10~20	5~10	3~5	<3
速效钾/(mg/kg)	>200	150~200	100~150	50~100	30~50	<30

6.2.6　土壤损害修复

6.2.6.1　土壤修复方案的制定

(1)修复目标确定:

①基本修复目标:土壤修复的目标是将受损土壤环境及其生态系统服务功能修复至基线水平。

对于农田土壤,应先判断是否需要开展修复。如果需要修复,且基于风险的环境修复目标值低于基线水平,应当将其修复到基线水平(见图 6.1),并根据相关法律规定进一步确认损害的责任方,要求责任方采取措施将风险降低到可接受水平。如果基于风险的环境修复目标值高于基线水平,且均低于现状污染水平,应当将其修复到基于风险的环境修复目标值(见图 6.2),并对基于风险的环境修复目标值与基线水平之间的损害进行评估。如果不需要修复,但当前污染水平高于基线水平,应对当前污染水平与基线水平之间的损害进行评估。

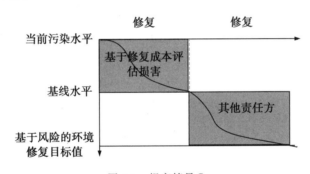

图 6.1　损害情景 Ⅰ

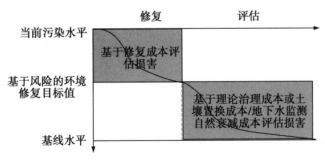

图 6.2　损害情景 Ⅱ

②补偿性修复目标:土壤修复的补偿性修复目标是指采用替代性的修复方案,补偿受损土壤环境及其生态系统服务功能修复至基线水平的期间损害。

③补充性修复目标:如果由于现场条件或技术可达性等限制原因,土壤环境及其生

态系统服务功能的基本修复措施实施后未达到基本修复目标或补偿性修复目标,则应开展补充性修复,或采用环境价值评估方法填补或计算这部分损失。

(2)生态修复技术筛选:生态修复技术有很多种,常用的主要有四种。

①土壤盐渍化修复技术:添加有机改良剂(如植物残体、粪肥、堆肥),增加土壤有机质含量和土壤肥力;利用耐盐植物来修复土壤盐渍化。耐盐植物包括美人蕉、互花米草、海三棱藨草、苇状羊茅、油葵、碱蓬、碱莞、盐角草等。

②土壤酸化修复技术:添加土壤酸化改良剂(如石灰、工业副产品和生物炭);全面增施有机肥,改良土壤结构。撒施石灰可调节耕地土壤酸性,熟石灰的增产效果优于生石灰和石灰石粉;撒施工业副产品(如石膏、碱性矿渣和赤泥)可提高土壤 pH 和阳离子交换量;撒施生物炭(如大豆秸秆、玉米秸秆、水稻秸秆)等碱性物质可以改善土壤酸化,增加或改变微生物的数量和多样性。增施有机肥的主要方式是绿肥还田、施用腐熟农家肥、农作物秸秆还田等,这些措施均可增加耕地土壤有机质。石灰配施绿肥可改善酸性土壤的理化特性,提高土壤 pH,有利于酸性土壤改良。

③土壤无机污染(重金属)修复技术:土壤无机污染(重金属)修复技术有农艺调控、土壤改良类技术、生物类技术、综合治理技术等。农艺调控是指利用农艺措施减少污染物从土壤向作物转移,从而保障农产品安全生产,实现受污染耕地的安全利用。农艺调控措施主要包括石灰调节、优化施肥、品种调整、叶面调控、深翻耕等。

a.石灰调节:对于偏酸性(土壤 pH 一般在 6.5 以下)且不存在砷超标风险的土壤,可使用石灰调节。石灰是碱性物质,在酸性土壤中适量施用石灰不仅可以提高土壤 pH,促使土壤中重金属阳离子发生共沉淀作用,降低土壤中重金属阳离子的活性,还可为作物提供钙素营养。施用石灰时,采用人工或机械化的方式,将石灰均匀地撒在耕地土壤表面,同时补施硅、锌等元素。石灰施用频率为每年一次,且土壤 pH 达到 7.0 后,需停施一年。连年过量施用石灰容易破坏土壤团粒结构,导致土壤板结。

b.优化施肥:施肥是补充作物生长所需养分的重要途径,对重金属的生物有效性有较大影响。优化施肥是指根据土壤环境状况与种植作物特征,优化肥料的种类、施用量与配比。化肥的使用要结合当地耕作制度、气候、土壤、水利等情况,选择适宜的氮、磷、钾等肥料品种,避免化学肥料活化重金属污染物。例如,氮肥施用时,优化铵态氮与硝态氮的施用比例可提高土壤 pH,降低重金属活性。肥料施用应把握适度原则,防止过量施肥引起土壤盐化、土壤酸化、养分不平衡等问题以及可能的二次污染。有机肥作基肥时,可配合深耕施用。氮肥、磷肥、钾肥的种类和施用量需根据土壤养分丰缺指标、耕作方式、污染物种类确定。

c.品种调整:不同作物种类或同一种类作物的不同品种对重金属的积累有较大差异,在中度、轻度重金属污染土壤上种植可食部位重金属富集能力较弱,但生长和产量基本不受影响的作物品种,可以抑制重金属进入食物链,有效降低农产品的重金属污染风险。

当前实践中已筛选出多种单一污染源下的重金属低累积作物品种,如镉低累积小麦、玉米等。农作物具有较强的区域性特点,每个作物品种都有其特定的适宜种植区,只能在其适宜种植区推广。

d.叶面调控:叶面调控是指通过叶面喷施硅、硒、锌等有益元素,提高作物抗逆性,抑制作物根系向可食部位转运重金属,降低可食部位重金属含量。该技术操作简便,主要选用可溶性硅、可溶性锌、可溶性硒等原料。

e.深翻耕:对于一般耕地,当犁底层厚度在 25 cm 以上时,可使用深翻耕方法将污染物含量较高的耕地表层土壤与犁底层甚至是母质层的洁净土壤充分混合,稀释耕地表层土壤污染物含量。深翻耕的实施时间一般为冬闲或春耕翻地时,无需占用农时。深翻耕不适用于连续两年深翻的沙漏田,深翻耕实施的时间、周期和深度等需根据当地种植习惯、作物类型、土壤类型和耕作层厚度等来确定。由于土壤有机质与养分多集中在耕地表层,深翻耕在降低耕地表层土壤污染物含量的同时,也会降低表层土壤中有机质和养分含量。因此,深翻耕后应进行配套施肥,满足农作物生长需要。

土壤改良类技术指通过施用钝化剂、土壤调理剂等,降低污染物在土壤中的活性,阻控作物对土壤污染物的吸收。

a.原位钝化:向土壤中添加钝化材料(如海泡石、坡缕石、蒙脱土、黏土矿物粉、铁锰氧化物、泥炭等),可将土壤中有毒有害重金属离子由有效态转化为化学性质不活泼形态,降低其植物有效性和生物毒性。钝化技术的效果和稳定性与土壤类型、土壤理化性质、重金属种类、污染程度、种植农作物品种以及当地降雨量等密切相关。一方面,在实际推广应用中,要正确选择钝化材料种类,精准把握施用剂量,避免过度钝化和二次污染。另一方面,要避免对土壤理化性质及环境质量等带来负面影响。同时,钝化后需继续跟踪监测土壤重金属有效态含量及农作物可食部位重金属含量的变化,并监测土壤质地、理化性质、微生物群落结构及生物多样性的变化情况,评估钝化的长期效应及可能产生的负面影响。

b.定向调控:基于土壤化学或微生物原理,通过调节土壤中的氧化还原、吸附、沉淀等过程,促进重金属污染物由高有效性向低有效性转化、由高毒性向低毒性转化,定向控制土壤中重金属元素的迁移以及农作物的富集。实践中,通常向土壤施加具有特殊功能的材料,实现土壤重金属污染的定向调控。土壤调理剂对重金属污染土壤的治理效果因土壤中重金属种类和污染水平而有所差异,因此利用土壤调理剂开展污染治理应建立在完善的实验基础上。

生物类技术是利用天然或人工改造的生物的生命代谢活动来降低土壤中污染物浓度,或者使污染物达到无害化的技术,主要包括微生物修复和植物提取等。

a.微生物修复:利用天然或人工驯化培养的功能微生物(如藻类、细菌、真菌等),通过生物代谢功能,降低污染物活性,防控生态风险。微生物修复材料包括微生物菌剂、微生物接种剂、复合微生物肥料和生物有机肥等，其施用种类和施用量需根据当地土壤类型和作物类型来确定。微生物修复技术比较安全，二次污染问题较小，对环境的影响较小，费用较低。

b.植物提取：植物提取是当前受污染耕地土壤主要采用的一类植物修复技术，它利用超积累、高富集植物或络合诱导植物高效吸收土壤中的重金属，并在地上部分积累，收割植物地上部分从而达到去除土壤中重金属的目的。植物提取分为两类，一类为持续型植物萃取，直接选用超富集植物吸收土壤中的重金属；另一类是诱导性植物提取，在种植植物的同时添加某些可以活化土壤重金属的物质，提高植物萃取重金属的效率。植物修复技术成本较高，一般适用于小面积重金属污染耕地。

在农田作物生长期间，田间环境因素复杂多变，当单一措施难以保障农作物可食部位污染物含量达标时，需要结合农产品产地土壤污染类型、污染程度，集成优化农艺调控-钝化-生物联合技术，建立适合当地实际情况的农田安全利用模式。"VIP"或"VIP＋n"是一种重金属污染耕地综合治理技术，是指在种植低镉水稻品种（V）、淹水灌溉（I）、施用石灰等调节土壤酸度（P）的基础上，采用增施土壤调理剂、钝化剂、叶面调控剂、有机肥等降镉产品或技术（n）。"VIP"综合治理技术克服了单一治理技术在污染耕地治理中存在的治理效率低、可能影响正常农作物种植和粮食生产等缺点，可实现不改变原种植习惯、边生产边治理的目的。"VIP"综合治理技术与其他技术集成时应遵循大面积施用、衔接农时、经济高效、科学规范等基本原则，进行各项技术的组合和排序，并根据土壤污染程度，适当调整综合技术中集成技术的数量和单项技术的实施强度。

修复土壤时，人们应在掌握不同修复技术的原理、适用条件、费用、成熟度、可靠性、修复时间、二次污染和破坏、技术功能、修复的可持续性等要素的基础上，参照相关技术规范与类似案例经验，结合土壤污染特征、损害程度、范围和生态环境特性，从主要技术指标、经济指标等方面对各项修复技术进行全面分析比较，确定备选技术；或采用专家评分的方法，通过设置评价指标体系和权重，对不同修复技术进行评分，确定备选技术。然后，提出一种或多种备选修复方案，通过实验室小试、现场中试、应用案例分析等方式对备选修复方案进行可行性评估。最后，基于修复技术比选和可行性评估结果，选择和确定修复方案。综合考虑生态成本和经济成本，结合污染物本身特点、要素和评估区域周围环境特性，利用现有的修复技术手段，制定一套适合污染区的修复方案。

④土壤有机污染修复技术：土壤有机污染修复技术包括物理修复技术、化学修复技术、微生物修复技术。

a.物理修复技术包括蒸汽浸提修复技术和热脱附技术（微波热脱附、远红外线热脱附）。

b.化学修复技术包括化学淋洗技术、还原脱氯修复技术、氧化还原修复技术以及溶剂浸提等技术。

c.微生物修复技术主要有两种:一是,利用某些微生物以有机污染物为唯一碳源和能源的特性采用污染修复。这种方法不会产生二次污染物或导致污染转移,且可用微生物类型广泛,现已发现了大量细菌、真菌、放线菌、藻类等农药降解菌。二是,微生物与其他有机物有共代谢作用,人们可利用此特性来对有机农药进行降解。其中,微生物的数量、种类都对其降解作用有着不同程度的影响。而且,微生物个体微小,还存在与修复现场土著菌株竞争等不利因素。若要形成新的生态型结构,充分利用土著微生物,需要建立固定化的农药生物降解模型。

⑤土壤肥力下降修复技术:土壤肥力下降修复技术包括增施有机肥、合理轮作以及秸秆还田。

a.增施有机肥:通过施用人、畜的粪便,尿肥,堆肥,沤肥以及绿肥等有机质含量高的农肥来增加和保持土壤有机肥含量。

b.合理轮作:在轮作过程中,四年左右种一茬豆科作物可增加土壤中氮素含量。同时豆科绿肥作物经翻压入土后,大量的根、茎、叶能够增加土壤有机质,改善土壤理化性质,提高土壤肥力。

c.秸秆还田:在作物收获后,秸秆切碎撒在地表后用犁翻压,直接还田。秸秆还田能够改善土壤的物理性质,促进土壤团粒结构形成,增加透气、透水、保肥能力,提高土壤肥力。

(3)修复方案确定:根据确定的修复技术,可以选择一种或多种技术进行组合,制定备选的综合修复方案。综合修复方案可能同时涉及基本修复方案、补偿性修复方案和补充性修复方案,可能的情况包括:

①仅制定基本修复方案,不需要制定补偿性和补充性修复方案:损害持续时间短于或等于一年,现有技术可以使受损的土壤环境及其生态系统服务功能在一年内修复到基线水平,经济成本可接受,不存在期间损害。

②需要分别制定基本修复方案和补偿性修复方案:损害持续时间大于一年,有可行的修复方案使受损土壤环境及其生态系统服务功能在一年以上较长时间内修复到基线水平;与修复后取得的收益相比,实施成本合理;存在期间损害,需要制定补偿性修复方案。

③需要分别制定基本修复方案、补偿性修复方案和补充性修复方案:有可行的修复方案使受损土壤环境及其生态系统服务功能在一年以上较长时间内修复到基线水平;与修复后取得的收益相比,实施成本合理;存在期间损害,需要制定补偿性修复方案;基本修复和补偿性修复方案实施后未达到既定修复目标的,需要进一步制定补充性修复方案,使受损的土壤环境及其生态系统服务功能完全实现既定的基本修复目标和补偿性修复目标。

④现有修复技术无法使受损的土壤环境及其生态系统服务功能修复到基线水平,或

只能修复部分受损的土壤环境及其生态系统服务功能,通过环境价值评估方法对受损土壤与地下水环境、生态系统服务功能以及相应的期间损害进行价值量化。

由于基本修复方案和补偿性修复方案的实施时间与成本会相互影响,因此人们应考虑损害的程度与范围、不同修复技术和方案的难易程度、修复时间和成本等因素,对综合修复方案进行比选。综合筛选修复方案,考虑不同方案的成熟度、可靠性、二次污染、社会效益、经济效益和环境效益等方面,综合分析和比选不同备选修复方案的优势和劣势,确定最佳修复方案。

(4)农田生态系统损害修复成本:从农田环境损失角度出发,估算农田生态系统损害修复成本。农业环境损失是指农业环境污染打破了农田土壤、农用水体、农区大气等原有的生态平衡或使其生产功能降低而造成的损失。这部分损失可以以货币的形式进行衡量,主要由修复费用和期间损失组成。

①修复费用:对于具有可修复性的受损农业资源环境,可运用直接市场法估算修复费用。可修复性是指受损的环境资源可以通过一系列修复治理措施,修复大部分或者全部的生产、环境功能,且修复费用低于预期收益,低于自然恢复期所造成的农业环境损失。修复目标应以评估区域农业环境基线水平为基准,即修复费用应计算至基线水平。但是,为了更加公正、客观地反映农田生态系统损害的事实,如果环境受损较严重已无法修复到基线水平或者修复成本过高时,可允许仅修复到农业资源环境受本次损害前的状态。修复费用(F)的计算公式如下:

$$F = P + M + E + O + C + G + L \tag{6.6}$$

式中,P 为修复方案编制费用;M 为修复材料费用;E 为实验测试费;O 为现场监测检测费用;C 为修复效果评估费用;G 为监管费用;L 为人力成本。

②期间损失:期间损失是指在对受损农田生态系统实施修复期间,由于农业环境资源受损无法正常提供生产、生态功能而造成的经济损失,以污染发生时或以某个估算基准日为始点计算直接经济损失,其计算公式如下:

$$L = \sum_{i=1}^{m} L_i \tag{6.7}$$

$$L_i = \frac{L_i^0}{(1+r)^i} \tag{6.8}$$

式中,L 为因生态受损导致农业环境质量下降的经济损失(元);m 为受污染事故影响的年数。L_i 为折现后第 i 年污染导致农业环境质量下降的经济损失(元);L_i^0 为折现前第 i 年污染导致农业环境质量下降的经济损失(元);r 为折现率,取估算基准年银行一年期贷款利率。

折现前第 i 年污染导致农业环境质量下降的经济损失(L_i^0)的计算公式如下:

$$L_i^0 = \sum_{j=1}^{n} \left[(Q_{ij}^0 \times P_{ij}) + (P_{ij} - P'_{ij}) Q_{ij} - F_{ij} \right] \tag{6.9}$$

式中，Q_{ij}^0 为污染发生后第 i 年第 j 类农产品的减产量（kg）；Q_{ij} 为受污染影响后第 i 年第 j 类农产品的生产量（kg）；P_{ij} 表示为第 i 年未受污染的第 j 类农产品的市场平均价格（元/kg）；P'_{ij} 表示第 i 年受污染影响的第 j 类农产品的市场平均价格（元/kg）；F_{ij} 表示为第 i 年第 j 类农产品的生产投资（元）；n 表示受污染事故影响的农生品种类。

当第 i 年第 j 类农产品因污染受损预计全部产量为 0 时，继续培养农产品已无价值，则 F_{ij} 取 0。当第 i 年第 j 类农产品无法成长至商品规格，或农产品可食用部位有毒有害物质超过可食用标准而无食用价值时，P'_{ij} 取 0。

需要对修复费用进行计算时，根据土壤的基本修复、补偿性修复和补充性修复方案及其相关情况，按照下列优先级顺序选用费用计算方法，计算修复工程实施所需要的费用。

①实际费用统计法：实际费用统计法适用于污染清理和修复措施已经完成或正在进行的情况，可通过收集实际发生的费用信息，对实际发生费用的合理性进行审核，将统计得到的实际发生费用作为修复费用。

②费用明细法：费用明细法适用于恢复方案比较明确，各项具体工程措施及规模比较具体，所需要的设施、材料、设备等比较确切，且鉴定评估机构对方案各要素的成本比较清楚的情况。费用明细法应列出修复方案的各项具体工程措施，各项措施的规模，明确需要建设的设施，以及材料和设备的数量、规格、能耗等；根据各种设施、材料、设备、能耗的单价，列出修复工程费用明细，具体包括投资费、运行维护费、技术服务费、固定费用等费用。投资费包括场地准备、设施安装、材料购置、设备租用等费用；运行维护费包括检查维护、监测、系统运行水电消耗和其他能耗、废弃物和废水处理处置等费用；技术服务费包括项目管理、调查取样和测试、质量控制、实验模拟、专项研究、修复方案设计、报告编制等费用；固定费用包括设备更新、设备撤场、健康安全防护等费用。

③承包商报价法：承包商报价法适用于恢复方案比较明确，各项具体工程措施及规模比较具体，所需要的设施、材料、设备等比较确切，但鉴定评估机构对方案各要素的成本不清楚或不确定的情况。承包商报价时应选择三家或三家以上符合要求的承包商，由承包商根据修复目标和修复方案提出报价，综合比较报价，从而确定合理的修复费用。

④指南或手册参考法：指南或手册参考法适用于已经筛选确定修复技术，但具体修复方案不明确的情况。基于所确定的修复技术，参照相关指南或手册，确定修复技术的单价，并根据待修复土壤与地下水的总量，计算修复费用。

⑤案例比对法：案例比对法适用于修复技术和修复方案均不明确的情况，调研与本项目规模、污染特征、环境条件相类似且时间较为接近的案例，基于类似案例的修复费用计算本项目可能的修复费用。

6.2.6.2　其他价值量化方法

（1）未修复到基线水平的量化方法：对于农田土壤，如果经修复后未达到基线水平，或者污染水平超过基线水平,但不需要修复,则可按照以下方法计算基于风险的环境修复目标值或现状污染水平与基线水平之间的损害:

①如果基于风险的环境修复目标值或现状污染水平与基线水平对应的土地利用类型相同,建议按照以下方法计算损害价值:

a.如果能够获取农田生态系统从基于风险的环境修复目标值或现状污染水平修复至基线水平的理论治理成本,则可基于该理论治理成本进行计算。

b.如果无法获取理论治理成本,或全部不需要修复,但污染物排放量可获取,则可以利用基于污染物排放量的虚拟治理成本计算。

②如果基于风险的环境修复目标值或现状污染水平与基线水平对应的土地利用类型不同,则需要制定环境修复、生态恢复方案,并计算土壤或地下水利用类型改变而引起的土壤或水资源价值变化及其他生态系统服务功能丧失的价值量。

(2)无法修复的损害量化方法:对于土壤环境及其生态系统服务功能无法修复至基线水平,没有可行的补偿性修复方案填补期间损害,或没有可用的补充性修复方案将未完全修复的土壤修复至基线水平的情况,需要根据土壤提供的服务功能,利用直接市场价值法、揭示偏好法、效益转移法、陈述偏好法等方法对土壤和地下水损害及其期间损害进行价值量化。各种生态环境价值量化方法及其适用条件参阅《环境损害鉴定评估推荐方法(第Ⅱ版)》附录A。若损害前用地类型为耕地、园地,建议采用土地影子价格法计算土地资源功能损失价值,利用市场价值法计算种植或养殖物生产服务损失价值。

6.2.7　土壤恢复效果评估

制定修复效果评估计划,通过采样分析、问卷调查等方式,定期跟踪土壤环境及其生态系统服务功能的修复情况,全面评估修复效果是否达到预期目标。如果未达到预期目标,应进一步采取相应措施,直到达到预期目标为止。

(1)评估时间:修复方案实施完成后,土壤的物理、化学和生物学状态及其生态系统服务功能水平基本达到稳定时,对修复效果进行评估。土壤修复效果通常采用一次评估。

(2)评估内容和标准:①修复过程合规性,即修复方案实施过程是否满足相关标准规范要求,是否产生了二次污染。②修复效果达标性,即根据基本修复、补偿性修复、补充性修复方案中设定的修复目标,分别对基本修复、补偿性修复、补充性修复的效果进行评估。

(3)评估方法:评估方法主要有四种。①监测和采样分析。根据修复效果评估计划,对修复后的土壤进行监测、采样,分析污染物浓度、色度等指标,或开展生物调查及其他土壤生态系统服务功能调查。调查应覆盖全部修复区域,并基于修复方案的特点制定差异化的布点方案。基于调查结果,采用逐个对比法或统计分析法判断是否达到修复目标。必要时,对周边土壤开展采样分析,确保修复过程中未造成污染物的迁移和扩散,未对周边环境造成影响。②现场踏勘。通过现场踏勘,了解土壤环境及其生态系统服务功能修复进展,判断土壤修复情况,确定采样和调查时间。③分析比对。采用分析比对法,分析土壤与地下水环境及其生态系统服务功能修复过程中各项措施是否与修复方案一致,是否符合相关标准规范的要求;分析修复过程中的各项监测数据,判断是否产生了二次污染;综合评价修复过程的合规性。④问卷调查。通过设计调查表或调查问卷,调查基本修复、补偿性修复以及补充性修复措施所提供的生态系统服务功能类型和服务量,判断是否达到修复目标。此外,调查公众与其他相关方对于修复过程和结果的满意度。

6.2.8　报告编制

根据委托内容,基于评估过程所获得的数据和信息,编制农田生态系统损害鉴定评估报告。依据最高人民法院于 2000 年 6 月 16 日颁布的《关于审理破坏土地资源刑事案件具体应用法律若干问题的解释》,依法惩处破坏土地资源的犯罪活动。

经调查发现生态环境损害需要修复或赔偿的,首先应当与相关赔偿义务人进行磋商,确认赔偿范围和义务。双方达成一致意见的,签订生态环境损害赔偿协议。经磋商达成的赔偿协议可以依照民事诉讼法向人民法院申请司法确认。对于经司法确认的赔偿协议,若赔偿义务人不履行或不完全履行,赔偿权利人及其指定的部门或机构可向人民法院申请强制执行。对于磋商未达成一致的,赔偿权利人及其指定的部门或机构应当及时提起生态环境损害赔偿民事诉讼。

赔偿义务人可根据磋商或诉讼判决要求,组织开展生态环境损害修复。赔偿义务人可自主修复,若无修复能力,可以委托具备修复能力的社会第三方机构进行修复,修复资金由赔偿义务人向委托的社会第三方机构支付。赔偿义务人自行修复或委托修复的,赔偿权利人前期开展生态环境损害调查、鉴定评估、修复效果评估等费用均由赔偿义务人承担。若赔偿义务人造成的生态环境损害无法修复,其赔偿资金作为政府非税收入,全额上缴同级国库,纳入预算管理。赔偿权利人及其指定的部门或机构可根据磋商或判决要求,结合本区域生态环境损害情况开展替代修复。

赔偿权利人及其指定的部门要对生态环境修复方案、执行情况和修复效果进行全面评估,确保生态环境得到及时、有效修复。并且,赔偿权利人及其指定的部门要依法公开生态环境损害调查、鉴定评估、磋商、诉讼和生态环境修复效果等信息,保障公众知情权。

环境有价,损害担责。根据对农田生态系统损害的鉴定评估结果,损害者承担相应的刑事责任和民事赔偿责任(生态环境损害赔偿责任),实现谁破坏谁修复的目的。

生态环境损害鉴定评估报告编制内容包括委托方、鉴定事项、受理日期、鉴定材料、鉴定区域、鉴定对象、案情摘要、鉴定原则、鉴定基准日、鉴定依据、鉴定方法、计算参数确定、损失计算、分析说明、鉴定意见、附件等。附件中可包含鉴定机构及鉴定人资质证明、鉴定标准、鉴定委托书、因果关系鉴定意见书、相关监测(检测)报告、鉴定区域分布图以及支撑鉴定的其他资料。

6.3 典型案例分析

【基本案情】

2010年4月16日,琼海某生态农庄开发有限公司承包了琼海市博鳌镇沙美村九曲江边约7.733 hm² 土地,合同约定土地用途为建设热带高效农业和旅游生态农庄。至2011年下半年,该公司股东廉某某出资共建设了木结构房屋七栋、钢架结构简易房两间、棚房一间。琼海市国土环境资源局发现该公司的建设行为后,分别于2011年10月10日和2011年12月26日两次下达《责令停止土地违建行为通知书》,要求该公司停止违法行为。随后,该公司自行拆除了三栋木结构房屋。2013年10月22日之后,公司股东齐某某在原建设基础上又出资加盖了木结构房屋九栋,同时建设了硬化水泥道路及其他基础设施。2014年4月25日,琼海市国土环境资源局向该公司下达了《土地行政处罚决定书》,责令该公司退还非法占有的土地,恢复土地原状。2014年7月,该公司拆除了在该地建设的全部木结构房屋、基础木桩和其他设施,并向沙美村支付土地复耕费20万元。2014年8月,经琼海市国土环境监察大队鉴定,该公司破坏农用地面积1.234 hm²,破坏程度为重度破坏。

2015年,琼海市公安局传唤廉某某、齐某某接受讯问。齐某某于2015年9月8日到案,廉某某被琼海市公安局网上通缉,并被辽宁省本溪市桥北分局北台派出所抓获归案。

【裁判结果】

海南省第一中级人民法院认为,琼海某生态农庄开发有限公司在没有办理农用地变性,未取得审批的情况下,在其承包土地上修建房屋、棚房、硬化道路,搭建其他设施,非法占用耕地1.234 hm²,改变了被占用土地的用途,造成涉案耕地大量毁坏,其行为已构成非法占用农用地罪。海南第一中院对该非法占用农用地案作出一审公开宣判,以非法占用农用地罪判处琼海某生态农庄开发有限公司罚金60 000元;判处被告人廉某某有期徒刑一年两个月,并处罚金20 000元;判处被告人齐某某有期徒刑一年两个月,缓刑两年,并处罚金20 000元。

【典型意义】

该案系万泉河环境资源巡回法庭审理的首件环境资源案件,严惩了非法占用耕地的罪犯,保护了村民的利益,对保护我国耕地资源具有重要意义。

第7章 地质景观损害司法鉴定

根据司法部和生态环境部2019年5月印发的《环境损害司法鉴定执业分类规定》,矿产资源开采行为致矿山地质环境破坏、土地损毁及生态功能损害鉴定,包括采矿引发的地貌塌陷、地裂缝、崩塌、滑坡、泥石流及隐患的规模、类型、危害,制定矿山地质灾害治理方案,评估损害数额,评估治理效果等;确定损毁土地的时间、类型、范围和程度,判定采矿活动与土地损毁之间的关系,制定土地功能恢复方案,评估损害数额,评估恢复效果等;确定采矿造成含水层水位下降的时间、程度、范围,井、泉水量减少(疏干)的程度,判定采矿活动与含水层水位下降、井(泉)水量减少的因果关系,制定含水层保护恢复方案,评估损害数额,评估恢复效果等;确定采矿改变地形条件造成山体破损、岩石裸露的时间、范围和程度,判定采矿活动与山体破损、岩石裸露的因果关系,制定地形地貌重塑方案建议,评估损害数额,评估治理效果等;确定矿产资源损失的时间、类型、范围和程度,判定采矿活动与矿产资源损失的因果关系,制定生态恢复方案建议,评估损害数额,评估恢复效果等。

7.1 地质景观类型与保护级别

7.1.1 地质景观的概念

广义的地质景观是指由内力作用(地壳运动、岩浆活动和变质作用)形成的地质遗迹。狭义的地质景观是指地质体及其地质现象经过漫长的自然风化和生物循环作用而形成的具有观赏价值的综合体,包括人类改造自然及人与自然互动保留的痕迹。本章中的地质景观指的是广义地质景观。

7.1.2 地质景观的分类

地质景观的分类比较复杂,任何一个分类方案都存在不足,因此需要不断探索和完善。根据国土资源部2016年7月发布的《国家地质公园规划编制技术要求》,地质遗迹景观资源具体分为地质(体、层)剖面、地质构造、古生物、矿物与矿床、地貌景观、水体景观、环境地质遗迹景观七个大类,进一步可划分为 25 个类和 56 个亚类。

(1)地质剖面景观:地质剖面又称"地质断面",是沿某一方向,显示地表或一定深度内地质构造情况的实际(或推断)切面,是体现地质构造作用、地层分布的独特地质形态综合景观,具有强烈的符号性和标示性。我国典型的地质剖面有中国最古老的岩石——鞍山白家坟花岗岩、陕西小秦岭的元古界剖面、新疆吉木萨尔的大龙口非海相二叠—三叠系界线剖面、台湾的利吉青灰泥岩剖面、河北原阳的泥河湾盆地小长梁遗址等。

(2)地质构造景观:地质构造景观特指地质构造形迹景观,是地壳运动过程中留下的各种遗迹,如断层、褶皱、节理、岩石圈板块、板块缝合带、裂谷、火山弧、弧后盆地、地台、地槽、地堑、地垒、张性断裂、扭性断裂、压扭性断裂、纬向构造、经向构造、华夏构造、新华夏构造、多字型构造、山字形构造、棋盘格式构造、莲花状构造等。我国典型的地质构造景观有太行山大峡谷断层景观、北京西山的香肠构造景观、湖北长阳的棋盘式构造景观等。

(3)古生物景观:古生物景观主要指古生物化石及其产地。古生物景观主要包括三大类:①古动物化石及产地,如云南澄江早寒武世动物群、辽宁北票恐龙和鸟类化石、山东山旺中新世古生物群、云南禄丰上新世腊玛古猿化石。②古植物化石及产地,如北京延庆、四川江安和新疆准噶尔盆地的硅化木,焦家式金矿。③古人类化石及其遗址,如云南元谋人遗址、陕西蓝田猿人遗址、北京周口店猿人、山顶洞人遗址及各文化点出土的古人类头盖骨、牙齿等。

(4)矿物与矿床景观:矿物与矿床景观是指岩石、矿物、宝玉石及其典型产地。矿物包括金属与非金属矿产、煤炭与油页岩、石油与天然气、卤矿水等。矿床是指在地壳中由地质作用形成的,所含有用矿物资源能在一定经济技术条件下被开采利用的综合地质体。一个矿床至少由一个矿体组成,如广西大厂锡多金属矿床、山东胶东焦家式金矿与玲珑式金矿、河南栾川南泥湖钼矿、甘肃金川铜镍硫化物矿床、辽宁海城菱镁矿等。图7.1所示景观为河南栾川南泥湖钼矿山景观。

图 7.1　河南栾川南泥湖钼矿山景观

(5)地貌景观:地貌景观是指岩石、火山、冰川、流水、海蚀/海积等地质景观。我国地貌类型多样,在漫长的地质年代里形成众多独特的地貌景观,如黄土地貌、湖南武陵源石英砂岩峰林地貌景观、安徽黄山奇峰景观、河北赞皇嶂石岩景观、武夷山丹霞地貌景观、广西桂林岩溶峰林地貌景观、云南路南石林景观、台湾太鲁阁大理岩峡谷等。

（6）水体景观：水体景观是指具有独特医疗、保健作用或科学研究价值的温泉、冷泉、沼泽湿地以及具有特殊意义的瀑布、湖泊、泉水等。我国的水体景观分布广泛，如桂林漓江、江西鄱阳湖、贵州黄果树瀑布、山西晋祠难老泉、海南三亚亚龙湾珊瑚景观、重庆大宁河小三峡、黄河三角洲沼泽湿地景观、福建鸳鸯溪、湖北神农溪等。

（7）环境地质遗迹景观：环境地质遗迹景观包括典型的陨石、地震、泥石流等地质灾害遗迹景观以及采矿遗迹景观。世界知名环境地质遗迹景观有澳大利亚戈斯峭壁、非洲中北部乍得湖奥隆加陨石坑、加纳博苏姆推湖、美国亚利桑那州巴林格陨石坑、云南永胜红石崖大地震"天坑"遗址、山东枣庄熊耳山崩塌开裂地震遗址、宁夏西吉党家岔地震滑坡堰塞湖遗址、云南东川小江泥石流沟、河南南阳独玉山国家矿山公园等。

7.1.3　地质景观的特性

地质景观具有以下四个方面的特性：

（1）科学性。地质景观因其成因不同，地质构造也千差万别，对于研究地球演化至关重要，因此具有极高的科学价值。

（2）稀有性。地质景观是经过漫长的地质时期由内外地质作用、生物演化、陆海变迁等因素形成的地质遗迹，具有不可再生性和稀有性。地质景观一旦遭到人为破坏，往往无法恢复。

（3）自然性。地质景观属于自然景观，除了地质灾害遗迹中可能有人为因素作用之外，其他地质遗迹景观都是由地球内外动力共同作用形成的，这些地质景观具有天然的自然属性。

（4）脆弱性。由于地球的内力作用，地质景观的结构和构造具有不稳定性。由于外长期受到风化和侵蚀，以及人类活动的破坏，地质景观表现出极大的脆弱性。

7.1.4　地质景观的保护级别

根据国土资源部2000年编制的《国家地质公园总体规划工作指南（试行）》，地质遗迹保护区分为国家级、省级和县级三个级别。

（1）国家级：国家级地质遗迹保护区是能为一个大区域甚至全球演化过程中某一重大地质历史事件或演化阶段提供重要地质证据的地质遗迹，具有国际或国内大区域地层（构造）对比意义的典型地质剖面、化石及产地，具有国际或国内典型地学意义的地质景观或现象。

（2）省级：省级地质遗迹保护区是能为区域地质历史演化阶段提供重要地质证据的地质遗迹，具有区域地层（构造）对比意义的典型地质剖面、化石及产地，在地学分区及分类上具有代表性或较高历史、文化、旅游价值的地质景观。

（3）县级：县级地质遗迹保护区是在本县范围内具有科学研究价值的典型地质剖面、化石及产地，在小区域内具有特色的地质景观或现象。

7.2 地质景观损害评价指标

7.2.1 地形地貌破坏

矿山开采活动会对地表的地形地貌造成严重破坏。露天开采以剥离、挖损土地为主，破坏了矿区原有植被，山体由正地形转为负地形，形成凹陷，废石或尾矿堆置在地表，严重破坏了地表自然景观。例如，位于美国犹他州宾汉姆峡谷的北美最大铜矿露天采场形成的椭圆形矿坑（见图 7.2）长达 7.5 km，宽约 4.5 km，深度近 1000 m，严重损害了区域地貌形态。地下开采矿山将地下矿体取出，地表会形成塌陷，产生地裂缝，积水成塘。例如，广东凡口铅锌矿发生塌陷 1600 处，范围达 5 km²；湖南恩口煤矿塌陷 5800 多处，范围达 20 km²，均对当地自然景观造成了严重破坏。

图 7.2 美国犹他州宾汉姆峡谷铜矿坑

7.2.2 土地资源破坏

露天采矿剥离的表土、地下采矿后的塌陷以及尾矿都将对矿区的土地资源造成极大破坏。我国的重点金属矿山约有 90% 是露天开采的，露天开采剥离表土会直接破坏大量土地资源。地下采矿可能引起大面积的地面塌陷，造成土地损毁，而煤矿开采造成的地面塌陷规模及危害最为突出。山西作为产煤大省，是我国采空塌陷最严重的地区。此外，矿山开采后堆置的各类尾矿、废石、废渣以及工业场地同样占用了大量土地资源，导致土地原有性能丧失。由矿山开采造成的我国东部耕地损毁和西部土地沙化，已经严重威胁到我国的粮食安全和生态安全。

矿山开采会造成土壤层破坏和土壤侵蚀。土壤层破坏主要指露天采矿剥离了地表土壤，使得土壤层遭到破坏。土壤侵蚀是指土壤及其母质在水力、风力、冻融或重力等外力的作用下,被破坏、剥蚀、搬运和沉积的过程。在只有自然因素主导的条件下,地表侵蚀的速度非常缓慢。采矿活动会大面积剥离、清理地面,搬运土、石、矿渣堆积物等,加速或扩大了自然因素作用所引起的土壤破坏和土体物质的移动、流失。此外,矿区环境条件改变还会引发土壤退化。在开采时,矿山土壤就近堆积会影响土壤的理化性质,导致土壤肥力下降。

7.2.3　矿山地质灾害

矿山开采和相关工程的兴建会使矿区地形地貌发生巨大变化,进而引发滑坡、崩塌、泥石流、地面塌陷等地质灾害。采矿诱发滑坡、崩塌、泥石流的主要原因有三个方面:一是露天开采边坡会改变原有的天然平衡状态,引发滑坡和崩塌。二是地下开采形成采空区,致使上覆顶板下沉变形,上部岩体发生下沉,最后形成凹陷,甚至积水成塘。三是尾矿、废石、废渣等堆放不合理,如直接堆放在沟谷中或顺山坡堆放,或超稳定堆放,引发滑坡和崩塌,甚至有些堆放物在水力的作用下形成渣土泥石流。几乎所有露天矿山都存在不同程度的崩塌、滑坡、泥石流等地质灾害,造成了大量人员伤亡和经济损失。图 7.3 为矿山开采引发的崩塌和滑坡。

（a）崩塌

（b）滑坡

图 7.3　矿山开采引发的崩塌和滑坡

7.2.4　水资源破坏

矿山开采会破坏地表水资源和地下水资源。矿山开采导致地表水资源破坏主要表现为改变河道流向。矿山开采导致地下水资源破坏表现为水位下降、供水困难、地面沉降等。如果矿体位于当地的侵蚀基准面之下,则大幅度降水可能导致区域地下水位下降,当地供水困难,并出现地面沉降,诱发地质灾害。如开滦范各庄矿山突水后,以突水点为中心的 10 余千米范围内,水位下降了 20～30 m,使当地供水系统失灵。在干旱地区,地下水位下降可能造成地表植被受到损害,使原本脆弱的生态系统雪上加霜。另外,露天开采会排放出各类废水,而废石淋滤水大多达不到工业废水的排放标准,会造成水环境污染。

7.3 地质景观损害鉴定

7.3.1 矿产资源损失鉴定

《中华人民共和国矿产资源法实施细则》(1994 年国务院令第 152 号)的附件《矿产资源分类细则》中一共列举了 168 种矿产资源。2000 年,国土资源部发布《国土资源行政复议规定》,将辉长岩、辉石岩、正长岩列为新发现矿种。2011 年,国土资源部将页岩气列为新发现矿种。2017 年,国务院正式批准将天然气水合物列为新矿种。至此,我国的矿产资源数达 173 个。至此,我国的矿产资源数达 173 个,其中能源矿产 13 个、金属矿产 59 个、非金属矿产 95 个、水气矿产 6 个。

矿产资源开采范围是指矿产资源开采的立体空间区域。以露天煤矿区为例,2015 年世界煤炭协会(World Coal Association)在综合已有定义的基础上,将露天煤矿区定义为采用露天采掘方式生产煤炭的含矿地带及其周边相关区域,主要由开采区、剥离区和排土区构成,如图 7.4 所示。

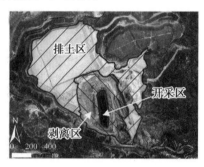 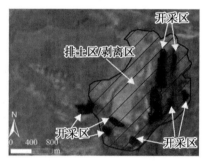

图 7.4 露天煤矿区的开采区、剥离区和排土区

目前对于煤炭资源的开采强度已经有明确概念和指标体系,即按照单位范围内开采区占采空区的比例来度量开采强度。金属矿床的开采强度是指矿床开采的快慢程度。当矿体范围及埋藏条件一定时,矿体的开采强度取决于开拓、采准和切割的连续性以及回采强度,常采用回采工作年下降深度和开采系数作为开采强度指标。类比于煤炭资源开采强度的定义,露天开采金属及非金属矿山的开采强度用平面上的开采面积、空间上的开采深度和时间上的开采速度来度量。

7.3.2 土地损毁鉴定

矿山土地调查分为原状土地调查和已损毁土地调查。原状土地调查是指矿山开采前的土地利用原状调查,主要根据县、市土地利用图,结合矿山布局,生成矿山土地利用原状图。原状图能表示出矿山开采活动所占面积与位置,以及各地类面积与区块位置。

已损毁土地调查一般为现状调查,主要包括土地损毁现状的地点、面积、类型、程度等方面的调查。矿山开采导致土地损毁的方式可以分为挖损、塌陷、压占等,它们的损毁特征鉴定内容基本相同,但各自有所侧重。

(1)挖损土地鉴定内容包括露天采矿场、取土场等区域的位置、权属、损毁时间、面积、平台宽度、边坡高度、边坡坡度、积水面积、积水最大深度、水质、植被生长状况、土壤特征、损毁土地利用类型等。

(2)塌陷土地鉴定内容包括矿山开采区域的位置、权属、损毁时间、面积、塌陷最大深度、坡度、积水面积、积水最大深度、水质、塌陷坑直径、塌陷坑深度、土地利用状况、裂缝宽度/长度、裂缝水平分布、土壤特征、损毁土地利用类型等。

(3)压占土地鉴定内容包括矿山开采区域的位置、权属、损毁时间、面积、压占物、压占物高度、平台宽度、边坡高度、边坡坡度、植被生长状况、损毁土地利用类型等。

7.3.3　地质灾害鉴定

矿山地质灾害调查分为两个方面:一是调查矿区在建设前已经存在的地质灾害,如滑坡、崩塌、泥石流等;二是调查采矿活动引发的地质灾害或地质灾害隐患,如露采场边坡的滑坡与崩塌灾害、渣土堆场的泥石流隐患、采空上方的地裂缝和地表塌陷等。

(1)崩塌鉴定内容:①崩塌区的地形地貌,崩塌的类型、规模和范围,崩塌体的大小和崩落方向。②崩塌区岩体的岩性特征、风化程度和水的活动情况。③崩塌区的地质构造,岩体的结构类型、结构面形状、组合关系、闭合程度、力学属性、延展及贯穿特征。④危岩体的分布、形态和规模,岩土的性质、结构类型、结构面发育、组合情况等。⑤气象(重点是大气降水)、水文、地震情况等。⑥崩塌前的迹象及崩塌区的地貌、岩性、构造、降水、地震、温度变化等自然因素和采矿、爆破、切坡等人类活动因素。⑦崩塌灾情及当地防治崩塌的经验。崩塌鉴定完成后填写调查表,对崩塌的重点部位进行拍照、录像或绘制素描图。

(2)滑坡鉴定内容:①滑坡地形地貌特征,包括滑坡所处的位置、斜坡形态、坡度、相对高度、沟谷发育、植被状况等。②滑坡及周边的地质构造,包括岩土体类型、工程地质特性、软硬岩的组合、软弱夹层的厚度及分布等。③滑坡要素及边界特征,包括滑动体的长度、宽度和厚度,岩土体类型及组成结构、松动破碎程度、含泥含水情况等,滑坡壁、滑坡平台、滑坡舌、滑坡裂缝、滑坡鼓丘等微地貌形态,前缘临空面及剪出情况。④滑坡变形活动特征,包括滑坡的发生时间、发展过程及稳定状态。⑤滑体内外树木、建筑物、水渠、道路、坟墓等变形位移情况,井泉、水塘渗漏或干枯等现象。⑥滑带水和地下水分布,泉水出露点分布及流量,地表水、湿地分布及变迁情况。⑦滑坡诱发因素,包括降雨、地震、洪水、坡后加载、工程切坡、矿山采掘、爆破震动等自然及人为因素。⑧滑坡危害及灾情。滑坡鉴定完成后填写调查表,对滑坡的重点部位进行拍照、录像或绘制素描图。

（3）泥石流鉴定内容：①沟谷区暴雨强度、一次最大降雨量，冰雪融化和雨洪最大流量，地下水对泥石流形成的影响。②沟谷区地层岩性、地质构造、崩塌、滑坡等不良地质现象，松散堆积物的分布、物质组成和储量。③沟谷的地形地貌特征，包括沟谷的发育程度和切割情况、沟床弯曲的堵塞程度和粗糙程度、纵坡坡度。④形成区的水源类型、水量、汇水条件和山坡坡度，岩土性质、风化松散程度等，断裂、滑坡、崩塌、岩堆等不良地质现象的发育情况及可能形成泥石流固体物质的分布范围和储量。⑤流通区沟床纵坡坡度、跌水、急弯等特征，沟床两侧山坡坡度、稳定程度，沟床的冲淤变化和泥石流的痕迹。⑥堆积区堆积扇的分布范围、表面形态、纵坡、植被、沟道变迁和冲淤情况，堆积物的性质、层次和厚度，一般粒径、最大粒径及其分布规律，堆积扇的形成历史、堆积速度和一次最大堆积量。⑦历次泥石流的发生时间、频率、规模、形成过程、历时、流体性质、暴发前的降雨情况和暴发后产生的灾害情况。⑧当地防治泥石流的措施和经验。⑨矿山弃渣土堆场的位置、截排水措施、挡土措施、堆场稳定性等，矿山工程切坡、砍伐森林等人类活动情况。⑩尾矿库防渗和防洪措施，尾矿库的坝基和坝体稳定性。

7.3.4　水资源破坏鉴定

矿山开采对含水层的破坏形式分为以下几种：①以防治矿井水害为目的的进行的人为疏干排水。②开采活动形成的导水裂隙对上部含水层的自然疏干。③开采活动造成的地表沉陷和裂缝对地下水原始径流的破坏。含水层破坏鉴定主要基于矿区井巷开拓数据、地下水现状调查、地下水观测资料、水文地质数据等信息开展，鉴定内容包括含水层结构破坏、水位下降等方面。

（1）垮落带和导水裂隙带高度计算：上覆岩层移动变形对含水层的影响主要受垮落带和导水裂隙带控制。根据国家煤矿安全监察局 2017 年印发的《建筑物、水体、铁路及主要井巷煤柱留设与压煤开采规范》，垮落带高度（H_m）的计算公式如下：

$$H_\mathrm{m} = \frac{100 \sum M}{4.7 \sum M + 19} + 2.2 \tag{7.1}$$

式中，M 为煤层的开采厚度（m）。

导水裂隙带高度（H_L）的计算公式如下：

$$H_\mathrm{L} = \frac{100 \sum M}{1.6 \sum M + 3.6} + 5.6 \tag{7.2}$$

（2）含水层结构破坏鉴定：在矿产资源的开采过程中，容易出现地裂缝、坍塌、裂缝、滑坡、泥石流等现象，从而引起地表变形塌陷，严重破坏矿层的顶板围岩，造成冒落带、导水裂缝带和保护层带（即"三带"）的高度发生变化。此外，开采过程破坏了碎屑岩类基岩裂隙水的结构，对碳酸盐类岩溶裂隙水结构的破坏较为严重，使得隔水层在开采的过程中进入到矿层中。

（3）地下水位变化鉴定：采矿工程实施后，改变了矿区的地形、地貌和地下水的赋存条件，导致局部地下水位发生变化。采场内疏干排水改变了地下水自然流场及补排条件，打破了大气降水、地表水和地下水的均衡转化，常常形成以开采区为中心的大面积降落漏斗。当矿区地下水为潜水时，地下水位影响范围可用下式估算：

$$R = 2S\sqrt{HK} \tag{7.3}$$

式中，R 为影响半径（m）；S 为水位降深（m）；H 为含水层厚度（m）；K 为渗透系数。

由上式可知，随着采矿活动的向下推进，水位降落漏斗也随之扩大，从而影响了局部地下水的自然平衡状态，改变了局部水流方向，造成泉眼干涸和水资源枯竭，使当地供水出现困难。

7.4　地质景观损害追溯与致损判定

7.4.1　基线水平调查

根据生态环境部 2020 年 12 月公布的《生态环境损害鉴定评估技术指南总纲和关键环节　第 1 部分：总纲》的规定，生态环境基线是指污染环境或破坏生态行为未发生时评估区生态环境及其服务功能的状态。基线水平调查的目的有两方面：一是评估破坏生态行为所致生态损害的范围和程度；二是确定生态修复至基线水平的具体措施。

矿区生态环境基线水平调查主要包括以下内容：①矿山基本情况，包括位置、布局、开采规模、开采方式等。②矿区地质特征和矿床地质特征，包括地层、构造、岩浆岩格架，矿体的形状、产状、大小、数量及赋存特征，矿石的矿物成分、结构与构造、岩石类型、级别、分布规律及有益和有害组分赋存状态。③从地貌形态入手，调查矿区所处的原始微地貌类型。④矿区气候、季风、年平均气温、年平均降水和年平均蒸发量，极端气温、强降水等灾害性天气的发生频率和持续时间。⑤矿区地下水赋存与分布规律、含水岩组划分（含水层和隔水层）、富水性和水质特征，矿区地下水补给、径流和排泄条件。⑥矿山开采活动进行之前的土地利用原状和植被分布现状，矿山开采占用土地情况和植被破坏情况。⑦土壤调查时，通过对矿区土壤分布地段的调查、平面及剖面采样分析，查明土壤类型、赋存规律、土壤质量及土壤剥离量。

7.4.2　因果关系分析

根据《中华人民共和国矿产资源法》（2009 年修正）的相关规定，非法采矿是指无证擅自采矿，擅自进入国家规划矿区、对国民经济具有重要价值的矿区范围采矿，擅自开采国家规定实行保护性开采的特定矿种的行为。矿物和矿床景观损害追溯与致损判定的重点是分析非法采矿行为与生态损害事实之间是否存在因果关系以及存在怎样的因果关系。非法采矿活动与矿产资源损失和土地资源损毁的因果关系判定可以通过资源收集（如矿区的土地利用原状图、生态保护红线等）、实地调查（如实地采样、测量、测绘等）、遥感图像解译（如土地毁损时间、范围和程度的长时间序列追踪）、问询调查（询问当地有关部门，获取土地权属、开采历史等情况）等途径，采用对比分析和时间序列分析确定。然而，矿山开采行为与矿区地质灾害和水资源破坏之间的因果关系判定更加复杂和间接，除了上述必要途径以外，还要辅以试验手段。

7.4.2.1 地质灾害追溯与致损判定

地质灾害的发生受自然因素和人为因素的双重影响，地质灾害追溯与致损判定的关键是确定自然因素和人为因素哪一个占主导地位。针对该问题，矿区地质灾害调查需要涉及两个方面：一是调查矿区在建设前是否已经存在滑坡、崩塌、泥石流等地质灾害；二是对每种灾害类型分别调查灾害发生前的自然诱发因素和人为诱发因素。对于崩塌，需要调查崩塌区的地貌、岩性及构造，崩塌前是否发生地震，气象情况（主要是降水）等自然因素，采矿、爆破、切坡等人类活动因素。滑坡的诱发因素包括雨水浸泡、河流冲刷、地下水活动、地震等自然因素，坡后加载、工程切坡、矿山采掘、爆破震动等人为因素。泥石流在形成前常伴有崩塌、滑坡等地质灾害，会对交通设施甚至村镇造成巨大破坏。针对泥石流形成的自然因素，应重点调查形成区的水源类型、水量、汇水条件等，山坡的坡度、岩土性质、风化松散程度等，断裂、滑坡、崩塌、岩堆等不良地质现象的发育情况，可能形成泥石流的固体物质的分布范围和储量等。对于人为因素，应重点调查矿山弃渣土堆场的位置、截排水措施、挡土措施、堆场稳定性等，矿山工程切坡、森林砍伐、矿区基础设施修建等。

岩土工程模拟试验是矿山开采活动与地质灾害事实之间因果关系判定的重要手段和依据。岩土试验是以工程建筑为目的，对岩石和土壤进行的各种试验的总称，是工程地质勘察的重要组成部分。岩土工程模拟试验的原理是根据岩体的地质数据（即岩体的结构特征和赋存条件），在室内按一定的比例再现岩体的环境条件以及岩体的工程作用力，模拟岩体的变形机制、破坏机理和力学性质，并根据综合分析来预测原型的强度特性和变形特性。岩土试验既可以在试验室进行，也可以在岩石、土体上直接进行原位试验。例如，通过滑坡模型试验装置，模拟滑坡在外力作用下的发生和发展过程；通过原位试验，探明崩塌体岩土和裂隙的抗剪强度等。在分析矿山开采与地质灾害之间的因果关系时，应该根据实地调查、测量和勘探得到的地质、气象、水文等数据及矿山工程建设数据，通过对岩土工程模型设定不同的初始和边界条件，重点模拟地质灾害形成机制，从而判定自然因素和人为因素哪个占主导地位。

7.4.2.2　水资源破坏追溯与致损判定

采矿活动与水资源破坏事实之间因果关系判定的重点是分析矿区人为疏干排水、开采活动造成的导水裂隙对上部含水层的自然疏干、地表沉陷和裂缝对地下水原始径流的破坏是否导致了矿区地下水位下降，影响了矿区所在地的生产和生活供水。针对该问题，矿区水资源破坏调查应涉及水文调查和水文地质调查两个方面内容。水文调查包含以下几个方面：①通过调查周边水系与水利设施，了解矿山生产和生活用水的水源、矿山排水通道、可能受采矿活动影响的水体，例如水库、河流等。②通过调查最低侵蚀基准面，判定露天开采的采场能否自然排水。通过访问及现场调查，掌握凹陷开采区和塌陷区常年积水水位标高、容积、与周边水系连接、丰水年和枯水年的积水情况等。当矿区附近有流经的河流时，需要调查其水深、流量等水文参数，河床的地质构造、渗透系数等，探明周边水系与矿区的水力联系。

水文地质调查是水文调查的延续与深化，通过二者的关联分析，可以进一步判定非法采矿行为与地下水资源破坏事实之间的因果关系。矿区的水文地质调查主要包括以下几个方面内容：气象特征调查，矿山含水层、隔水层及其水文地质特征调查，矿区构造对水文地质条件的影响调查，矿区地下水补给、径流、排泄特征调查，含水层组之间的水力联系调查，矿床充水因素分析，以及矿坑涌水量预测等内容。

（1）气象特征调查：了解矿区气候、季风、最近若干年的气温、降水量和蒸发量等情况，同时还需要重点了解矿区极端气温、强降水等灾害性天气发生的时间、强度和持续时长。气象特征调查的目的是确定矿区地下水位下降是否与气象变化密切联系，即判断地下水位下降是否由气象变化造成的降雨补给、渠道或河道渗透补给等明显减少所导致。

（2）含水岩组划分及动态特征：根据以往勘察成果，了解矿区地下水赋存与分布规律、含水岩组划分（含水层和隔水层）、富水性和水质特征，了解矿区地下水补给、径流与排泄条件。在排除气象变化主导作用后，应重点分析矿山开采状态下的水文地质特征变化，即人为疏干排水、导水裂隙对含水层的自然疏干、地表塌陷对地下径流的破坏等与矿区水文地质特征变化之间的内在联系。

（3）矿山充水调查：通过勘探报告或采矿设计，了解矿山充水类型、充水等级、充水途径，矿山疏干设施、疏干排水量及疏干漏斗特征。矿山充水与疏干水量调查有助于进一步确定矿区地下水位下降造成的水资源损失量与矿山充水量、疏干水量之间的定量关系，最终判定采矿活动与水资源损失之间的因果关系。

7.5　地质景观损害生态修复

矿山生态修复一般是指对矿业活动受损生态系统的修复，这个生态系统包含露采场、塌陷区、渣土堆场、尾矿库等区域,破坏的生态环境为土地、土壤、林草、地下水等。通过矿山生态修复,将因矿山开采活动而受损的生态系统恢复到接近于采矿前的自然生态系统,或者重建成符合某种特定用途的生态系统,或恢复成与周围环境(景观)相协调的生态系统。矿山生态修复是一项系统工程,涉及矿山地质地貌、水文、植被、土壤等诸多要素,需要岩土力学、环境学、生态学、生物学、土壤学、植物生理学、园艺学等多学科的共同参与。

7.5.1　土地损毁修复

植被修复是矿山废弃地生态恢复的关键,因为几乎所有自然生态系统的修复总是以植被恢复为前提的。根据具体环境条件选择适宜的树种是生态修复的关键技术之一。由于矿山废弃地的自身特点,周边自然环境和社会环境的差异,矿山废弃地的生态修复有着完全不同的目标。若以控制水土流失和污染为目标,则适宜选择一些生物量高、根系发达的多年生耐性草本植物,同时选择部分灌木和乔木加强其控制效果。若以实现农业用地为目标,选用的植物或作物品种必须考虑有害元素在可食部分的积累状况,尽可能避免有害元素在食物链中的大量富集。若以保护野生生物为目的,则尽可能选择乡土物种,而且物种的组成应尽可能的多样化。在这种情况下,引入地带性原始植被的土壤种子库是一个很好的策略。若以旅游休闲为目的,则在考虑植被耐性的同时,也要考虑可观赏性花草树木的配置。可见,植被种类选择不仅受制于矿山废弃地本身特性,而且要兼顾生态恢复的目标。

然而,要确保耕地、林草等生态修复目标的最终实现,剖面重构和贫瘠土壤改良是关键所在。剖面重构是针对某一修复方向,重新构造一个适宜的土壤剖面。重构后的土壤剖面质量都有不同程度的下降,难以达到原有土壤生产力水平,因此有必要采取改良措施。矿山贫瘠土壤改良是指针对矿山开采活动引起的土壤沙化、硬化、肥力流失等情况,采取相应的物理、化学或生物措施,改善土壤性状,增加土壤有机质和养分含量,提高土壤肥力,促进林草生长,提高农作物产量,改善矿山土壤环境。土壤改良的主要措施有:①水利措施,如建立农田排灌工程,调节地下水位,改善土壤水分状况,排除和防止沼泽地和盐碱化。②工程措施,如运用平整土地、兴建梯田、引洪漫淤等工程改良土壤条件。③生物措施,如用各种生物途径种植绿肥、牧羊,增加土壤有机质,提高土壤肥力,营造防护林。④耕作措施,如改进耕作方法,改良土壤条件。⑤化学措施,如施用化肥和各种土壤改良剂等。

7.5.2　地质灾害治理

矿区地质灾害类型主要有滑坡、崩塌、泥石流等。由于开采后会留下边坡,且部分矿区会在高处堆放废石、废渣等,一旦拦挡措施不当,在暴雨或其他诱发因素的作用下极易发生地质灾害。矿区地质灾害治理的主要措施有：①削平陡立宕口，提高边坡稳定性，建设安全设施。②尾矿库经综合利用后，实施复垦、绿化。

7.5.2.1　崩塌的治理措施

（1）排水：在有水体活动的地段，布置排水构筑物来进行拦截与疏导。

（2）刷坡、削坡：在危石、孤石突出的山嘴以及坡体风化破碎地段，采用刷坡和削坡技术放缓边坡。

（3）锚固：①遮挡斜坡上部的崩塌物。②对于仅在雨后才发生坠石、剥落和小型崩塌的地段，可在坡脚或半坡上设置拦截构筑物。③在岩石突出处或不稳定的大孤石下方修建支柱。④打桩以固定边坡。⑤在易风化剥落的边坡地段修建护墙，对缓坡进行水泥护坡等。

（4）镶补勾缝：对于坡体中的裂隙和空洞，可用片石进行填补。

（5）其他：灌浆（充填硅酸盐水泥）等。

7.5.2.2　滑坡的治理措施

（1）消除和减轻地表水和地下水的危害：滑坡的发生常和水的作用密切相关，很多时候水是引起滑坡的主要因素。因此，消除和减轻水对边坡的危害尤其重要。为防止外围地表水进入滑坡区，可在滑坡边界修建水沟。在滑坡区内，可在坡面修筑排水沟。在覆盖层上，可用浆砌片石或人造植被铺盖，防止地表水下渗。排除地下水的方法主要有水平钻孔疏干、竖井抽水、垂直孔排水、隧洞疏干和支撑盲沟排水，具体可根据边坡的地质结构特征和水文地质条件来选择。对于岩质边坡，可以浇筑混凝土护面。

（2）改善边坡岩土体的力学强度：通过一定的工程技术措施，改善边坡岩土体的力学强度，提高其抗滑力，减小滑动力。常用的措施有削坡减载和边坡人工加固。削坡减载是通过降低坡高或放缓坡角来改善边坡稳定性的，削坡设计应尽量削减不稳定岩土体的高度，阻滑部分岩土体则不应削减。边坡人工加固的方法有：①修筑挡土墙、护墙等支挡不稳定岩体。②将钢筋混凝土抗滑桩或钢筋桩作为阻滑支撑工程。③采用预应力锚杆或锚索加固有裂隙或软弱结构面的岩质边坡。④采用固结灌浆或电化学加固法加强边坡岩体或土体的强度。

7.5.2.3　泥石流的治理措施

泥石流灾害的防治主要从两个方面入手：一是消除或固化泥石流物源；二是消除泥石流的激发条件。对于已有废渣、弃土堆放的矿山，应采取相应的工程措施将杂乱分布在坡岗上的泥石流物源填入沟谷中，造田复垦。对于有大量泥石流物源的沟谷下端，应修筑拦沙坝。疏浚矿区排水系统可使暴雨洪流避开废渣弃土地段。因此，对于洪水一定经过泥石流物源地段的,应修筑排洪明渠,并同时做好护坡,控制水土流失。

7.5.3　含水层修复

含水层修复是指通过一定的技术措施修复被破坏的含水层,使其质量和数量参数指标达被允许使用的范围。含水层修复包括含水层结构修复、地下水水位和水质修复等。

(1)含水层结构破坏治理主要采取回填采空区、灌浆堵漏、修补含水层等方式。

(2)地下水水位下降治理主要采取回灌、帷幕注浆隔水、修建井下堵水墙等方式。导致地表水漏失的位置要实施覆盖密封、防渗、排水等工程。

(3)当地下水水质变化导致地下水污染时,主要采取覆盖密封、污水处理等方式治理。

(4)当地下水水位变化影响到井、泉水干枯和其他生产生活用水水源时,要设计相应的代替供水工程。

7.6　地质景观损害价值评估

7.6.1　矿产资源损失价值核算

矿产资源损失价值是指由于人类经济活动造成矿产资源耗减的价值。根据2005年国土资源部发布的《非法采矿、破坏性采矿造成矿产资源破坏价值鉴定程序的规定》,对非法采矿、破坏性采矿造成矿产资源破坏的价值按照以下原则进行鉴定:非法采矿破坏的矿产资源价值包括采出的矿产品价值和按照科学合理的开采方法应该采出但因矿床破坏已难以采出的矿产资源折算的价值。破坏性采矿造成的损失价值是指由于没有按照国土资源主管部门审查认可的矿产资源开发利用方案采矿,导致应该采出但因矿床破坏已难以采出的矿产资源折算的价值。

近年来,在可持续发展战略影响下,国内许多学者开始对矿产资源价值进行研究,从不同的角度提出了多种矿产资源价值核算的理论和方法,矿产资源价值核算研究取得了巨大进展,本节将重点介绍市场价值法。

市场价值法是目前环境经济核算体系中的主要估价方法。随着市场经济的发展,矿产资源的产权交易逐渐增多,当形成一定的交易规模后,矿产资源间相似的参考对象就会出现。因此,人们可以在矿产资源交易时选择相似参考对象的交易价值,将其作为要进行交易的矿产资源的价值。矿产资源交易的要点如下:

(1)在市场调查中,要寻找矿种相同、自然成因类型相同、工业类型大致相似的参考矿产资源,规模可以不要求一致,但要注意参照样本的成交时间、成交地点、使用情况、预期效果以及有关资料的可靠程度。

（2）对比分析待确定矿产资源与参照矿产资源之间的差异，特别是矿产的品位、品级、有用有害成分构成、采选性能等差异。

（3）根据差异程度，在参照矿产资源价格的基础上，通过合理选择有关参数进行调整，得到待确定矿产资源价格。待确定的矿产资源净价（P_{ds}）的计算公式如下：

$$P_{ds} = P_{cs} \times \mu \times \eta \tag{7.4}$$

式中，P_{cs} 为参照矿产资源的价格；μ 为规模调整系数；η 为品位调整系数。

7.6.2　土地资源损失价值评估

矿山开采导致的土地挖损、塌陷、压占等会对土地资源造成极大破坏，也会占用大量土地。这些被占用的土地通常以耕地和林草地为主，其中不乏优质的耕地和牧草地。我国东部的耕地损毁和西部的土地沙化，已经严重威胁到耕地红线和生态红线。根据《中华人民共和国刑法》第三百四十二条规定，违反土地管理法规，非法占用耕地、林地等农用地，改变被占用土地用途，数量较大，造成耕地、林地等农用地大量损毁的，处五年以下有期徒刑或者拘役，并处或者单处罚金。因此，非法采矿活动导致土地资源损毁的，应折算成相应的货币价值，由非法采矿活动实施者承担赔偿责任。例如，被破坏和占用的土地上有青苗的，应按当季该作物的实际产值赔偿。若被破坏和占用的土地上有树木等，应按有关规定或者双方约定的标准予以赔偿；没有规定、约定或约定不成的，由县级人民政府根据实际损失价值规定赔偿金额。对于土壤资源破坏的赔偿制度，我国在立法上尚未有明确规定，实际操作时可按土壤修复所产生的费用进行折算。

7.6.3　地质灾害损失价值评估

矿区地质灾害除了造成土地资源大面积损毁和破坏外，对交通、房屋、供水供电等基础设施的破坏程度尤为严重，不仅会造成巨额经济损失，甚至可能引起不必要的人员伤亡。对地质灾害进行损失价值评估时，需统计地质灾害对人口、财产、资源和环境的破坏程度，核算地质灾害的直接经济损失与间接经济损失。关于地质灾害的赔偿制度，我国还没有专门的法律规定。对于地质灾害造成交通、供水供电等公共财产损坏的，应由当地政府根据实际损失价值赔偿，承担相应的再造和维修费用；造成个人房屋等私人财产损坏的，经过双方协商，根据房屋等私人财产的实际损失价值赔偿，承担相应的再造和维修费用，必要时还需承担人口的搬迁费用。由于地质灾害造成的经济损失涉及面广，政府可委托具有相关资质的单位进行评估。

7.6.4　地下水资源损失价值评估

矿山开采对地下水资源的破坏表现为过度采水或疏干地下水导致地下水位下降，井、泉等水源的水量减少甚至干枯，当地供水困难。地下水资源损失赔偿可参照国家发展和改革委员会、财政部、水利部联合印发的《关于水资源费征收标准有关问题的通知》（2013年）的相关规定。该通知中明确指出，采矿排水（疏干排水）应当依法征收水资源费，且超采地区的地下水水资源费征收标准要高于甚至大幅高于非超采地区。该通知还要求各地地表水、地下水水资源费平均征收标准原则上应调整到该通知建议的水平以上。各地区水资源费最低征收标准可查阅该通知的附件。对于非法采矿活动导致地下水水资源损失的，应当首先确定水资源的损失量，然后采取高于甚至大幅高于《关于水资源费征收标准有关问题的通知》建议的每立方米水资源价格，计算需要赔偿的总金额。

7.6.5 矿山生态修复工程投资估算

矿山生态修复是一项系统性工程，在计算这项工程的耗资时，会涉及工程投资估算。投资估算是在对项目的建设规模、技术方案、设备方案、工程方案以及项目实施进度等进行研究并基本确定的基础上，估算项目投入总资金（包括建设资金和流动资金），并测算建设期内分年资金需求量。矿山生态修复工程投资估算原则上以财政部和国土资源部2011年印发的《土地开发整理项目预算定额标准的通知》为依据，同时结合行业部门、项目所在地编制的投资估算文件。项目投资概算即动态投资概算，其投资总额包括静态投资和涨价预备。其中，静态投资概算由工程施工费、设备购置费、其他费、不可预见费四部分组成。一般而言，矿山生态修复工程投资估算主要包括地质环境修复治理投资估算、土地复垦投资估算、地下水修复投资估算、工程施工费单价估算、工程措施费估算等。在确定修复工程各项建设内容后，应委托具有相应工程造价咨询资质的单位编制。

第8章 常用生态学名词术语

8.1 生态学基础名词

(1)生态因子:生态因子是指环境要素中对生物起作用的因子,如光照、温度、水分、氧气、二氧化碳、食物和其他生物等。

(2)生态关系:生态关系包括两种关系,一种是生物与无机环境之间的关系;另一种是生物之间的关系,表现为它们各自扮演的生态角色,也就是我们常说的生产者、消费者和分解者。

(3)种群:种群是指在一定空间里同种生物个体的集合。

(4)群落:群落是指一定时间聚集在同一地段上的物种(种群)的集合。

(5)演替:演替是指群落中物种组合、群落结构和功能随时间发生的变化。演替通常被定义为自然群落中的物种组合发生了连续的、单向的、顺序的变化,即一个群落被另一个群落替代。

(6)生态系统:生态系统是指在一定时间和一定范围内,由生物成分和非生物成分(即无生命的环境)组成的有一定大小、能执行一定功能、并能自我维持的功能整体。在这个功能整体中,生物成分与生物成分、生物成分与非生物成分之间,通过能量流动、物质循环和信息传递而相互沟通、相互依存、相互影响和相互制约,任何一种成分或过程的破坏和变化,都将影响系统的稳定和存在。

(7)食物链:生产者所固定的能量和物质通过一系列取食和被取食的关系,在生态系统中传递,各种生物按其取食和被取食的关系而排列的链状顺序被称为"食物链"。生态系统中的食物链彼此交错连接,形成一个网状结构,这就是食物网。

(8)物质循环:物质循环是生态系统的基本功能特征之一,指物质的重复利用。在生态系统中,各种物质(包括原生质所有必不可少的元素),都有沿着特定途径和方式,从周围环境到生物,再从生物回到环境中去的趋势,由此构成了生态系统中的物质循环。

(9)景观:景观是指反映地形地貌的景象。

(10)廊道:廊道是指外观上不同于两侧基质(环境)的狭长地带。廊道是线性的、不同于两侧基质的狭长景观单元,具有通道和阻隔的双重作用。所有的景观都会被廊道分割,同时又被廊道连接在一起。

(11)异质性:异质性是指生态学过程和格局在空间分布上的不均匀性和复杂性。

(12)生态系统退化:生态系统退化是生态系统的一种逆向演替过程。在自然因素或人为干扰的情况下,生态系统处于一种不稳定或失衡状态,表现为对自然因素或人为干扰的抵抗性、弱缓冲、强敏感性和脆弱性。生态系统逐渐演变为另一种与之相适应的低水平状态的过程称为"生态退化"。

(13)生态恢复:生态恢复是一个概括性术语,包括改造、修复、再植和重建,即通过各种方法改良和重建已经退化和破坏了的生态系统。

(14)生态系统服务:生态系统服务是指对人类生存和生活质量有贡献的生态系统产品和服务。

(15)生态产品:生态产品是指维系生态安全、保障生态调节功能、提供良好人居环境的自然要素。

(16)生态环境损害:生态环境损害因污染环境、破坏生态造成大气、地表水、地下水、土壤、森林等环境要素和植物、动物、微生物等生物要素的不利改变,以及上述要素构成的生态系统功能退化。

8.2　生物多样性(物种)损害司法鉴定常用名词

(1)生物多样性:生物多样性包括遗传多样性、物种多样性和生态系统多样性三个基本层次。

(2)物种多样性:物种多样性指一定地域内生物种类的多样化。物种多样性反映了某一地区乃至地球上动物、植物、微生物等生物种类的丰富程度,是生物多样性的核心。

(3)植物群落:植物群落是指一定地段上的各种植物经过竞争、适应、淘汰,逐渐形成有规律的植物组合。

(4)群系:群系是植被分类系统中一个最重要的中级分类单位,凡是建群种或共建种相同的植物群落都可以联合为群系。

(5)优势种:优势种是指植物群落中各层中数量最多、盖度最大、群落学作用最显著的物种。

(6)建群种:建群种是群落优势层中的优势种。

(7)关键种:关键种是对维持群落结构具有最重要意义的物种。如果关键种被移除,将导致生态过程的中断、食物网的崩溃或其他多种生物的灭绝,对群落结构造成重大影响。

(8)外来种:外来种是指从原产地因偶然传入或有意引入,在新地区生长并定殖的生物种类,即出现在本身的自然分布范围以外的物种。

(9)生物入侵:生物入侵是指外来种从外地传入或人为引种后,成为野生状态,并对当地生态系统造成一定危害的现象。

(10)景观:景观是指空间上相邻、功能上相关、发生上有一定特点的生态系统的聚合。

(11)斑块:斑块是指外观上不同于周围环境的非线性景观元素,与其周围基质有着不同的物种组成,是物种的集聚地。

8.3　森林生态系统损害司法鉴定常用名词

(1)森林生态系统:森林生态系统是指森林生物与环境之间、森林生物之间相互作用,并产生能量转换和物质循环的统一体系。

(2)植被类型:植被类型是植物群落的高级或最高级分类单位,是生活型相同的建群种或上层优势种的群系联合。

(3)特征种:特征种是指在一个具有明显界线的植被类型中,在数量和存在度方面拥有明显的、最大限度的集中的物种。

(4)先锋种:先锋种是指在演替过程中首先出现的、能够耐受极端局部环境条件且具有较高传播力的物种。

(5)外来种:外来种是指那些出现在过去或现在的自然分布范围及扩散潜力以外(即在没有直接、间接引入或人类照顾之下而不能分布)的物种、亚种或以下的分类单元,包括其所有可能存活、继而繁殖的部分、配子或繁殖体。

(6)乔木:乔木具有独立的主干,主干与树冠之间有明显区分的高大木本植物,一般成熟个体高度在 5 m 以上。

(7)灌木:灌木不具有明显独立的主干,并在出土后即行分枝,或丛生地上比较矮小的木本植物,一般成熟个体高度小于 5 m。

(8)灌丛:灌丛是以灌木为主的植物群落类型。

8.4　草地生态系统损害司法鉴定常用名词

(1)草地生态系统:草地生态系统由草地生物群落及其赖以生存的并与之进行物质循环与能量流动等功能过程的非生物环境构成。

(2)典型草原生态系统:典型草原生态系统是温带大陆性半干旱气候条件下形成的草原生态系统类型,主要分布在年平均降水量 350 mm,海拔 1000～1500 m 的高原地区,土壤以栗钙土为主,其植被类型以真旱生与广旱生多年丛生禾草为主。

(3)荒漠草原生态系统:荒漠草原生态系统分布于温带大陆性干旱气候条件下,年平均降水量在 150～250 mm 之间的地区,土壤以棕钙土为主,土壤中含有一定盐分且有机质含量低,其植被类型以多年生旱生丛生小禾草为主。

(4)高寒草原生态系统:高寒草原生态系统主要分布在青藏高原、帕米尔高原以及天山、昆仑山和祁连山等亚洲中部高山,海拔 2300～5300 m 的地区,大陆性气候强烈,寒冷而干旱,建群种以寒旱生丛生禾草为主。

(5)草地生态系统服务:自然草地生态系统结构和功能的维持会产生出对人类生存和发展有支持和满足作用的产品、资源和环境。草地生态系统服务主要有供给功能、调节功能、文化功能和支持功能。

(6)草地生态系统损害:草业与畜牧业活动、草原开发建设活动、污染行为等行为会对草原生态系统的空间和生态环境要素造成不利影响,导致草原生态系统服务功能的丧失等。从生态环境损害行为主体的角度分析,草地生态系统损害行为可归纳为三类,分别为草业与畜牧业发展活动、草原开发建设活动、主观污染行为。

(7)草地环境损害调查方法:草地环境损害调查方法有资料收集与调查分析、现场踏勘与人员访谈、生态环境监测、专项分类调查。

(8)草原生态系统损害基线:草原生态系统损害基线指草原生态系统损害未发生时,草原生态系统的状态。判断草原生态系统损害基线的方法有参照点位法、历史数据法、环境标准法和模型法。

(9)草地生态恢复:停止人为干扰后,草地生态系统依靠本身的自动适应、自组织和自调控能力,按自身规律演替,通过休养生息的漫长过程,向自然状态演化。生态恢复的目标是完全依靠大自然本身的推进过程,恢复原有生态系统的功能和演变规律。

(10)草地生态修复:为了加速已被破坏草地生态系统的恢复,辅助人工措施为生态系统健康运转服务,从而加快恢复的过程。

(11)草地生态系统健康:草地生态系统健康是一个复杂的概念体系,其内涵是指草地生态系统的生物要素与环境要素能够维持草地生态系统,提供正常的生态系统服务而不出现退化,这些要素包括植被覆盖、土壤环境质量、生产力、水资源等方面。

8.5 湿地生态系统损害司法鉴定常用名词

(1)湿地:《湿地公约》中明确指出,湿地指天然或人工的、暂时或者永久的泥炭、沼泽或者水域地带,并带有静止的或流动的淡水、半咸水或者咸水体,也包括低潮时水深低于 6 m 的海域。

(2)外来物种入侵:由于人为活动的影响,湿地中常常被引入大量的外来动植物种,与本地的物种发生竞争及捕食关系,引起本地物种栖息地的丧失及物种衰退、丧失。

(3)湿地功能:湿地功能主要有四类,分别为气候调节、水文调节、水质净化、供给服务。

(4)湿地生态系统修复:一方面可通过保护减少受损湿地的人为干扰使之自然恢复;另一方面可通过生态技术或生态工程对退化或消失的湿地进行修复或重建,再现干扰前的生境和生态功能。湿地生态修复技术主要包括水状态修复、生物修复、土壤修复及基底修复四类技术。

(5)生态拦截:通过建设生态沟渠或生态隔离等方式对流入湿地的污染物进行物理拦截。

(6)湿地植物净化:通过种植耐污能力好、吸收污染物能力强的水生植物,达到湿地植物、土壤及根际微生物的三重协同作用,从而对湿地水体进行高效净化。此外,也可将水生植物种植于人工浮岛,利用水生植物对水体氮、磷等营养元素的吸收达到对水体净化的目的。

(7)湿地动物净化:通过调整水生动物群落结构和湿地生态系统的食物网结构,利用取食关系达到控制水体藻类和其他浮游繁殖的目的。

(8)浅海和滩涂湿地:浅海和滩涂湿地分布于陆地和海洋之间,是自然滨海地貌形成的浅海、海岸、河口和沿海湖泊湿地的统称,包含在低潮时水位不超 6 m 的永久浅海域,是海洋和大陆之间相互作用最强烈的区域。

(9)河流湿地:河流湿地常年有流动水体,属于流水生态系统的一种,是连接内陆和湖泊或海洋的纽带,可转运水流,为流域周边提供水源。

(10)湖泊湿地:湖泊湿地是河流的汇集地,湖水不流动或很少流动,属于静水生态系统的一种,具有供应水源、调蓄、为动植物提供栖息地、调节气候等作用。

(11)沼泽湿地:沼泽湿地包括沼泽和沼泽化草甸,其表层土壤和地表下层土壤往往水分充足、几近饱和,有泥炭累积或无泥炭累积但有潜育层的土地,并伴有大量水生植物的生长。

(12)人工湿地:人工湿地是指由人为因素形成的工程湿地系统,通常用于净化污水、调蓄和灌溉。

8.6 农田生态系统损害司法鉴定常用名词

(1)土壤:土壤是指位于陆地表层能够生长植物的疏松多孔物质层及其相关自然地理要素的综合体。

(2)农田:农田是指《土地利用现状》(GB/T 21010—2017)中的耕地(包括水田、水浇地、旱地)和园地(包括果园、茶园、橡胶园及其他园地)。

(3)调查区:调查区是指根据农田土壤生态环境损害类型和空间范围确定的需要开

展现场调查、地质勘探、采样监测和生物观测的区域,包括其对照区。

(4)评估区:评估区是指经过生态环境损害调查确定的发生损害、需要进入后续生态环境损害鉴定评估的区域。

(5)判断布点法:由专业调查人员基于对评估区域条件的了解,在判断有可能受到损害的点位进行布点的方法。

(6)土壤混合样:土壤混合样是指表层或同层土壤混合均匀后的土壤样品,组成土壤混合样的采样点数应为5~20个。

(7)农田土壤污染风险:农田土壤污染风险是指因土壤污染导致食用农产品质量安全、农作物生长或土壤生态环境受到不利影响的风险。

(8)农田土壤污染风险筛选值:若农用地土壤中污染物含量等于或者低于该筛选值,则农田土壤污染对农产品质量安全、农作物生长或土壤生态环境造成损害的风险低,一般情况下可以忽略;若超过该筛选值,则农田土壤污染对农产品质量安全、农作物生长或土壤生态环境可能存在损害风险,应当加强土壤环境监测和农产品协同监测,原则上应当采取安全利用措施。

(9)农田土壤污染风险管控值:若农用地土壤中污染物含量超过该值,则食用农产品不符合质量安全标准,农用地土壤污染风险高,原则上应当采取严格管控措施。

(10)健康风险评估:在农田土壤调查的基础上,分析污染物的主要暴露途径,评估污染物对人体健康的致癌风险或危害水平。

(11)概念模型:用文字、图、表等方式来综合描述污染源、污染物迁移途径、人体或生态受体接触污染介质的过程和接触方式等。

(12)迁移路径:迁移路径是指污染物从污染源经各种途径到达暴露受体的路线。

(13)受体:受体是指评估区域及其周边环境中可能受到污染环境或破坏生态行为影响的土壤等环境要素以及人群、生物类群和生态系统。

(14)基线水平:基线水平是指污染环境或破坏生态行为未发生时,评估区域内农田土壤环境质量及其生态系统服务功能的水平。

(15)环境修复:环境修复是指生态环境损害发生后,为防止污染物扩散迁移、降低环境中污染物浓度,将环境污染导致的人体健康风险或生态风险降至可接受风险水平而开展的必要且合理的行动或措施。

(16)理论治理成本:理论治理成本是指通过治理成本函数计算得到的治理成本。治理成本函数是以治理费用为因变量,以处理技术、处理规模、污染物去除效率等因素为自变量构建的函数模型。在污染物浓度以及治理目标确定的情况下,将以上变量带入治理成本函数,可得到相应的理论治理成本。

8.7　地质景观损害司法鉴定常用名词

(1)地质景观:地质景观是指由地球内力作用形成的地质遗迹。

(2)矿床:矿床是指在地壳中由地质作用形成的,所含有用矿物资源在一定经济技术条件下能被开采利用的综合地质体。

(3)非法采矿:无证擅自采矿的,擅自进入特定矿区和他人矿区范围采矿的,擅自开采法定的特定矿种的,经责令停止开采后拒不停止开采,造成矿产资源破坏的行为。

(4)矿产资源损失:矿产资源损失是指在矿产资源开采过程中,未开采或者开采后又丢失的矿产所造成的损失。

(5)矿山地质灾害:矿山开采和工程兴建导致矿区地形地貌发生巨大变化,会引发滑坡、崩塌、泥石流、地面塌陷等地质灾害。

(6)土地资源损毁:土地资源损毁是指露天采矿剥离的表土、地下采矿后的塌陷以及选矿后的尾矿对矿区土地资源造成的破坏。

(7)含水层破坏:含水层破坏是指含水层结构改变、地下水位下降、水量减少或疏干、水质恶化等现象。

(8)矿山生态修复:对由采矿活动导致的受损生态系统进行修复。

(9)投资估算:投资估算是指在对项目的建设规模、技术方案、设备方案、工程方案、实施进度等进行研究并基本确定的基础上,估算项目投入总资金并测算建设期内分年资金需求量。

附录1 国家重点保护野生植物名录

国务院于 1999 年 8 月 4 日批准了《国家重点保护野生植物名录》(第一批)。2001 年 8 月 4 日,农业部、国家林业局发布第 53 号令,将念珠藻科的发菜保护级别由二级调整为一级。2021 年 9 月 7 日,经国务院批准,国家林业局和草原局、农业农村部发布调整后的《国家重点保护野生植物名录》(见附表 1.1)。

附表 1.1　国家重点保护野生植物名录

中文名	学名	保护级别	备注
苔藓植物　Bryophytes			
白发藓科	Leucobryaceae		
桧叶白发藓	*Leucobryum juniperoideum*	二级	
泥炭藓科	Sphagnaceae		
多纹泥炭藓*	*Sphagnum multifibrosum*	二级	
粗叶泥炭藓*	*Sphagnum squarrosum*	二级	
藻苔科	Takakiaceae		
角叶藻苔	*Takakia ceratophylla*	二级	
藻苔	*Takakia lepidozioides*	二级	
石松类和蕨类植物　Lycophytes and Ferns			
石松科	Lycopodiaceae		
石杉属（所有种）	*Huperzia* spp.	二级	
马尾杉属（所有种）	*Phlegmariurus* spp.	二级	
水韭科	Isoëtaceae		
水韭属（所有种）*	*Isoëtes* spp.	一级	
瓶尔小草科	Ophioglossaceae		
七指蕨	*Helminthostachys zeylanica*	二级	

续表

中文名	学名	保护级别	备注
带状瓶尔小草	*Ophioglossum pendulum*	二级	
合囊蕨科	Marattiaceae		
观音座莲属（所有种）	*Angiopteris* spp.	二级	
天星蕨	*Christensenia assamica*	二级	Flora of China 使用 *Christensenia aesculifolia*
金毛狗科	Cibotiaceae		
金毛狗属（所有种）	*Cibotium* spp.	二级	其他常用中文名：金毛狗蕨属
桫椤科	Cyatheaceae		
桫椤科（所有种，小黑桫椤和粗齿桫椤除外）	Cyatheaceae spp. （excl. *Alsophila metteniana* & *A. denticulata*）	二级	
凤尾蕨科	Pteridaceae		
荷叶铁线蕨*	*Adiantum nelumboides*	一级	
水蕨属（所有种）*	*Ceratopteris* spp.	二级	
冷蕨科	Cystopteridaceae		
光叶蕨	*Cystopteris chinensis*	一级	
铁角蕨科	Aspleniaceae		
对开蕨	*Asplenium komarovii*	二级	
乌毛蕨科	Blechnaceae		
苏铁蕨	*Brainea insignis*	二级	
水龙骨科	Polypodiaceae		
鹿角蕨	*Platycerium wallichii*	二级	其他常用中文名：绿孢鹿角蕨
裸子植物　Gymnosperms			
苏铁科	Cycadaceae		
苏铁属（所有种）	*Cycas* spp.	一级	
银杏科	Ginkgoaceae		

续表

中文名	学名	保护级别		备注
银杏	*Ginkgo biloba*	一级		
罗汉松科	Podocarpaceae			
罗汉松属(所有种)	*Podocarpus* spp.		二级	
柏科	Cupressaceae			
翠柏	*Calocedrus macrolepis*		二级	
岩生翠柏	*Calocedrus rupestris*		二级	
红桧	*Chamaecyparis formosensis*		二级	
岷江柏木	*Cupressus chengiana*		二级	
巨柏	*Cupressus gigantea*	一级		
西藏柏木	*Cupressus torulosa*	一级		
福建柏	*Fokienia hodginsii*		二级	
水松	*Glyptostrobus pensilis*	一级		
水杉	*Metasequoia glyptostroboides*	一级		
台湾杉(秃杉)	*Taiwania cryptomerioides*		二级	包括 *Taiwania flousiana*
朝鲜崖柏	*Thuja koraiensis*		二级	
崖柏	*Thuja sutchuenensis*	一级		
越南黄金柏	*Xanthocyparis vietnamensis*		二级	
红豆杉科	Taxaceae			
穗花杉属(所有种)	*Amentotaxus* spp.		二级	
海南粗榧	*Cephalotaxus hainanensis*		二级	
贡山三尖杉	*Cephalotaxus lanceolata*		二级	
篦子三尖杉	*Cephalotaxus oliveri*		二级	
白豆杉	*Pseudotaxus chienii*		二级	
红豆杉属(所有种)	*Taxus* spp.	一级		
榧树属(所有种)	*Torreya* spp.		二级	
松科	Pinaceae			
百山祖冷杉	*Abies beshanzuensis*	一级		

续表

中文名	学名	保护级别	备注
资源冷杉	*Abies beshanzuensis* var. *ziyuanensis*	一级	
秦岭冷杉	*Abies chensiensis*	二级	
梵净山冷杉	*Abies fanjingshanensis*	一级	
元宝山冷杉	*Abies yuanbaoshanensis*	一级	
银杉	*Cathaya argyrophylla*	一级	
油杉属(所有种,铁坚油杉、云南油杉、油杉除外)	*Keteleeria* spp.（excl. *K. davidiana* var. *davidiana*, *K. evelyniana* & *K. fortunei*）	二级	
大果青扦	*Picea neoveitchii*	二级	
大别山五针松	*Pinus dabeshanensis*	一级	其他常用学名: *Pinus armandii* var. *dabeshanensis*, *Pinus fenzeliana* var. *dabeshanensis*
兴凯赤松	*Pinus densiflora* var. *ussuriensis*	二级	
红松	*Pinus koraiensis*	二级	
华南五针松	*Pinus kwangtungensis*	二级	
雅加松	*Pinus massoniana* var. *hainanensis*	二级	
巧家五针松	*Pinus squamata*	一级	
长白松	*Pinus sylvestris* var. *sylvestriformis*	二级	
毛枝五针松	*Pinus wangii*	一级	
金钱松	*Pseudolarix amabilis*	二级	
黄杉属(所有种)	*Pseudotsuga* spp.	二级	
麻黄科	Ephedraceae		
斑子麻黄	*Ephedra rhytidosperma*	二级	
被子植物 Angiosperms			
莼菜科	Cabombaceae		

续表

中文名	学名	保护级别	备注
莼菜*	*Brasenia schreberi*	二级	
睡莲科	Nymphaeaceae		
雪白睡莲*	*Nymphaea candida*	二级	
五味子科	Schisandraceae		
地枫皮	*Illicium difengpi*	二级	属的系统学位置发生变动
大果五味子	*Schisandra macrocarpa*	二级	
马兜铃科	Aristolochiaceae		
囊花马兜铃	*Aristolochia utriformis*	二级	
金耳环	*Asarum insigne*	二级	
马蹄香	*Saruma henryi*	二级	
肉豆蔻科	Myristicaceae		
风吹楠属(所有种)	*Horsfieldia* spp.	二级	
云南肉豆蔻	*Myristica yunnanensis*	二级	
木兰科	Magnoliaceae		
长蕊木兰	*Alcimandra cathcartii*	二级	
厚朴	*Houpoëa officinalis*	二级	包括种下等级,凹叶厚朴并入本种。
长喙厚朴	*Houpoëa rostrata*	二级	其他常用学名:*Magnolia rostrata*
大叶木兰	*Lirianthe henryi*	二级	其他常用学名:*Magnolia henryi*
馨香玉兰(馨香木兰)	*Lirianthe odoratissima*	二级	其他常用学名:*Magnolia odoratissima*
鹅掌楸(马褂木)	*Liriodendron chinense*	二级	
香木莲	*Manglietia aromatica*	二级	
大叶木莲	*Manglietia dandyi*	二级	
落叶木莲	*Manglietia decidua*	二级	

续表

中文名	学名	保护级别	备注
大果木莲	*Manglietia grandis*	二级	
厚叶木莲	*Manglietia pachyphylla*	二级	
毛果木莲	*Manglietia ventii*	二级	
香子含笑（香籽含笑）	*Michelia hypolampra*	二级	
广东含笑	*Michelia guangdongensis*	二级	
石碌含笑	*Michelia shiluensis*	二级	
峨眉含笑	*Michelia wilsonii*	二级	
圆叶天女花（圆叶玉兰）	*Oyama sinensis*	二级	其他常用学名：*Magnolia sinensis*
西康天女花（西康玉兰）	*Oyama wilsonii*	二级	其他常用学名：*Magnolia wilsonii*
华盖木	*Pachylarnax sinica*	一级	
峨眉拟单性木兰	*Parakmeria omeiensis*	一级	
云南拟单性木兰	*Parakmeria yunnanensis*	二级	
合果木	*Paramichelia baillonii*	二级	其他常用学名：*Michelia baillonii*
焕镛木(单性木兰)	*Woonyoungia septentrionalis*	一级	
宝华玉兰	*Yulania zenii*	二级	其他常用学名：*Magnolia zenii*
番荔枝科	Annonaceae		
蕉木	*Chieniodendron hainanense*	二级	其他常用学名：*Meiogyne hainanensis*
文采木	*Wangia saccopetaloides*	二级	其他常用中文名：囊瓣亮花木、亮花假鹰爪
蜡梅科	Calycanthaceae		
夏蜡梅	*Calycanthus chinensis*	二级	

续表

中文名	学名	保护级别	备注
莲叶桐科	Hernandiaceae		
莲叶桐	*Hernandia nymphaeifolia*	二级	
樟科	Lauraceae		
油丹	*Alseodaphne hainanensis*	二级	
皱皮油丹	*Alseodaphne rugosa*	二级	
茶果樟	*Cinnamomum chago*	二级	
天竺桂	*Cinnamomum japonicum*	二级	其他常用中文名：普陀樟
油樟	*Cinnamomum longepaniculatum*	二级	
卵叶桂	*Cinnamomum rigidissimum*	二级	
润楠	*Machilus nanmu*	二级	
舟山新木姜子	*Neolitsea sericea*	二级	
闽楠	*Phoebe bournei*	二级	
浙江楠	*Phoebe chekiangensis*	二级	
细叶楠	*Phoebe hui*	二级	
楠木	*Phoebe zhennan*	二级	
孔药楠	*Sinopora hongkongensis*	二级	其他常用学名：*Syndiclis hongkongensis*
泽泻科	Alismataceae		
拟花蔺*	*Butomopsis latifolia*	二级	
长喙毛茛泽泻*	*Ranalisma rostrata*	二级	
浮叶慈菇*	*Sagittaria natans*	二级	
水鳖科	Hydrocharitaceae		
高雄茨藻*	*Najas browniana*	二级	
海菜花属（所有种）*	*Ottelia* spp.	二级	其他常用中文名：水车前属
冰沼草科	Scheuchzeriaceae		
冰沼草*	*Scheuchzeria palustris*	二级	

续表

中文名	学名	保护级别	备注
翡若翠科	Velloziaceae		
芒苞草	*Acanthochlamys bracteata*	二级	
藜芦科	Melanthiaceae		
重楼属（所有种，北重楼除外）*	*Paris* spp. (excl. *P. verticillata*)	二级	
百合科	Liliaceae		
荞麦叶大百合*	*Cardiocrinum cathayanum*	二级	
贝母属（所有种）*	*Fritillaria* spp.	二级	
秀丽百合*	*Lilium amabile*	二级	
绿花百合*	*Lilium fargesii*	二级	
乳头百合*	*Lilium papilliferum*	二级	
天山百合*	*Lilium tianschanicum*	二级	
青岛百合*	*Lilium tsingtauense*	二级	
郁金香属（所有种）*	*Tulipa* spp.	二级	
兰科	Orchidaceae		
香花指甲兰	*Aerides odorata*	二级	
金线兰属（所有种）*	*Anoectochilus* spp.	二级	其他常用中文名：开唇兰属
白及*	*Bletilla striata*	二级	
美花卷瓣兰	*Bulbophyllum rothschildianum*	二级	
独龙虾脊兰	*Calanthe dulongensis*	二级	
大黄花虾脊兰	*Calanthe striata* var. *sieboldii*	一级	其他常用学名：*Calanthe sieboldii*
独花兰	*Changnienia amoena*	二级	
大理铠兰	*Corybas taliensis*	二级	
杜鹃兰	*Cremastra appendiculata*	二级	

· 209 ·

续表

中文名	学名	保护级别	备注
兰属(所有种,被列入一级保护的美花兰和文山红柱兰除外。兔耳兰未列入名录)	*Cymbidium* spp. (excl. *C. insigne*，*C. wenshanense*，*C. lancifolium*)	二级	
美花兰	*Cymbidium insigne*	一级	
文山红柱兰	*Cymbidium wenshanense*	一级	
杓兰属(所有种,被列入一级保护的暖地杓兰除外。离萼杓兰未列入名录)	*Cypripedium* spp. (excl. *C. subtropicum*，*C. plectrochilum*)	二级	
暖地杓兰	*Cypripedium subtropicum*	一级	包括 *Cypripedium singchii*
丹霞兰属(所有种)	*Danxiaorchis* spp.	二级	
石斛属(所有种,被列入一级保护的曲茎石斛和霍山石斛除外)*	*Dendrobium* spp. (excl. *D. flexicaule*，*D.huoshanense*)	二级	
曲茎石斛*	*Dendrobium flexicaule*	一级	
霍山石斛*	*Dendrobium huoshanense*	一级	
原天麻*	*Gastrodia angusta*	二级	
天麻*	*Gastrodia elata*	二级	
手参*	*Gymnadenia conopsea*	二级	
西南手参*	*Gymnadenia orchidis*	二级	
血叶兰	*Ludisia discolor*	二级	
兜兰属(所有种,被列入二级保护的带叶兜兰和硬叶兜兰除外)	*Paphiopedilum* spp. (excl. *P. hirsutissimum*，*P. micranthum*)	一级	

续表

中文名	学名	保护级别		备注
带叶兜兰	*Paphiopedilum hirsutissimum*		二级	
硬叶兜兰	*Paphiopedilum micranthum*		二级	
海南鹤顶兰	*Phaius hainanensis*		二级	
文山鹤顶兰	*Phaius wenshanensis*		二级	
罗氏蝴蝶兰	*Phalaenopsis lobbii*		二级	
麻栗坡蝴蝶兰	*Phalaenopsis malipoensis*		二级	
华西蝴蝶兰	*Phalaenopsis wilsonii*		二级	
象鼻兰	*Phalaenopsis zhejiangensis*	一级		
独蒜兰属（所有种）	*Pleione* spp.		二级	
火焰兰属（所有种）	*Renanthera* spp.		二级	
钻喙兰	*Rhynchostylis retusa*		二级	
大花万代兰	*Vanda coerulea*		二级	
深圳香荚兰	*Vanilla shenzhenica*		二级	
鸢尾科	Iridaceae			
水仙花鸢尾*	*Iris narcissiflora*		二级	
天门冬科	Asparagaceae			
海南龙血树	*Dracaena cambodiana*		二级	其他常用中文名：柬埔寨龙血树
剑叶龙血树	*Dracaena cochinchinensis*		二级	
兰花蕉科	Lowiaceae			
海南兰花蕉	*Orchidantha insularis*		二级	
云南兰花蕉	*Orchidantha yunnanensis*		二级	
姜科	Zingiberaceae			
海南豆蔻*	*Amomum hainanense*		二级	

中文名	学名	保护级别	备注
宽丝豆蔻*	*Amomum petaloideum*	二级	其他常用中文名：拟豆蔻；其他常用学名：*Paramomum petaloideum*
细莪术*	*Curcuma exigua*	二级	
茴香砂仁	*Etlingera yunnanensis*	二级	
长果姜	*Siliquamomum tonkinense*	二级	
棕榈科	Arecaceae		
董棕	*Caryota obtusa*	二级	
琼棕	*Chuniophoenix hainanensis*	二级	
矮琼棕	*Chuniophoenix humilis*	二级	
水椰*	*Nypa fruticans*	二级	
小钩叶藤	*Plectocomia microstachys*	二级	
龙棕	*Trachycarpus nanus*	二级	
香蒲科	Typhaceae		
无柱黑三棱*	*Sparganium hyperboreum*	二级	其他常用中文名：北方黑三棱
禾本科	Poaceae		
短芒芨芨草*	*Achnatherum breviaristatum*	二级	
沙芦草	*Agropyron mongolicum*	二级	
三刺草	*Aristida triseta*	二级	
山涧草	*Chikusichloa aquatica*	二级	
流苏香竹	*Chimonocalamus fimbriatus*	二级	
莎禾	*Coleanthus subtilis*	二级	
阿拉善披碱草*	*Elymus alashanicus*	二级	
黑紫披碱草*	*Elymus atratus*	二级	
短柄披碱草*	*Elymus brevipes*	二级	
内蒙披碱草*	*Elymus intramongolicus*	二级	

续表

中文名	学名	保护级别		备注
紫芒披碱草*	*Elymus purpuraristatus*		二级	
新疆披碱草*	*Elymus sinkiangensis*		二级	
无芒披碱草	*Elymus sinosubmuticus*		二级	
毛披碱草	*Elymus villifer*		二级	
铁竹	*Ferrocalamus strictus*	一级		
贡山竹	*Gaoligongshania megalothyrsa*		二级	
内蒙古大麦	*Hordeum innermongolicum*		二级	
纪如竹	*Hsuehochloa calcarea*		二级	
水禾*	*Hygroryza aristata*		二级	
青海以礼草	*Kengyilia kokonorica*		二级	
青海固沙草*	*Orinus kokonorica*		二级	
稻属(所有种)*	*Oryza* spp.		二级	
华山新麦草	*Psathyrostachys huashanica*	一级		
三蕊草	*Sinochasea trigyna*		二级	
拟高粱*	*Sorghum propinquum*		二级	
箭叶大油芒	*Spodiopogon sagittifolius*		二级	
中华结缕草*	*Zoysia sinica*		二级	
罂粟科	Papaveraceae			
石生黄堇	*Corydalis saxicola*		二级	其他常用中文名:岩黄连
久治绿绒蒿	*Meconopsis barbiseta*		二级	
红花绿绒蒿	*Meconopsis punicea*		二级	
毛瓣绿绒蒿	*Meconopsis torquata*		二级	
防己科	Menispermaceae			
古山龙	*Arcangelisia gusanlung*		二级	
藤枣	*Eleutharrhena macrocarpa*		二级	
小檗科	Berberidaceae			
八角莲属(所有种)	*Dysosma* spp.		二级	其他常用中文名:鬼臼属

续表

中文名	学名	保护级别		备注
小叶十大功劳	*Mahonia microphylla*		二级	
靖西十大功劳	*Mahonia subimbricata*		二级	
桃儿七	*Sinopodophyllum hexandrum*		二级	
星叶草科	Circaeasteraceae			
独叶草	*Kingdonia uniflora*		二级	
毛茛科	Ranunculaceae			
北京水毛茛*	*Batrachium pekinense*		二级	
槭叶铁线莲*	*Clematis acerifolia*		二级	含种下等级
黄连属(所有种)*	*Coptis* spp.		二级	
莲科	Nelumbonaceae			
莲*	*Nelumbo nucifera*		二级	
昆栏树科	Trochodendraceae			
水青树	*Tetracentron sinense*		二级	
芍药科	Paeoniaceae			
芍药属牡丹组(所有种,被列入一级保护的卵叶牡丹和紫斑牡丹 除外,牡丹未列入名录)*	*Paeonia* sect. *Moutan* spp.（excl. *P. qiui*，*P. rockii* & *P. suffruticosa*）		二级	牡丹为栽培物种,不列入保护植物
卵叶牡丹*	*Paeonia qiui*	一级		
紫斑牡丹*	*Paeonia rockii*	一级		
白花芍药*	*Paeonia sterniana*		二级	
阿丁枫科	Altingiaceae			
赤水蕈树	*Altingia multinervis*		二级	
金缕梅科	Hamamelidaceae			
山铜材	*Chunia bucklandioides*		二级	
长柄双花木	*Disanthus cercidifolius* subsp. *longipes*		二级	

续表

中文名	学名	保护级别		备注
四药门花	*Loropetalum subcordatum*		二级	
银缕梅	*Parrotia subaequalis*	一级		
连香树科	Cercidiphyllaceae			
连香树	*Cercidiphyllum japonicum*		二级	
景天科	Crassulaceae			
长白红景天	*Rhodiola angusta*		二级	
大花红景天	*Rhodiola crenulata*		二级	
长鞭红景天	*Rhodiola fastigiata*		二级	
喜马红景天	*Rhodiola himalensis*		二级	其他常用中文名：喜马拉雅红景天
四裂红景天	*Rhodiola quadrifida*		二级	
红景天	*Rhodiola rosea*		二级	
库页红景天	*Rhodiola sachalinensis*		二级	
圣地红景天	*Rhodiola sacra*		二级	
唐古红景天	*Rhodiola tangutica*		二级	
粗茎红景天	*Rhodiola wallichiana*		二级	
云南红景天	*Rhodiola yunnanensis*		二级	
小二仙草科	Haloragaceae			
乌苏里狐尾藻*	*Myriophyllum ussuriense*		二级	
锁阳科	Cynomoriaceae			
锁阳*	*Cynomorium songaricum*		二级	其他常用学名：*Cynomorium coccineum* subsp. *songaricum*
葡萄科	Vitaceae			
百花山葡萄	*Vitis baihuashanensis*	一级		
浙江蘡薁	*Vitis zhejiang－adstricta*		二级	
蒺藜科	Zygophyllaceae			
四合木	*Tetraena mongolica*		二级	

续表

中文名	学名	保护级别		备注
豆科	Fabaceae			
沙冬青	*Ammopiptanthus mongolicus*		二级	
棋子豆	*Archidendron robinsonii*		二级	
紫荆叶羊蹄甲	*Bauhinia cercidifolia*		二级	
丽豆*	*Calophaca sinica*		二级	
黑黄檀	*Dalbergia cultrata*		二级	
海南黄檀	*Dalbergia hainanensis*		二级	
降香	*Dalbergia odorifera*		二级	其他常用中文名：降香黄檀
卵叶黄檀	*Dalbergia ovata*		二级	
格木	*Erythrophleum fordii*		二级	
山豆根*	*Euchresta japonica*		二级	
绒毛皂荚	*Gleditsia japonica* var. *velutina*	一级		
野大豆*	*Glycine soja*		二级	其他常用学名：*Glycine max* subsp. *soja*
烟豆*	*Glycine tabacina*		二级	
短绒野大豆*	*Glycine tomentella*		二级	
胀果甘草	*Glycyrrhiza inflata*		二级	
甘草	*Glycyrrhiza uralensis*		二级	其他常用中文名：乌拉尔甘草
浙江马鞍树	*Maackia chekiangensis*		二级	
红豆属(所有种，被列入一级保护的小叶红豆除外)	*Ormosia* spp. (excl. *O. microphylla*)		二级	
小叶红豆	*Ormosia microphylla*	一级		
冬麻豆属(所有种)	*Salweenia* spp.		二级	

续表

中文名	学名	保护级别	备注
油楠	*Sindora glabra*	二级	
越南槐	*Sophora tonkinensis*	二级	其他常用中文名：广豆根
海人树科	Surianaceae		
海人树	*Suriana maritima*	二级	
蔷薇科	Rosaceae		
太行花	*Geum rupestre*	二级	其他常用学名：*Taihangia rupestris*
山楂海棠*	*Malus komarovii*	二级	
丽江山荆子*	*Malus rockii*	二级	
新疆野苹果*	*Malus sieversii*	二级	
锡金海棠*	*Malus sikkimensis*	二级	
绵刺*	*Potaninia mongolica*	二级	
新疆野杏*	*Prunus armeniaca*	二级	其他常用学名：*Armeniaca vulgaris*
新疆樱桃李*	*Prunus cerasifera*	二级	其他常用中文名：樱桃李
甘肃桃*	*Prunus kansuensis*	二级	其他常用学名：*Amygdalus kansuensis*
蒙古扁桃*	*Prunus mongolica*	二级	其他常用学名：*Amygdalus mongolica*
光核桃*	*Prunus mira*	二级	其他常用学名：*Amygdalus mira*
矮扁桃（野巴旦，野扁桃）*	*Prunus nana*	二级	其他常用学名：*Amygdalus nana*

续表

中文名	学名	保护级别	备注
政和杏*	*Prunus zhengheensis*	二级	其他常用学名：*Armeniaca zhengheensis*
银粉蔷薇	*Rosa anemoniflora*	二级	
小檗叶蔷薇	*Rosa berberifolia*	二级	
单瓣月季花	*Rosa chinensis* var. *spontanea*	二级	
广东蔷薇	*Rosa kwangtungensis*	二级	
亮叶月季	*Rosa lucidissima*	二级	
大花香水月季	*Rosa odorata* var. *gigantea*	二级	
中甸刺玫	*Rosa praelucens*	二级	
玫瑰	*Rosa rugosa*	二级	
胡颓子科	Elaeagnaceae		
翅果油树	*Elaeagnus mollis*	二级	
鼠李科	Rhamnaceae		
小勾儿茶	*Berchemiella wilsonii*	二级	
榆科	Ulmaceae		
长序榆	*Ulmus elongata*	二级	
大叶榉树	*Zelkova schneideriana*	二级	
桑科	Moraceae		
南川木波罗	*Artocarpus nanchuanensis*	二级	
奶桑	*Morus macroura*	二级	
川桑*	*Morus notabilis*	二级	
长穗桑*	*Morus wittiorum*	二级	
荨麻科	Urticaceae		
光叶苎麻*	*Boehmeria leiophylla*	二级	Flora of China 将本种处理为腋球苎麻 *Boehmeria glomerulifera*

续表

中文名	学名	保护级别	备注
长圆苎麻*	*Boehmeria oblongifolia*	二级	Flora of China 将本种处理为腋球苎麻 *Boehmeria glomerulifera*
壳斗科	Fagaceae		
华南锥	*Castanopsis concinna*	二级	其他常用中文名：华南栲
西畴青冈	*Cyclobalanopsis sichourensis*	二级	其他常用学名：*Quercus sichourensis*
台湾水青冈	*Fagus hayatae*	二级	
三棱栎	*Formanodendron doichangensis*	二级	
霸王栎	*Quercus bawanglingensis*	二级	其他常用中文名：坝王栎
尖叶栎	*Quercus oxyphylla*	二级	
胡桃科	Juglandaceae		
喙核桃	*Annamocarya sinensis*	二级	
贵州山核桃	*Carya kweichowensis*	二级	
桦木科	Betulaceae		
普陀鹅耳枥	*Carpinus putoensis*	一级	
天台鹅耳枥	*Carpinus tientaiensis*	二级	
天目铁木	*Ostrya rehderiana*	一级	
葫芦科	Cucurbitaceae		
野黄瓜*	*Cucumis sativus* var. *xishuangbannanensis*	二级	
四数木科	Tetramelaceae		
四数木	*Tetrameles nudiflora*	二级	
秋海棠科	Begoniaceae		
蛛网脉秋海棠*	*Begonia arachnoidea*	二级	

中文名	学名	保护级别		备注
阳春秋海棠*	*Begonia coptidifolia*		二级	
黑峰秋海棠*	*Begonia ferox*		二级	其他常用中文名：刺秋海棠
古林箐秋海棠*	*Begonia gulinqingensis*		二级	
古龙山秋海棠*	*Begonia gulongshanensis*		二级	
海南秋海棠*	*Begonia hainanensis*		二级	
香港秋海棠*	*Begonia hongkongensis*		二级	
卫矛科	Celastraceae			
永瓣藤	*Monimopetalum chinense*		二级	
斜翼	*Plagiopteron suaveolens*		二级	
安神木科	Centroplacaceae			
膝柄木	*Bhesa robusta*	一级		
金莲木科	Ochnaceae			
合柱金莲木	*Sauvagesia rhodoleuca*		二级	
川苔草科	Podostemaceae			
川苔草属（所有种）*	*Cladopus* spp.		二级	
川藻属（所有种）*	*Dalzellia* spp.		二级	
水石衣*	*Hydrobryum griffithii*		二级	
藤黄科	Clusiaceae			
金丝李	*Garcinia paucinervis*		二级	
双籽藤黄*	*Garcinia tetralata*		二级	
青钟麻科	Achariaceae			
海南大风子	*Hydnocarpus hainanensis*		二级	
杨柳科	Salicaceae			

续表

中文名	学名	保护级别		备注
额河杨	*Populus × irtyschensis*		二级	发表时名称: *Populus × jrty- schensis*
大花草科	Rafflesiaceae			
寄生花	*Sapria himalayana*		二级	
大戟科	Euphorbiaceae			
东京桐	*Deutzianthus tonkinensis*		二级	
使君子科	Combretaceae			
萼翅藤	*Getonia floribunda*	一级		
红榄李*	*Lumnitzera littorea*	一级		
千果榄仁	*Terminalia myriocarpa*		二级	
千屈菜科	Lythraceae			
小果紫薇	*Lagerstroemia minuticarpa*		二级	
毛紫薇	*Lagerstroemia villosa*		二级	
水芫花	*Pemphis acidula*		二级	
细果野菱 （野菱）*	*Trapa incisa*		二级	
野牡丹科	Melastomataceae			
虎颜花*	*Tigridiopalma magnifica*		二级	
漆树科	Anacardiaceae			
林生杧果	*Mangifera sylvatica*		二级	
无患子科	Sapindaceae			
梓叶槭	*Acer amplum* subsp. *catalpi- folium*		二级	
庙台槭	*Acer miaotaiense*		二级	羊角槭并入本种
五小叶槭	*Acer pentaphyllum*		二级	其他常用中文名: 五小叶枫
漾濞槭	*Acer yangbiense*		二级	其他常用中文名: 漾濞枫
龙眼*	*Dimocarpus longan*		二级	

中文名	学名	保护级别		备注
云南金钱槭	*Dipteronia dyeriana*		二级	
伞花木	*Eurycorymbus cavaleriei*		二级	
掌叶木	*Handeliodendron bodinieri*		二级	
爪耳木	*Lepisanthes unilocularis*		二级	
野生荔枝*	*Litchi chinensis* var. *euspontanea*		二级	Flora of China 使用名称 *Litchi chinensis*
韶子*	*Nephelium chryseum*		二级	
海南假韶子	*Paranephelium hainanense*		二级	
芸香科	Rutaceae			
宜昌橙*	*Citrus cavaleriei*		二级	其他常用学名：*Citrus ichangensis*
道县野桔*	*Citrus daoxianensis*		二级	Flora of China 使用名称：柑橘 *Citrus reticulata*
红河橙*	*Citrus hongheensis*		二级	Flora of China 使用名称：宜昌橙 *Citrus cavaleriei*
莽山野桔*	*Citrus mangshanensis*		二级	Flora of China 使用名称：柑橘 *Citrus reticulata*
山橘*	*Fortunella hindsii*		二级	Flora of China 使用名称：金柑 *Citrus japonica*
金豆*	*Fortunella venosa*		二级	Flora of China 使用名称：金柑 *Citrus japonica*
黄檗	*Phellodendron amurense*		二级	其他常用中文名：黄波椤
川黄檗	*Phellodendron chinense*		二级	

续表

中文名	学名	保护级别	备注
富民枳*	*Poncirus* × *polyandra*	二级	Flora of China 使用名称 *Citrus* × *polytrifolia*
楝科	Meliaceae		
望谟崖摩	*Aglaia lawii*	二级	
红椿	*Toona ciliata*	二级	毛红椿并入本种
木果楝	*Xylocarpus granatum*	二级	
锦葵科	Malvaceae		
柄翅果	*Burretiodendron esquirolii*	二级	
滇桐	*Craigia yunnanensis*	二级	
海南椴	*Diplodiscus trichospermus*	二级	
蚬木	*Excentrodendron tonkinense*	二级	
广西火桐	*Erythropsis kwangsiensis*	一级	其他常用学名: *Firmiana kwangsiensis*
梧桐属 (所有种,梧桐除外)	*Firmiana* spp. (excl. *F. simplex*)	二级	
蝴蝶树	*Heritiera parvifolia*	二级	
平当树	*Paradombeya sinensis*	二级	
景东翅子树	*Pterospermum kingtungense*	二级	
勐仑翅子树	*Pterospermum menglunense*	二级	
粗齿梭罗	*Reevesia rotundifolia*	二级	
紫椴	*Tilia amurensis*	二级	
瑞香科	Thymelaeaceae		
土沉香	*Aquilaria sinensis*	二级	
云南沉香	*Aquilaria yunnanensis*	二级	
半日花科	Cistaceae		
半日花*	*Helianthemum songaricum*	二级	
龙脑香科	Dipterocarpaceae		

续表

中文名	学名	保护级别		备注
东京龙脑香	*Dipterocarpus retusus*	一级		
狭叶坡垒	*Hopea chinensis*		二级	多毛坡垒并入本种
坡垒	*Hopea hainanensis*	一级		
翼坡垒（铁凌）	*Hopea reticulata*		二级	
西藏坡垒	*Hopea shingkeng*		二级	
望天树	*Parashorea chinensis*	一级		
云南娑罗双	*Shorea assamica*	一级		
广西青梅	*Vatica guangxiensis*	一级		
青梅	*Vatica mangachapoi*		二级	
叠珠树科	Akaniaceae			
伯乐树 （钟萼木）	*Bretschneidera sinensis*		二级	
铁青树科	Olacaceae			
蒜头果	*Malania oleifera*		二级	
瓣鳞花科	Frankeniaceae			
瓣鳞花	*Frankenia pulverulenta*		二级	
柽柳科	Tamaricaceae			
疏花水柏枝	*Myricaria laxiflora*		二级	
蓼科	Polygonaceae			
金荞麦*	*Fagopyrum dibotrys*		二级	其他常用中文名： 金荞
茅膏菜科	Droseraceae			
貉藻*	*Aldrovanda vesiculosa*	一级		
石竹科	Caryophyllaceae			
金铁锁	*Psammosilene tunicoides*		二级	
苋科	Amaranthaceae			
苞藜*	*Baolia bracteata*		二级	
阿拉善单刺蓬*	*Cornulaca alaschanica*		二级	
蓝果树科	Nyssaceae			

续表

中文名	学名	保护级别		备注
珙桐	*Davidia involucrata*	一级		含种下等级,光叶珙桐并入本种
云南蓝果树	*Nyssa yunnanensis*	一级		
绣球花科	Hydrangeaceae			
黄山梅	*Kirengeshoma palmata*		二级	
蛛网萼	*Platycrater arguta*		二级	
五列木科	Pentaphylacaceae			
猪血木	*Euryodendron excelsum*	一级		
山榄科	Sapotaceae			
滇藏榄	*Diploknema yunnanensis*	一级		其他常用中文名:云南藏榄
海南紫荆木	*Madhuca hainanensis*		二级	
紫荆木	*Madhuca pasquieri*		二级	
柿树科	Ebenaceae			
小萼柿*	*Diospyros minutisepala*		二级	
川柿*	*Diospyros sutchuensis*		二级	
报春花科	Primulaceae			
羽叶点地梅*	*Pomatosace filicula*		二级	
山茶科	Theaceae			
圆籽荷	*Apterosperma oblata*		二级	
杜鹃红山茶	*Camellia azalea*	一级		其他常用中文名:杜鹃叶山茶
山茶属金花茶组(所有种)	*Camellia* sect. *Chrysantha* spp.		二级	
山茶属茶组(所有种,大叶茶、大理茶除外)*	*Camellia* sect. *Thea* spp. (excl. *C. sinensis* var. *assamica*, *C. taliensis*)		二级	
大叶茶	*Camellia sinensis* var. *assamica*		二级	其他常用中文名:普洱茶
大理茶	*Camellia taliensis*		二级	

续表

中文名	学名	保护级别	备注
安息香科	Styracaceae		
秤锤树属（所有种）	*Sinojackia* spp.	二级	
猕猴桃科	Actinidiaceae		
软枣猕猴桃*	*Actinidia arguta*	二级	
中华猕猴桃*	*Actinidia chinensis*	二级	
金花猕猴桃*	*Actinidia chrysantha*	二级	
条叶猕猴桃*	*Actinidia fortunatii*	二级	
大籽猕猴桃*	*Actinidia macrosperma*	二级	
杜鹃花科	Ericaceae		
兴安杜鹃	*Rhododendron dauricum*	二级	
朱红大杜鹃	*Rhododendron griersonianum*	二级	
华顶杜鹃	*Rhododendron huadingense*	二级	
井冈山杜鹃	*Rhododendron jingangshanicum*	二级	
江西杜鹃	*Rhododendron kiangsiense*	二级	
尾叶杜鹃	*Rhododendron urophyllum*	二级	
圆叶杜鹃	*Rhododendron williamsianum*	二级	
茜草科	Rubiaceae		
绣球茜	*Dunnia sinensis*	二级	
香果树	*Emmenopterys henryi*	二级	
巴戟天	*Morinda officinalis*	二级	
滇南新乌檀	*Neonauclea tsaiana*	二级	
龙胆科	Gentianaceae		
辐花	*Lomatogoniopsis alpina*	二级	
夹竹桃科	Apocynaceae		
驼峰藤	*Merrillanthus hainanensis*	二级	
富宁藤	*Parepigynum funingense*	二级	
紫草科	Boraginaceae		

续表

中文名	学名	保护级别	备注
新疆紫草 *	*Arnebia euchroma*	二级	其他常用中文名：软紫草
橙花破布木	*Cordia subcordata*	二级	
茄科	Solanaceae		
黑果枸杞 *	*Lycium ruthenicum*	二级	
云南枸杞 *	*Lycium yunnanense*	二级	
木犀科	Oleaceae		
水曲柳	*Fraxinus mandschurica*	二级	其他常用学名：*Fraxinus mandshurica*
天山梣	*Fraxinus sogdiana*	二级	
毛柄木犀	*Osmanthus pubipedicellatus*	二级	
毛木犀	*Osmanthus venosus*	二级	
苦苣苔科	Gesneriaceae		
瑶山苣苔	*Dayaoshania cotinifolia*	二级	
秦岭石蝴蝶	*Petrocosmea qinlingensis*	二级	
报春苣苔	*Primulina tabacum*	二级	
辐花苣苔	*Thamnocharis esquirolii*	一级	
车前科	Plantaginaceae		
胡黄连	*Neopicrorhiza scrophulariiflora*	二级	
丰都车前 *	*Plantago fengdouensis*	二级	
玄参科	Scrophulariaceae		
长柱玄参 *	*Scrophularia stylosa*	二级	
狸藻科	Lentibulariaceae		
盾鳞狸藻 *	*Utricularia punctata*	二级	
唇形科	Lamiaceae		
苦梓	*Gmelina hainanensis*	二级	其他常用中文名：海南石梓
保亭花	*Wenchengia alternifolia*	二级	

续表

中文名	学名	保护级别	备注
列当科	Orobanchaceae		
草苁蓉*	*Boschniakia rossica*	二级	
肉苁蓉*	*Cistanche deserticola*	二级	
管花肉苁蓉*	*Cistanche mongolica*	二级	其他常用学名：*Cistanche tubulosa*
崖白菜	*Triaenophora rupestris*	二级	其他常用中文名：呆白菜
冬青科	Aquifoliaceae		
扣树	*Ilex kaushue*	二级	
桔梗科	Campanulaceae		
刺萼参*	*Echinocodon draco*	二级	
菊科	Asteraceae		
白菊木	*Leucomeris decora*	二级	
巴朗山雪莲	*Saussurea balangshanensis*	二级	
雪兔子	*Saussurea gossipiphora*	二级	
雪莲	*Saussurea involucrata*	二级	其他常用中文名：雪莲花
绵头雪兔子	*Saussurea laniceps*	二级	
水母雪兔子	*Saussurea medusa*	二级	
阿尔泰雪莲	*Saussurea orgaadayi*	二级	
革苞菊	*Tugarinovia mongolica*	二级	
忍冬科	Caprifoliaceae		
七子花	*Heptacodium miconioides*	二级	
丁香叶忍冬	*Lonicera oblata*	二级	
匙叶甘松	*Nardostachys jatamansi*	二级	其他常用中文名：甘松；其他常用学名：*Nardostachys chinensis*，*N. grandiflora*

续表

中文名	学名	保护级别	备注
五加科	Araliaceae		
人参属（所有种）*	*Panax* spp.	二级	
华参*	*Sinopanax formosanus*	二级	
伞形科	Apiaceae		
山茴香*	*Carlesia sinensis*	二级	
明党参*	*Changium smyrnioides*	二级	
川明参*	*Chuanminshen violaceum*	二级	
阜康阿魏*	*Ferula fukanensis*	二级	
麝香阿魏*	*Ferula moschata*	二级	
新疆阿魏*	*Ferula sinkiangensis*	二级	
珊瑚菜(北沙参)*	*Glehnia littoralis*	二级	
藻类 Algae			
马尾藻科	Sargassaceae		
硇洲马尾藻*	*Sargassum naozhouense*	二级	
黑叶马尾藻*	*Sargassum nigrifolioides*	二级	
墨角藻科	Fucaceae		
鹿角菜*	*Silvetia siliquosa*	二级	
红翎菜科	Solieriaceae		
珍珠麒麟菜*	*Eucheuma okamurai*	一级	
耳突卡帕藻*	*Kappaphycus cottonii*	二级	
念珠藻科	Nostocaceae		
发菜	*Nostoc flagelliforme*	一级	
真菌 Eumycophyta			
线虫草科	Ophiocordycipitaceae		
虫草(冬虫夏草)	*Ophiocordyceps sinensis*	二级	
口蘑科(白蘑科)	Tricholomataceae		

续表

中文名	学名	保护级别		备注
蒙古口蘑*	*Leucocalocybe mongolica*		二级	
松口蘑（松茸）*	*Tricholoma matsutake*		二级	
块菌科	Tuberaceae			
中华夏块菌*	*Tuber sinoaestivum*		二级	

注：1.标 * 者归农业农村主管部门分工管理，其余归林业和草原主管部门分工管理。

2.本《名录》以《中国生物物种名录（植物卷）》为物种名称的主要参考文献，同时参考目前的分类学系统学研究成果。

3.Flora of China 指《中国植物志（英文版）》。

4.本《名录》所保护的对象仅指《中华人民共和国野生植物保护条例》定义的野生植物。

附录 2　国家重点保护野生动物名录

新调整的《国家重点保护野生动物名录》于 2021 年 2 月 5 日正式颁布施行,具体如附表 2.1 所示。

附表 2.1　国家重点保护野生动物名录

中文名	学名	保护级别	备注
脊索动物门　CHORDATA			
哺乳纲　MAMMALIA			
灵长目♯	PRIMATES		
懒猴科	Lorisidae		
蜂猴	*Nycticebus bengalensis*	一级	
倭蜂猴	*Nycticebus pygmaeus*	一级	
猴科	Cercopithecidae		
短尾猴	*Macaca arctoides*	二级	
熊猴	*Macaca assamensis*	二级	
台湾猴	*Macaca cyclopis*	一级	
北豚尾猴	*Macaca leonina*	一级	原名"豚尾猴"
白颊猕猴	*Macaca leucogenys*	二级	
猕猴	*Macaca mulatta*	二级	
藏南猕猴	*Macaca munzala*	二级	
藏酋猴	*Macaca thibetana*	二级	
喜山长尾叶猴	*Semnopithecus schistaceus*	一级	
印支灰叶猴	*Trachypithecus crepusculus*	一级	
黑叶猴	*Trachypithecus francoisi*	一级	

续表

中文名	学名	保护级别	备注
菲氏叶猴	*Trachypithecus phayrei*	一级	
戴帽叶猴	*Trachypithecus pileatus*	一级	
白头叶猴	*Trachypithecus leucocephalus*	一级	
肖氏乌叶猴	*Trachypithecus shortridgei*	一级	
滇金丝猴	*Rhinopithecus bieti*	一级	
黔金丝猴	*Rhinopithecus brelichi*	一级	
川金丝猴	*Rhinopithecus roxellana*	一级	
怒江金丝猴	*Rhinopithecus strykeri*	一级	
长臂猿科	Hylobatidae		
西白眉长臂猿	*Hoolock hoolock*	一级	
东白眉长臂猿	*Hoolock leuconedys*	一级	
高黎贡白眉长臂猿	*Hoolock tianxing*	一级	
白掌长臂猿	*Hylobates lar*	一级	
西黑冠长臂猿	*Nomascus concolor*	一级	
东黑冠长臂猿	*Nomascus nasutus*	一级	
海南长臂猿	*Nomascus hainanus*	一级	
北白颊长臂猿	*Nomascus leucogenys*	一级	
鳞甲目#	PHOLIDOTA		
鲮鲤科	Manidae		
印度穿山甲	*Manis crassicaudata*	一级	
马来穿山甲	*Manis javanica*	一级	
穿山甲	*Manis pentadactyla*	一级	
食肉目	CARNIVORA		
犬科	Canidae		
狼	*Canis lupus*	二级	
亚洲胡狼	*Canis aureus*	二级	
豺	*Cuon alpinus*	一级	

续表

中文名	学名	保护级别		备注
貉	*Nyctereutes procyonoides*		二级	仅限野外种群
沙狐	*Vulpes corsac*		二级	
藏狐	*Vulpes ferrilata*		二级	
赤狐	*Vulpes vulpes*		二级	
熊科♯	Ursidae			
懒熊	*Melursus ursinus*		二级	
马来熊	*Helarctos malayanus*	一级		
棕熊	*Ursus arctos*		二级	
黑熊	*Ursus thibetanus*		二级	
大熊猫科♯	Ailuropodidae			
大熊猫	*Ailuropoda melanoleuca*	一级		
小熊猫科♯	Ailuridae			
小熊猫	*Ailurus fulgens*		二级	
鼬科	Mustelidae			
黄喉貂	*Martes flavigula*		二级	
石貂	*Martes foina*		二级	
紫貂	*Martes zibellina*	一级		
貂熊	*Gulo gulo*	一级		
*小爪水獭	*Aonyx cinerea*		二级	
*水獭	*Lutra lutra*		二级	
*江獭	*Lutrogale perspicillata*		二级	
灵猫科	Viverridae			
大斑灵猫	*Viverra megaspila*	一级		
大灵猫	*Viverra zibetha*	一级		
小灵猫	*Viverricula indica*	一级		
椰子猫	*Paradoxurus hermaphroditus*		二级	
熊狸	*Arctictis binturong*	一级		
小齿狸	*Arctogalidia trivirgata*	一级		

续表

中文名	学名	保护级别		备注
缟灵猫	*Chrotogale owstoni*	一级		
林狸科	Prionodontidae			
斑林狸	*Prionodon pardicolor*		二级	
猫科♯	Felidae			
荒漠猫	*Felis bieti*	一级		
丛林猫	*Felis chaus*	一级		
草原斑猫	*Felis silvestris*		二级	原名"草原斑猫"
渔猫	*Felis viverrinus*		二级	
兔狲	*Otocolobus manul*		二级	
猞猁	*Lynx lynx*		二级	
云猫	*Pardofelis marmorata*		二级	
金猫	*Pardofelis temminckii*	一级		
豹猫	*Prionailurus bengalensis*		二级	
云豹	*Neofelis nebulosa*	一级		
豹	*Panthera pardus*	一级		
虎	*Panthera tigris*	一级		
雪豹	*Panthera uncia*	一级		
海狮科♯	Otariidae			
*北海狗	*Callorhinus ursinus*		二级	
*北海狮	*Eumetopias jubatus*		二级	
海豹科♯	Phocidae			
*西太平洋斑海豹	*Phoca largha*	一级		原名"斑海豹"
*髯海豹	*Erignathus barbatus*		二级	
*环海豹	*Pusa hispida*		二级	
长鼻目♯	PROBOSCIDEA			
象科	Elephantidae			
亚洲象	*Elephas maximus*	一级		
奇蹄目	PERISSODACTYLA			
马科	Equidae			

续表

中文名	学名	保护级别		备注
普氏野马	*Equus ferus*	一级		原名"野马"
蒙古野驴	*Equus hemionus*	一级		
藏野驴	*Equus kiang*	一级		原名"西藏野驴"
偶蹄目	ARTIODACTYLA			
骆驼科	Camelidae			原名"驼科"
野骆驼	*Camelus ferus*	一级		
鼷鹿科♯	Tragulidae			
威氏鼷鹿	*Tragulus williamsoni*	一级		原名"鼷鹿"
麝科♯	Moschidae			
安徽麝	*Moschus anhuiensis*	一级		
林麝	*Moschus berezovskii*	一级		
马麝	*Moschus chrysogaster*	一级		
黑麝	*Moschus fuscus*	一级		
喜马拉雅麝	*Moschus leucogaster*	一级		
原麝	*Moschus moschiferus*	一级		
鹿科	Cervidae			
獐	*Hydropotes inermis*		二级	原名"河麂"
黑麂	*Muntiacus crinifrons*	一级		
贡山麂	*Muntiacus gongshanensis*		二级	
海南麂	*Muntiacus nigripes*		二级	
豚鹿	*Axis porcinus*	一级		
水鹿	*Cervus equinus*		二级	
梅花鹿	*Cervus nippon*	一级		仅限野外种群
马鹿	*Cervus canadensis*		二级	仅限野外种群
西藏马鹿（包括白臀鹿）	*Cervus wallichii (C. w. macneilli)*	一级		
塔里木马鹿	*Cervus yarkandensis*	一级		仅限野外种群
坡鹿	*Panolia siamensis*	一级		

续表

中文名	学名	保护级别	备注
白唇鹿	*Przewalskium albirostris*	一级	
麋鹿	*Elaphurus davidianus*	一级	
毛冠鹿	*Elaphodus cephalophus*	二级	
驼鹿	*Alces alces*	一级	
牛科	Bovidae		
野牛	*Bos gaurus*	一级	
爪哇野牛	*Bos javanicus*	一级	
野牦牛	*Bos mutus*	一级	
蒙原羚	*Procapra gutturosa*	一级	原名"黄羊"
藏原羚	*Procapra picticaudata*	二级	
普氏原羚	*Procapra przewalskii*	一级	
鹅喉羚	*Gazella subgutturosa*	二级	
藏羚	*Pantholops hodgsonii*	一级	
高鼻羚羊	*Saiga tatarica*	一级	
秦岭羚牛	*Budorcas bedfordi*	一级	
四川羚牛	*Budorcas tibetanus*	一级	
不丹羚牛	*Budorcas whitei*	一级	
贡山羚牛	*Budorcas taxicolor*	一级	原名"扭角羚"
赤斑羚	*Naemorhedus baileyi*	一级	
长尾斑羚	*Naemorhedus caudatus*	二级	
缅甸斑羚	*Naemorhedus evansi*	二级	
喜马拉雅斑羚	*Naemorhedus goral*	一级	原名"斑羚"
中华斑羚	*Naemorhedus griseus*	二级	
塔尔羊	*Hemitragus jemlahicus*	一级	
北山羊	*Capra sibirica*	二级	
岩羊	*Pseudois nayaur*	二级	
阿尔泰盘羊	*Ovis ammon*	二级	原名"盘羊"
哈萨克盘羊	*Ovis collium*	二级	
戈壁盘羊	*Ovis darwini*	二级	
西藏盘羊	*Ovis hodgsoni*	一级	
天山盘羊	*Ovis karelini*	二级	

续表

中文名	学名	保护级别		备注
帕米尔盘羊	*Ovis polii*		二级	
中华鬣羚	*Capricornis milneedwardsii*		二级	原名"鬣羚"
红鬣羚	*Capricornis rubidus*		二级	
台湾鬣羚	*Capricornis swinhoei*	一级		
喜马拉雅鬣羚	*Capricornis thar*	一级		
啮齿目	RODENTIA			
河狸科	Castoridae			
河狸	*Castor fiber*	一级		
松鼠科	Sciuridae			
巨松鼠	*Ratufa bicolor*		二级	
兔形目	LAGOMORPHA			
鼠兔科	Ochotonidae			
贺兰山鼠兔	*Ochotona argentata*		二级	
伊犁鼠兔	*Ochotona iliensis*		二级	
兔科	Leporidae			
粗毛兔	*Caprolagus hispidus*		二级	
海南兔	*Lepus hainanus*		二级	
雪兔	*Lepus timidus*		二级	
塔里木兔	*Lepus yarkandensis*		二级	
海牛目#	SIRENIA			
儒艮科	Dugongidae			
*儒艮	*Dugong dugon*	一级		
鲸目#	CETACEA			
露脊鲸科	Balaenidae			
*北太平洋露脊鲸	*Eubalaena japonica*	一级		
灰鲸科	Eschrichtiidae			
*灰鲸	*Eschrichtius robustus*	一级		
须鲸科	Balaenopteridae			
*蓝鲸	*Balaenoptera musculus*	一级		
*小须鲸	*Balaenoptera acutorostrata*	一级		

中文名	学名	保护级别		备注
*塞鲸	*Balaenoptera borealis*	一级		
*布氏鲸	*Balaenoptera edeni*	一级		
*大村鲸	*Balaenoptera omurai*	一级		
*长须鲸	*Balaenoptera physalus*	一级		
*大翅鲸	*Megaptera novaeangliae*	一级		
白鱀豚科	Lipotidae			
*白鱀豚	*Lipotes vexillifer*	一级		
恒河豚科	Platanistidae			
*恒河豚	*Platanista gangetica*	一级		
海豚科	Delphinidae			
*中华白海豚	*Sousa chinensis*	一级		
*糙齿海豚	*Steno bredanensis*		二级	
*热带点斑原海豚	*Stenella attenuata*		二级	
*条纹原海豚	*Stenella coeruleoalba*		二级	
*飞旋原海豚	*Stenella longirostris*		二级	
*长喙真海豚	*Delphinus capensis*		二级	
*真海豚	*Delphinus delphis*		二级	
*印太瓶鼻海豚	*Tursiops aduncus*		二级	
*瓶鼻海豚	*Tursiops truncatus*		二级	
*弗氏海豚	*Lagenodelphis hosei*		二级	
*里氏海豚	*Grampus griseus*		二级	
*太平洋斑纹海豚	*Lagenorhynchus obliquidens*		二级	
*瓜头鲸	*Peponocephala electra*		二级	
*虎鲸	*Orcinus orca*		二级	
*伪虎鲸	*Pseudorca crassidens*		二级	
*小虎鲸	*Feresa attenuata*		二级	
*短肢领航鲸	*Globicephala macrorhynchus*		二级	
鼠海豚科	Phocoenidae			

续表

中文名	学名	保护级别		备注
*长江江豚	*Neophocaena asiaeorientalis*	一级		
*东亚江豚	*Neophocaena sunameri*		二级	
*印太江豚	*Neophocaena phocaenoid*		二级	
抹香鲸科	Physeteridae			
*抹香鲸	*Physeter macrocephalus*	一级		
*小抹香鲸	*Kogia breviceps*		二级	
*侏抹香鲸	*Kogia sima*		二级	
喙鲸科	Ziphidae			
*鹅喙鲸	*Ziphius cavirostris*		二级	
*柏氏中喙鲸	*Mesoplodon densirostris*		二级	
*银杏齿中喙鲸	*Mesoplodon ginkgodens*		二级	
*小中喙鲸	*Mesoplodon peruvianus*		二级	
*贝氏喙鲸	*Berardius bairdii*		二级	
*朗氏喙鲸	*Indopacetus pacificus*		二级	
鸟纲 AVES				
鸡形目	GALLIFORMES			
雉科	Phasianidae			
环颈山鹧鸪	*Arborophila torqueola*		二级	
四川山鹧鸪	*Arborophila rufipectus*	一级		
红喉山鹧鸪	*Arborophila rufogularis*		二级	
白眉山鹧鸪	*Arborophila gingica*		二级	
白颊山鹧鸪	*Arborophila atrogularis*		二级	
褐胸山鹧鸪	*Arborophila brunneopectus*		二级	
红胸山鹧鸪	*Arborophila mandellii*		二级	
台湾山鹧鸪	*Arborophila crudigularis*		二级	
海南山鹧鸪	*Arborophila ardens*	一级		
绿脚树鹧鸪	*Tropicoperdix chloropus*		二级	
花尾榛鸡	*Tetrastes bonasia*		二级	

续表

中文名	学名	保护级别		备注
斑尾榛鸡	*Tetrastes sewerzowi*	一级		
镰翅鸡	*Falcipennis falcipennis*		二级	
松鸡	*Tetrao urogallus*		二级	
黑嘴松鸡	*Tetrao urogalloides*	一级		原名"细嘴松鸡"
黑琴鸡	*Lyrurus tetrix*	一级		
岩雷鸟	*Lagopus muta*		二级	
柳雷鸟	*Lagopus lagopus*		二级	
红喉雉鹑	*Tetraophasis obscurus*	一级		原名"雉鹑"
黄喉雉鹑	*Tetraophasis szechenyii*	一级		
暗腹雪鸡	*Tetraogallus himalayensis*		二级	
藏雪鸡	*Tetraogallus tibetanus*		二级	
阿尔泰雪鸡	*Tetraogallus altaicus*		二级	
大石鸡	*Alectoris magna*		二级	
血雉	*Ithaginis cruentus*		二级	
黑头角雉	*Tragopan melanocephalus*	一级		
红胸角雉	*Tragopan satyra*	一级		
灰腹角雉	*Tragopan blythii*	一级		
红腹角雉	*Tragopan temminckii*		二级	
黄腹角雉	*Tragopan caboti*	一级		
勺鸡	*Pucrasia macrolopha*		二级	
棕尾虹雉	*Lophophorus impejanus*	一级		
白尾梢虹雉	*Lophophorus sclateri*	一级		
绿尾虹雉	*Lophophorus lhuysii*	一级		
红原鸡	*Gallus gallus*		二级	原名"原鸡"
黑鹇	*Lophura leucomelanos*		二级	
白鹇	*Lophura nycthemera*		二级	
蓝腹鹇	*Lophura swinhoii*	一级		原名"蓝鹇"
白马鸡	*Crossoptilon crossoptilon*		二级	原名"藏马鸡"
藏马鸡	*Crossoptilon harmani*		二级	
褐马鸡	*Crossoptilon mantchuricum*	一级		

续表

中文名	学名	保护级别		备注
蓝马鸡	*Crossoptilon auritum*		二级	
白颈长尾雉	*Syrmaticus ellioti*	一级		
黑颈长尾雉	*Syrmaticus humiae*	一级		
黑长尾雉	*Syrmaticus mikado*	一级		
白冠长尾雉	*Syrmaticus reevesii*	一级		
红腹锦鸡	*Chrysolophus pictus*		二级	
白腹锦鸡	*Chrysolophus amherstiae*		二级	
灰孔雀雉	*Polyplectron bicalcaratum*	一级		原名"孔雀雉"
海南孔雀雉	*Polyplectron katsumatae*	一级		
绿孔雀	*Pavo muticus*	一级		
雁形目	ANSERIFORMES			
鸭科	Anatidae			
栗树鸭	*Dendrocygna javanica*		二级	
鸿雁	*Anser cygnoid*		二级	
白额雁	*Anser albifrons*		二级	
小白额雁	*Anser erythropus*		二级	
红胸黑雁	*Branta ruficollis*		二级	
疣鼻天鹅	*Cygnus olor*		二级	
小天鹅	*Cygnus columbianus*		二级	
大天鹅	*Cygnus cygnus*		二级	
鸳鸯	*Aix galericulata*		二级	
棉凫	*Nettapus coromandelianus*		二级	
花脸鸭	*Sibirionetta formosa*		二级	
云石斑鸭	*Marmaronetta angustirostris*		二级	
青头潜鸭	*Aythya baeri*	一级		
斑头秋沙鸭	*Mergellus albellus*		二级	
中华秋沙鸭	*Mergus squamatus*	一级		
白头硬尾鸭	*Oxyura leucocephala*	一级		
白翅栖鸭	*Cairina scutulata*		二级	
䴙䴘目	PODICIPEDIFORMES			
䴙䴘科	Podicipedidae			

续表

中文名	学名	保护级别		备注
赤颈䴙䴘	*Podiceps grisegena*		二级	
角䴙䴘	*Podiceps auritus*		二级	
黑颈䴙䴘	*Podiceps nigricollis*		二级	
鸽形目	**COLUMBIFORMES**			
鸠鸽科	Columbidae			
中亚鸽	*Columba eversmanni*		二级	
斑尾林鸽	*Columba palumbus*		二级	
紫林鸽	*Columba punicea*		二级	
斑尾鹃鸠	*Macropygia unchall*		二级	
菲律宾鹃鸠	*Macropygia tenuirostris*		二级	
小鹃鸠	*Macropygia ruficeps*	一级		原名"棕头鹃鸠"
橙胸绿鸠	*Treron bicinctus*		二级	
灰头绿鸠	*Treron pompadora*		二级	
厚嘴绿鸠	*Treron curvirostra*		二级	
黄脚绿鸠	*Treron phoenicopterus*		二级	
针尾绿鸠	*Treron apicauda*		二级	
楔尾绿鸠	*Treron sphenurus*		二级	
红翅绿鸠	*Treron sieboldii*		二级	
红顶绿鸠	*Treron formosae*		二级	
黑颏果鸠	*Ptilinopus leclancheri*		二级	
绿皇鸠	*Ducula aenea*		二级	
山皇鸠	*Ducula badia*		二级	
沙鸡目	**PTEROCLIFORMES**			
沙鸡科	Pteroclidae			
黑腹沙鸡	*Pterocles orientalis*		二级	
夜鹰目	**CAPRIMULGIFORMES**			
蛙口夜鹰科	Podargidae			
黑顶蛙口夜鹰	*Batrachostomus hodgsoni*		二级	
凤头雨燕科	Hemiprocnidae			
凤头雨燕	*Hemiprocne coronata*		二级	
雨燕科	Apodidae			

续表

中文名	学名	保护级别		备注
爪哇金丝燕	*Aerodramus fuciphagus*		二级	
灰喉针尾雨燕	*Hirundapus cochinchinensis*		二级	
鹃形目	CUCULIFORMES			
杜鹃科	Cuculidae			
褐翅鸦鹃	*Centropus sinensis*		二级	
小鸦鹃	*Centropus bengalensis*		二级	
鸨形目♯	OTIDIFORMES			
鸨科	Otididae			
大鸨	*Otis tarda*	一级		
波斑鸨	*Chlamydotis macqueenii*	一级		
小鸨	*Tetrax tetrax*	一级		
鹤形目	GRUIFORMES			
秧鸡科	Rallidae			
花田鸡	*Coturnicops exquisitus*		二级	
长脚秧鸡	*Crex crex*		二级	
棕背田鸡	*Zapornia bicolor*		二级	
姬田鸡	*Zapornia parva*		二级	
斑胁田鸡	*Zapornia paykullii*		二级	
紫水鸡	*Porphyrio porphyrio*		二级	
鹤科♯	Gruidae			
白鹤	*Grus leucogeranus*	一级		
沙丘鹤	*Grus canadensis*		二级	
白枕鹤	*Grus vipio*	一级		
赤颈鹤	*Grus antigone*	一级		
蓑羽鹤	*Grus virgo*		二级	
丹顶鹤	*Grus japonensis*	一级		
灰鹤	*Grus grus*		二级	
白头鹤	*Grus monacha*	一级		

续表

中文名	学名	保护级别		备注
黑颈鹤	*Grus nigricollis*	一级		
鸻形目	CHARADRIIFORMES			
石鸻科	Burhinidae			
大石鸻	*Esacus recurvirostris*		二级	
鹮嘴鹬科	Ibidorhynchidae			
鹮嘴鹬	*Ibidorhyncha struthersii*		二级	
鸻科	Charadriidae			
黄颊麦鸡	*Vanellus gregarius*		二级	
水雉科	Jacanidae			
水雉	*Hydrophasianus chirurgus*		二级	
铜翅水雉	*Metopidius indicus*		二级	
鹬科	Scolopacidae			
林沙锥	*Gallinago nemoricola*		二级	
半蹼鹬	*Limnodromus semipalmatus*		二级	
小杓鹬	*Numenius minutus*		二级	
白腰杓鹬	*Numenius arquata*		二级	
大杓鹬	*Numenius madagascariensis*		二级	
小青脚鹬	*Tringa guttifer*	一级		
翻石鹬	*Arenaria interpres*		二级	
大滨鹬	*Calidris tenuirostris*		二级	
勺嘴鹬	*Calidris pygmeus*	一级		
阔嘴鹬	*Calidris falcinellus*		二级	
燕鸻科	Glareolidae			
灰燕鸻	*Glareola lactea*		二级	
鸥科	Laridae			
黑嘴鸥	*Saundersilarus saundersi*	一级		
小鸥	*Hydrocoloeus minutus*		二级	

续表

中文名	学名	保护级别		备注
遗鸥	*Ichthyaetus relictus*	一级		
大凤头燕鸥	*Thalasseus bergii*		二级	
中华凤头燕鸥	*Thalasseus bernsteini*	一级		原名"黑嘴端凤头燕鸥"
河燕鸥	*Sterna aurantia*	一级		原名"黄嘴河燕鸥"
黑腹燕鸥	*Sterna acuticauda*		二级	
黑浮鸥	*Chlidonias niger*		二级	
海雀科	Alcidae			
冠海雀	*Synthliboramphus wumizusume*		二级	
鹱形目	PROCELLARIIFORMES			
信天翁科	Diomedeidae			
黑脚信天翁	*Phoebastria nigripes*	一级		
短尾信天翁	*Phoebastria albatrus*	一级		
鹳形目	CICONIIFORMES			
鹳科	Ciconiidae			
彩鹳	*Mycteria leucocephala*	一级		
黑鹳	*Ciconia nigra*	一级		
白鹳	*Ciconia ciconia*	一级		
东方白鹳	*Ciconia boyciana*	一级		
秃鹳	*Leptoptilos javanicus*		二级	
鲣鸟目	SULIFORMES			
军舰鸟科	Fregatidae			
白腹军舰鸟	*Fregata andrewsi*	一级		
黑腹军舰鸟	*Fregata minor*		二级	
白斑军舰鸟	*Fregata ariel*		二级	
鲣鸟科♯	Sulidae			
蓝脸鲣鸟	*Sula dactylatra*		二级	
红脚鲣鸟	*Sula sula*		二级	

续表

中文名	学名	保护级别		备注
褐鲣鸟	*Sula leucogaster*		二级	
鸬鹚科	Phalacrocoracidae			
黑颈鸬鹚	*Microcarbo niger*		二级	
海鸬鹚	*Phalacrocorax pelagicus*		二级	
鹈形目	PELECANIFORMES			
鹮科	Threskiornithidae			
黑头白鹮	*Threskiornis melanocephalus*	一级		原名"白鹮"
白肩黑鹮	*Pseudibis davisoni*	一级		原名"黑鹮"
朱鹮	*Nipponia nippon*	一级		
彩鹮	*Plegadis falcinellus*	一级		
白琵鹭	*Platalea leucorodia*		二级	
黑脸琵鹭	*Platalea minor*	一级		
鹭科	Ardeidae			
小苇鳽	*Ixobrychus minutus*		二级	
海南鳽	*Gorsachius magnificus*	一级		原名"海南虎斑鳽"
栗头鳽	*Gorsachius goisagi*		二级	
黑冠鳽	*Gorsachius melanolophus*		二级	
白腹鹭	*Ardea insignis*	一级		
岩鹭	*Egretta sacra*		二级	
黄嘴白鹭	*Egretta eulophotes*	一级		
鹈鹕科♯	Pelecanidae			
白鹈鹕	*Pelecanus onocrotalus*	一级		
斑嘴鹈鹕	*Pelecanus philippensis*	一级		
卷羽鹈鹕	*Pelecanus crispus*	一级		
鹰形目♯	ACCIPITRIFORMES			
鹗科	Pandionidae			
鹗	*Pandion haliaetus*		二级	
鹰科	Accipitridae			
黑翅鸢	*Elanus caeruleus*		二级	
胡兀鹫	*Gypaetus barbatus*	一级		

续表

中文名	学名	保护级别		备注
白兀鹫	*Neophron percnopterus*		二级	
鹃头蜂鹰	*Pernis apivorus*		二级	
凤头蜂鹰	*Pernis ptilorhynchus*		二级	
褐冠鹃隼	*Aviceda jerdoni*		二级	
黑冠鹃隼	*Aviceda leuphotes*		二级	
兀鹫	*Gyps fulvus*		二级	
长嘴兀鹫	*Gyps indicus*		二级	
白背兀鹫	*Gyps bengalensis*	一级		原名"拟兀鹫"
高山兀鹫	*Gyps himalayensis*		二级	
黑兀鹫	*Sarcogyps calvus*	一级		
秃鹫	*Aegypius monachus*	一级		
蛇雕	*Spilornis cheela*		二级	
短趾雕	*Circaetus gallicus*		二级	
凤头鹰雕	*Nisaetus cirrhatus*		二级	
鹰雕	*Nisaetus nipalensis*		二级	
棕腹隼雕	*Lophotriorchis kienerii*		二级	
林雕	*Ictinaetus malaiensis*		二级	
乌雕	*Clanga clanga*	一级		
靴隼雕	*Hieraaetus pennatus*		二级	
草原雕	*Aquila nipalensis*	一级		
白肩雕	*Aquila heliaca*	一级		
金雕	*Aquila chrysaetos*	一级		
白腹隼雕	*Aquila fasciata*		二级	
凤头鹰	*Accipiter trivirgatus*		二级	
褐耳鹰	*Accipiter badius*		二级	
赤腹鹰	*Accipiter soloensis*		二级	
日本松雀鹰	*Accipiter gularis*		二级	
松雀鹰	*Accipiter virgatus*		二级	
雀鹰	*Accipiter nisus*		二级	
苍鹰	*Accipiter gentilis*		二级	
白头鹞	*Circus aeruginosus*		二级	

续表

中文名	学名	保护级别		备注
白腹鹞	*Circus spilonotus*		二级	
白尾鹞	*Circus cyaneus*		二级	
草原鹞	*Circus macrourus*		二级	
鹊鹞	*Circus melanoleucos*		二级	
乌灰鹞	*Circus pygargus*		二级	
黑鸢	*Milvus migrans*		二级	
栗鸢	*Haliastur indus*		二级	
白腹海雕	*Haliaeetus leucogaster*	一级		
玉带海雕	*Haliaeetus leucoryphus*	一级		
白尾海雕	*Haliaeetus albicilla*	一级		
虎头海雕	*Haliaeetus pelagicus*	一级		
渔雕	*Ichthyophaga humilis*		二级	
白眼鵟鹰	*Butastur teesa*		二级	
棕翅鵟鹰	*Butastur liventer*		二级	
灰脸鵟鹰	*Butastur indicus*		二级	
毛脚鵟	*Buteo lagopus*		二级	
大鵟	*Buteo hemilasius*		二级	
普通鵟	*Buteo japonicus*		二级	
喜山鵟	*Buteo refectus*		二级	
欧亚鵟	*Buteo buteo*		二级	
棕尾鵟	*Buteo rufinus*		二级	
鸮形目♯	STRIGIFORMES			
鸱鸮科	Strigidae			
黄嘴角鸮	*Otus spilocephalus*		二级	
领角鸮	*Otus lettia*		二级	
北领角鸮	*Otus semitorques*		二级	
纵纹角鸮	*Otus brucei*		二级	
西红角鸮	*Otus scops*		二级	
红角鸮	*Otus sunia*		二级	

续表

中文名	学名	保护级别		备注
优雅角鸮	*Otus elegans*		二级	
雪鸮	*Bubo scandiacus*		二级	
雕鸮	*Bubo bubo*		二级	
林雕鸮	*Bubo nipalensis*		二级	
毛腿雕鸮	*Bubo blakistoni*	一级		
褐渔鸮	*Ketupa zeylonensis*		二级	
黄腿渔鸮	*Ketupa flavipes*		二级	
褐林鸮	*Strix leptogrammica*		二级	
灰林鸮	*Strix aluco*		二级	
长尾林鸮	*Strix uralensis*		二级	
四川林鸮	*Strix davidi*	一级		
乌林鸮	*Strix nebulosa*		二级	
猛鸮	*Surnia ulula*		二级	
花头鸺鹠	*Glaucidium passerinum*		二级	
领鸺鹠	*Glaucidium brodiei*		二级	
斑头鸺鹠	*Glaucidium cuculoides*		二级	
纵纹腹小鸮	*Athene noctua*		二级	
横斑腹小鸮	*Athene brama*		二级	
鬼鸮	*Aegolius funereus*		二级	
鹰鸮	*Ninox scutulata*		二级	
日本鹰鸮	*Ninox japonica*		二级	
长耳鸮	*Asio otus*		二级	
短耳鸮	*Asio flammeus*		二级	
草鸮科	Tytonidae			
仓鸮	*Tyto alba*		二级	
草鸮	*Tyto longimembris*		二级	
栗鸮	*Phodilus badius*		二级	

续表

中文名	学名	保护级别	备注
咬鹃目♯	TROGONIFORMES		
咬鹃科	Trogonidae		
橙胸咬鹃	*Harpactes oreskios*	二级	
红头咬鹃	*Harpactes erythrocephalus*	二级	
红腹咬鹃	*Harpactes wardi*	二级	
犀鸟目	BUCEROTIFORMES		
犀鸟科♯	Bucerotidae		
白喉犀鸟	*Anorrhinus austeni*	一级	
冠斑犀鸟	*Anthracoceros albirostris*	一级	
双角犀鸟	*Buceros bicornis*	一级	
棕颈犀鸟	*Aceros nipalensis*	一级	
花冠皱盔犀鸟	*Rhyticeros undulatus*	一级	
佛法僧目	CORACIIFORMES		
蜂虎科	Meropidae		
赤须蜂虎	*Nyctyornis amictus*	二级	
蓝须蜂虎	*Nyctyornis athertoni*	二级	
绿喉蜂虎	*Merops orientalis*	二级	
蓝颊蜂虎	*Merops persicus*	二级	
栗喉蜂虎	*Merops philippinus*	二级	
彩虹蜂虎	*Merops ornatus*	二级	
蓝喉蜂虎	*Merops viridis*	二级	
栗头蜂虎	*Merops leschenaultia*	二级	原名"黑胸蜂虎"
翠鸟科	Alcedinidae		
鹳嘴翡翠	*Pelargopsis capensis*	二级	原名"鹳嘴翠鸟"
白胸翡翠	*Halcyon smyrnensis*	二级	
蓝耳翠鸟	*Alcedo meninting*	二级	
斑头大翠鸟	*Alcedo hercules*	二级	

续表

中文名	学名	保护级别	备注
啄木鸟目	PICIFORMES		
啄木鸟科	Picidae		
白翅啄木鸟	*Dendrocopos leucopterus*	二级	
三趾啄木鸟	*Picoides tridactylus*	二级	
白腹黑啄木鸟	*Dryocopus javensis*	二级	
黑啄木鸟	*Dryocopus martius*	二级	
大黄冠啄木鸟	*Chrysophlegma flavinucha*	二级	
黄冠啄木鸟	*Picus chlorolophus*	二级	
红颈绿啄木鸟	*Picus rabieri*	二级	
大灰啄木鸟	*Mulleripicus pulverulentus*	二级	
隼形目♯	FALCONIFORMES		
隼科	Falconidae		
红腿小隼	*Microhierax caerulescens*	二级	
白腿小隼	*Microhierax melanoleucus*	二级	
黄爪隼	*Falco naumanni*	二级	
红隼	*Falco tinnunculus*	二级	
西红脚隼	*Falco vespertinus*	二级	
红脚隼	*Falco amurensis*	二级	
灰背隼	*Falco columbarius*	二级	
燕隼	*Falco subbuteo*	二级	
猛隼	*Falco severus*	二级	
猎隼	*Falco cherrug*	一级	
矛隼	*Falco rusticolus*	一级	
游隼	*Falco peregrinus*	二级	
鹦形目♯	PSITTACIFORMES		
鹦鹉科	Psittacidae		
短尾鹦鹉	*Loriculus vernalis*	二级	

续表

中文名	学名	保护级别	备注
蓝腰鹦鹉	*Psittinus cyanurus*	二级	
亚历山大鹦鹉	*Psittacula eupatria*	二级	
红领绿鹦鹉	*Psittacula krameri*	二级	
青头鹦鹉	*Psittacula himalayana*	二级	
灰头鹦鹉	*Psittacula finschii*	二级	
花头鹦鹉	*Psittacula roseata*	二级	
大紫胸鹦鹉	*Psittacula derbiana*	二级	
绯胸鹦鹉	*Psittacula alexandri*	二级	
雀形目	PASSERIFORMES		
八色鸫科♯	Pittidae		
双辫八色鸫	*Pitta phayrei*	二级	
蓝枕八色鸫	*Pitta nipalensis*	二级	
蓝背八色鸫	*Pitta soror*	二级	
栗头八色鸫	*Pitta oatesi*	二级	
蓝八色鸫	*Pitta cyanea*	二级	
绿胸八色鸫	*Pitta sordida*	二级	
仙八色鸫	*Pitta nympha*	二级	
蓝翅八色鸫	*Pitta moluccensis*	二级	
阔嘴鸟科♯	Eurylaimidae		
长尾阔嘴鸟	*Psarisomus dalhousiae*	二级	
银胸丝冠鸟	*Serilophus lunatus*	二级	
黄鹂科	Oriolidae		
鹊鹂	*Oriolus mellianus*	二级	
卷尾科	Dicruridae		
小盘尾	*Dicrurus remifer*	二级	
大盘尾	*Dicrurus paradiseus*	二级	
鸦科	Corvidae		

续表

中文名	学名	保护级别		备注
黑头噪鸦	*Perisoreus internigrans*	一级		
蓝绿鹊	*Cissa chinensis*		二级	
黄胸绿鹊	*Cissa hypoleuca*		二级	
黑尾地鸦	*Podoces hendersoni*		二级	
白尾地鸦	*Podoces biddulphi*		二级	
山雀科	Paridae			
白眉山雀	*Poecile superciliosus*		二级	
红腹山雀	*Poecile davidi*		二级	
百灵科	Alaudidae			
歌百灵	*Mirafra javanica*		二级	
蒙古百灵	*Melanocorypha mongolica*		二级	
云雀	*Alauda arvensis*		二级	
苇莺科	Acrocephalidae			
细纹苇莺	*Acrocephalus sorghophilus*		二级	
鹎科	Pycnonotidae			
台湾鹎	*Pycnonotus taivanus*		二级	
莺鹛科	Sylviidae			
金胸雀鹛	*Lioparus chrysotis*		二级	
宝兴鹛雀	*Moupinia poecilotis*		二级	
中华雀鹛	*Fulvetta striaticollis*		二级	
三趾鸦雀	*Cholornis paradoxus*		二级	
白眶鸦雀	*Sinosuthora conspicillata*		二级	
暗色鸦雀	*Sinosuthora zappeyi*		二级	
灰冠鸦雀	*Sinosuthora przewalskii*	一级		
短尾鸦雀	*Neosuthora davidiana*		二级	
震旦鸦雀	*Paradoxornis heudei*		二级	
绣眼鸟科	Zosteropidae			

续表

中文名	学名	保护级别		备注
红胁绣眼鸟	*Zosterops erythropleurus*		二级	
林鹛科	Timaliidae			
淡喉鹩鹛	*Spelaeornis kinneari*		二级	
弄岗穗鹛	*Stachyris nonggangensis*		二级	
幽鹛科	Pellorneidae			
金额雀鹛	*Schoeniparus variegaticeps*	一级		
噪鹛科	Leiothrichidae			
大草鹛	*Babax waddelli*		二级	
棕草鹛	*Babax koslowi*		二级	
画眉	*Garrulax canorus*		二级	
海南画眉	*Garrulax owstoni*		二级	
台湾画眉	*Garrulax taewanus*		二级	
褐胸噪鹛	*Garrulax maesi*		二级	
黑额山噪鹛	*Garrulax sukatschewi*	一级		
斑背噪鹛	*Garrulax lunulatus*		二级	
白点噪鹛	*Garrulax bieti*	一级		
大噪鹛	*Garrulax maximus*		二级	
眼纹噪鹛	*Garrulax ocellatus*		二级	
黑喉噪鹛	*Garrulax chinensis*		二级	
蓝冠噪鹛	*Garrulax courtoisi*	一级		
棕噪鹛	*Garrulax berthemyi*		二级	
橙翅噪鹛	*Trochalopteron elliotii*		二级	
红翅噪鹛	*Trochalopteron formosum*		二级	
红尾噪鹛	*Trochalopteron milnei*		二级	
黑冠薮鹛	*Liocichla bugunorum*	一级		
灰胸薮鹛	*Liocichla omeiensis*	一级		
银耳相思鸟	*Leiothrix argentauris*		二级	

续表

中文名	学名	保护级别	备注
红嘴相思鸟	*Leiothrix lutea*	二级	
旋木雀科	Certhiidae		
四川旋木雀	*Certhia tianquanensis*	二级	
鸸科	Sittidae		
滇鸸	*Sitta yunnanensis*	二级	
巨鸸	*Sitta magna*	二级	
丽鸸	*Sitta formosa*	二级	
椋鸟科	Sturnidae		
鹩哥	*Gracula religiosa*	二级	
鸫科	Turdidae		
褐头鸫	*Turdus feae*	二级	
紫宽嘴鸫	*Cochoa purpurea*	二级	
绿宽嘴鸫	*Cochoa viridis*	二级	
鹟科	Muscicapidae		
棕头歌鸲	*Larvivora ruficeps*	一级	
红喉歌鸲	*Calliope calliope*	二级	
黑喉歌鸲	*Calliope obscura*	二级	
金胸歌鸲	*Calliope pectardens*	二级	
蓝喉歌鸲	*Luscinia svecica*	二级	
新疆歌鸲	*Luscinia megarhynchos*	二级	
棕腹林鸲	*Tarsiger hyperythrus*	二级	
贺兰山红尾鸲	*Phoenicurus alaschanicus*	二级	
白喉石鵰	*Saxicola insignis*	二级	
白喉林鹟	*Cyornis brunneatus*	二级	
棕腹大仙鹟	*Niltava davidi*	二级	
大仙鹟	*Niltava grandis*	二级	
岩鹨科	Prunellidae		

中文名	学名	保护级别		备注
贺兰山岩鹨	*Prunella koslowi*		二级	
朱鹀科	Urocynchramidae			
朱鹀	*Urocynchramus pylzowi*		二级	
燕雀科	Fringillidae			
褐头朱雀	*Carpodacus sillemi*		二级	
藏雀	*Carpodacus roborowskii*		二级	
北朱雀	*Carpodacus roseus*		二级	
红交嘴雀	*Loxia curvirostra*		二级	
鹀科	Emberizidae			
蓝鹀	*Emberiza siemsseni*		二级	
栗斑腹鹀	*Emberiza jankowskii*	一级		
黄胸鹀	*Emberiza aureola*	一级		
藏鹀	*Emberiza koslowi*		二级	
爬行纲 REPTILIA				
龟鳖目	TESTUDINES			
平胸龟科♯	Platysternidae			
*平胸龟	*Platysternon megacephalum*		二级	仅限野外种群
陆龟科♯	Testudinidae			
缅甸陆龟	*Indotestudo elongata*	一级		
凹甲陆龟	*Manouria impressa*	一级		
四爪陆龟	*Testudo horsfieldii*	一级		
地龟科	Geoemydidae			
*欧氏摄龟	*Cyclemys oldhami*		二级	
*黑颈乌龟	*Mauremys nigricans*		二级	仅限野外种群
*乌龟	*Mauremys reevesii*		二级	仅限野外种群
*花龟	*Mauremys sinensis*		二级	仅限野外种群
*黄喉拟水龟	*Mauremys mutica*		二级	仅限野外种群

续表

中文名	学名	保护级别	备注
*闭壳龟属所有种	*Cuora* spp.	二级	仅限野外种群
*地龟	*Geoemyda spengleri*	二级	
*眼斑水龟	*Sacalia bealei*	二级	仅限野外种群
*四眼斑水龟	*Sacalia quadriocellata*	二级	仅限野外种群
海龟科♯	Cheloniidae		
*蠵龟	*Caretta caretta*	一级	
*绿海龟	*Chelonia mydas*	一级	
*玳瑁	*Eretmochelys imbricata*	一级	
*太平洋丽龟	*Lepidochelys olivacea*	一级	
棱皮龟科♯	Dermochelyidae		
*棱皮龟	*Dermochelys coriacea*	一级	
鳖科	Trionychidae		
*鼋	*Pelochelys cantorii*	一级	
*山瑞鳖	*Palea steindachneri*	二级	仅限野外种群
*斑鳖	*Rafetus swinhoei*	一级	
有鳞目	SQUAMATA		
壁虎科	Gekkonidae		
大壁虎	*Gekko gecko*	二级	
黑疣大壁虎	*Gekko reevesii*	二级	
球趾虎科	Sphaerodactylidae		
伊犁沙虎	*Teratoscincus scincus*	二级	
吐鲁番沙虎	*Teratoscincus roborowskii*	二级	
睑虎科♯	Eublepharidae		
英德睑虎	*Goniurosaurus yingdeensis*	二级	
越南睑虎	*Goniurosaurus araneus*	二级	
霸王岭睑虎	*Goniurosaurus bawanglingensis*	二级	
海南睑虎	*Goniurosaurus hainanensis*	二级	

中文名	学名	保护级别		备注
嘉道理睑虎	*Goniurosaurus kadoorieorum*		二级	
广西睑虎	*Goniurosaurus kwangsiensis*		二级	
荔波睑虎	*Goniurosaurus liboensis*		二级	
凭祥睑虎	*Goniurosaurus luii*		二级	
蒲氏睑虎	*Goniurosaurus zhelongi*		二级	
周氏睑虎	*Goniurosaurus zhoui*		二级	
鬣蜥科	Agamidae			
巴塘龙蜥	*Diploderma batangense*		二级	
短尾龙蜥	*Diploderma brevicandum*		二级	
侏龙蜥	*Diploderma drukdaypo*		二级	
滑腹龙蜥	*Diploderma laeviventre*		二级	
宜兰龙蜥	*Diploderma luei*		二级	
溪头龙蜥	*Diploderma makii*		二级	
帆背龙蜥	*Diploderma vela*		二级	
蜡皮蜥	*Leiolepis reevesii*		二级	
贵南沙蜥	*Phrynocephalus guinanensis*		二级	
大耳沙蜥	*Phrynocephalus mystaceus*	一级		
长鬣蜥	*Physignathus cocincinus*		二级	
蛇蜥科#	Anguidae			
细脆蛇蜥	*Ophisaurus gracilis*		二级	
海南脆蛇蜥	*Ophisaurus hainanensis*		二级	
脆蛇蜥	*Ophisaurus harti*		二级	
鳄蜥科	Shinisauridae			
鳄蜥	*Shinisaurus crocodilurus*	一级		
巨蜥科#	Varanidae			
孟加拉巨蜥	*Varanus bengalensis*	一级		
圆鼻巨蜥	*Varanus salvator*	一级		原名"巨蜥"

续表

中文名	学名	保护级别	备注
石龙子科	Scincidae		
桓仁滑蜥	*Scincella huanrenensis*	二级	
双足蜥科	Dibamidae		
香港双足蜥	*Dibamus bogadeki*	二级	
盲蛇科	Typhlopidae		
香港盲蛇	*Indotyphlops lazelli*	二级	
筒蛇科	Cykindrophiidae		
红尾筒蛇	*Cylindrophis ruffus*	二级	
闪鳞蛇科	Xenopeltidae		
闪鳞蛇	*Xenopeltis unicolor*	二级	
蚺科♯	Boidae		
红沙蟒	*Eryx miliaris*	二级	
东方沙蟒	*Eryx tataricus*	二级	
蟒科♯	Pythonidae		
蟒蛇	*Python bivittatus*	二级	原名"蟒"
闪皮蛇科	Xenodermidae		
井冈山脊蛇	*Achalinus jinggangensis*	二级	
游蛇科	Colubridae		
三索蛇	*Coelognathus radiatus*	二级	
团花锦蛇	*Elaphe davidi*	二级	
横斑锦蛇	*Euprepiophis perlaceus*	二级	
尖喙蛇	*Rhynchophis boulengeri*	二级	
西藏温泉蛇	*Thermophis baileyi*	一级	
香格里拉温泉蛇	*Thermophis shangrila*	一级	
四川温泉蛇	*Thermophis zhaoermii*	一级	
黑网乌梢蛇	*Zaocys carinatus*	二级	
瘰鳞蛇科	Acrochordidae		
˙瘰鳞蛇	*Acrochordus granulatus*	二级	

续表

中文名	学名	保护级别	备注
眼镜蛇科	Elapidae		
眼镜王蛇	*Ophiophagus hannah*	二级	
*蓝灰扁尾海蛇	*Laticauda colubrina*	二级	
*扁尾海蛇	*Laticauda laticaudata*	二级	
*半环扁尾海蛇	*Laticauda semifasciata*	二级	
*龟头海蛇	*Emydocephalus ijimae*	二级	
*青环海蛇	*Hydrophis cyanocinctus*	二级	
*环纹海蛇	*Hydrophis fasciatus*	二级	
*黑头海蛇	*Hydrophis melanocephalus*	二级	
*淡灰海蛇	*Hydrophis ornatus*	二级	
*棘眦海蛇	*Hydrophis peronii*	二级	
*棘鳞海蛇	*Hydrophis stokesii*	二级	
*青灰海蛇	*Hydrophis caerulescens*	二级	
*平颏海蛇	*Hydrophis curtus*	二级	
*小头海蛇	*Hydrophis gracilis*	二级	
*长吻海蛇	*Hydrophis platurus*	二级	
*截吻海蛇	*Hydrophis jerdonii*	二级	
*海蝰	*Hydrophis viperinus*	二级	
蝰科	Viperidae		
泰国圆斑蝰	*Daboia siamensis*	二级	
蛇岛蝮	*Gloydius shedaoensis*	二级	
角原矛头蝮	*Protobothrops cornutus*	二级	
莽山烙铁头蛇	*Protobothrops mangshanensis*	一级	
极北蝰	*Vipera berus*	二级	
东方蝰	*Vipera renardi*	二级	
鳄目	CROCODYLIA		
鼍科♯	Alligatoridae		
*扬子鳄	*Alligator sinensis*	一级	

续表

中文名	学名	保护级别	备注
两栖纲 *AMPHIBIA*			
蚓螈目	GYMNOPHIONA		
鱼螈科	Ichthyophiidae		
版纳鱼螈	*Ichthyophis bannanicus*	二级	
有尾目	CAUDATA		
小鲵科♯	Hynobiidae		
*安吉小鲵	*Hynobius amjiensis*	一级	
*中国小鲵	*Hynobius chinensis*	一级	
*挂榜山小鲵	*Hynobius guabangshanensis*	一级	
*猫儿山小鲵	*Hynobius maoershansis*	一级	
*普雄原鲵	*Protohynobius puxiongensis*	一级	
*辽宁爪鲵	*Onychodactylus zhaoermii*	一级	
*吉林爪鲵	*Onychodactylus zhangyapingi*	二级	
*新疆北鲵	*Ranodon sibiricus*	二级	
*极北鲵	*Salamandrella keyserlingii*	二级	
*巫山巴鲵	*Liua shihi*	二级	
*秦巴巴鲵	*Liua tsinpaensis*	二级	
*黄斑拟小鲵	*Pseudohynobius flavomaculatus*	二级	
*贵州拟小鲵	*Pseudohynobius guizhouensis*	二级	
*金佛拟小鲵	*Pseudohynobius jinfo*	二级	
*宽阔水拟小鲵	*Pseudohynobius kuankuoshuiensis*	二级	
*水城拟小鲵	*Pseudohynobius shuichengensis*	二级	
*弱唇褶山溪鲵	*Batrachuperus cochranae*	二级	
*无斑山溪鲵	*Batrachuperus karlschmidti*	二级	
*龙洞山溪鲵	*Batrachuperus londongensis*	二级	
*山溪鲵	*Batrachuperus pinchonii*	二级	

中文名	学名	保护级别		备注
* 西藏山溪鲵	*Batrachuperus tibetanus*		二级	
* 盐源山溪鲵	*Batrachuperus yenyuanensis*		二级	
* 阿里山小鲵	*Hynobius arisanensis*		二级	
* 台湾小鲵	*Hynobius formosanus*		二级	
* 观雾小鲵	*Hynobius fuca*		二级	
* 南湖小鲵	*Hynobius glacialis*		二级	
* 东北小鲵	*Hynobius leechii*		二级	
* 楚南小鲵	*Hynobius sonani*		二级	
* 义乌小鲵	*Hynobius yiwuensis*		二级	
隐鳃鲵科	Cryptobranchidae			
* 大鲵	*Andrias davidianus*		二级	仅限野外种群
蝾螈科	Salamandroidae			
* 潮汕蝾螈	*Cynops orphicus*		二级	
* 大凉螈	*Liangshantriton taliangensis*		二级	原名"大凉疣螈"
* 贵州疣螈	*Tylototriton kweichowensis*		二级	
* 川南疣螈	*Tylototriton pseudoverrucosus*		二级	
* 丽色疣螈	*Tylototriton pulcherrima*		二级	
* 红瘰疣螈	*Tylototriton shanjing*		二级	
* 棕黑疣螈	*Tylototriton verrucosus*		二级	原名"细瘰疣螈"
* 滇南疣螈	*Tylototriton yangi*		二级	
* 安徽瑶螈	*Yaotriton anhuiensis*		二级	
* 细痣瑶螈	*Yaotriton asperrimus*		二级	原名"细痣疣螈"
* 宽脊瑶螈	*Yaotriton broadoridgus*		二级	
* 大别瑶螈	*Yaotriton dabienicus*		二级	
* 海南瑶螈	*Yaotriton hainanensis*		二级	
* 浏阳瑶螈	*Yaotriton liuyangensis*		二级	
* 莽山瑶螈	*Yaotriton lizhenchangi*		二级	
* 文县瑶螈	*Yaotriton wenxianensis*		二级	
* 蔡氏瑶螈	*Yaotriton ziegleri*		二级	
* 镇海棘螈	*Echinotriton chinhaiensis*	一级		原名"镇海疣螈"
* 琉球棘螈	*Echinotriton andersoni*		二级	

续表

中文名	学名	保护级别	备注
*高山棘螈	*Echinotriton maxiquadratus*	二级	
*橙脊瘰螈	*Paramesotriton aurantius*	二级	
*尾斑瘰螈	*Paramesotriton caudopunctatus*	二级	
*中国瘰螈	*Paramesotriton chinensis*	二级	
*越南瘰螈	*Paramesotriton deloustali*	二级	
*富钟瘰螈	*Paramesotriton fuzhongensis*	二级	
*广西瘰螈	*Paramesotriton guangxiensis*	二级	
*香港瘰螈	*Paramesotriton hongkongensis*	二级	
*无斑瘰螈	*Paramesotriton labiatus*	二级	
*龙里瘰螈	*Paramesotriton longliensis*	二级	
*茂兰瘰螈	*Paramesotriton maolanensis*	二级	
*七溪岭瘰螈	*Paramesotriton qixilingensis*	二级	
*武陵瘰螈	*Paramesotriton wulingensis*	二级	
*云雾瘰螈	*Paramesotriton yunwuensis*	二级	
*织金瘰螈	*Paramesotriton zhijinensis*	二级	
无尾目	ANURA		
角蟾科	Megophryidae		
抱龙角蟾	*Boulenophrys baolongensis*	二级	
凉北齿蟾	*Oreolalax liangbeiensis*	二级	
金顶齿突蟾	*Scutiger chintingensis*	二级	
九龙齿突蟾	*Scutiger jiulongensis*	二级	
木里齿突蟾	*Scutiger muliensis*	二级	
宁陕齿突蟾	*Scutiger ningshanensis*	二级	
平武齿突蟾	*Scutiger pingwuensis*	二级	
哀牢髭蟾	*Vibrissaphora ailaonica*	二级	
峨眉髭蟾	*Vibrissaphora boringii*	二级	
雷山髭蟾	*Vibrissaphora leishanensis*	二级	
原髭蟾	*Vibrissaphora promustache*	二级	
南澳岛角蟾	*Xenophrys insularis*	二级	
水城角蟾	*Xenophrys shuichengensis*	二级	
蟾蜍科	Bufonidae		

续表

中文名	学名	保护级别	备注
史氏蟾蜍	*Bufo stejnegeri*	二级	
鳞皮小蟾	*Parapelophryne scalpta*	二级	
乐东蟾蜍	*Qiongbufo ledongensis*	二级	
无棘溪蟾	*Torrentophryne aspinia*	二级	
叉舌蛙科	Dicroglossidae		
*虎纹蛙	*Hoplobatrachus chinensis*	二级	仅限野外种群
*脆皮大头蛙	*Limnonectes fragilis*	二级	
*叶氏肛刺蛙	*Yerana yei*	二级	
蛙科	Ranidae		
*海南湍蛙	*Amolops hainanensis*	二级	
*香港湍蛙	*Amolops hongkongensis*	二级	
*小腺蛙	*Glandirana minima*	二级	
*务川臭蛙	*Odorrana wuchuanensis*	二级	
树蛙科	Rhacophoridae		
巫溪树蛙	*Rhacophorus hongchibaensis*	二级	
老山树蛙	*Rhacophorus laoshan*	二级	
罗默刘树蛙	*Liuixalus romeri*	二级	
洪佛树蛙	*Rhacophorus hungfuensis*	二级	
文昌鱼纲　AMPHIOXI			
文昌鱼目	AMPHIOXIFORMES		
文昌鱼科♯	Branchiostomatidae		
*厦门文昌鱼	*Branchiostoma belcheri*	二级	仅限野外种群。原名"文昌鱼"。
*青岛文昌鱼	*Branchiostoma tsingdauense*	二级	仅限野外种群
圆口纲　CYCLOSTOMATA			
七鳃鳗目	PETROMYZONTIFORMES		
七鳃鳗科♯	Petromyzontidae		
*日本七鳃鳗	*Lampetra japonica*	二级	
*东北七鳃鳗	*Lampetra morii*	二级	
*雷氏七鳃鳗	*Lampetra reissneri*	二级	

续表

中文名	学名	保护级别	备注
软骨鱼纲　CHONDRICHTHYES			
鼠鲨目	LAMNIFORMES		
姥鲨科	Cetorhinidae		
*姥鲨	*Cetorhinus maximus*	二级	
鼠鲨科	Lamnidae		
*噬人鲨	*Carcharodon carcharias*	二级	
须鲨目	ORECTOLOBIFORMES		
鲸鲨科	Rhincodontidae		
*鲸鲨	*Rhincodon typus*	二级	
鲼目	MYLIOBATIFORMES		
魟科	Dasyatidae		
*黄魟	*Dasyatis bennettii*	二级	仅限陆封种群
硬骨鱼纲　OSTEICHTHYES			
鲟形目♯	ACIPENSERIFORMES		
鲟科	Acipenseridae		
*中华鲟	*Acipenser sinensis*	一级	
*长江鲟	*Acipenser dabryanus*	一级	原名"达氏鲟"
*鳇	*Huso dauricus*	一级	仅限野外种群
*西伯利亚鲟	*Acipenser baerii*	二级	仅限野外种群
*裸腹鲟	*Acipenser nudiventris*	二级	仅限野外种群
*小体鲟	*Acipenser ruthenus*	二级	仅限野外种群
*施氏鲟	*Acipenser schrenckii*	二级	仅限野外种群
匙吻鲟科	Polyodontidae		
*白鲟	*Psephurus gladius*	一级	
鳗鲡目	ANGUILLIFORMES		
鳗鲡科	Anguillidae		
*花鳗鲡	*Anguilla marmorata*	二级	

续表

中文名	学名	保护级别		备注
鲱形目	CLUPEIFORMES			
鲱科	Clupeidae			
*鲥	*Tenualosa reevesii*	一级		
鲤形目	CYPRINIFORMES			
双孔鱼科	Gyrinocheilidae			
*双孔鱼	*Gyrinocheilus aymonieri*		二级	仅限野外种群
裸吻鱼科	Psilorhynchidae			
*平鳍裸吻鱼	*Psilorhynchus homaloptera*		二级	
亚口鱼科	Catostomidae			原名"胭脂鱼科"
*胭脂鱼	*Myxocyprinus asiaticus*		二级	仅限野外种群
鲤科	Cyprinidae			
*唐鱼	*Tanichthys albonubes*		二级	仅限野外种群
*稀有鮈鲫	*Gobiocypris rarus*		二级	仅限野外种群
*鯮	*Luciobrama macrocephalus*		二级	
*多鳞白鱼	*Anabarilius polylepis*		二级	
*山白鱼	*Anabarilius transmontanus*		二级	
*北方铜鱼	*Coreius septentrionalis*	一级		
*圆口铜鱼	*Coreius guichenoti*		二级	仅限野外种群
*大鼻吻鮈	*Rhinogobio nasutus*		二级	
*长鳍吻鮈	*Rhinogobio ventralis*		二级	
*平鳍鳅鮀	*Gobiobotia homalopteroidea*		二级	
*单纹似鱤	*Luciocyprinus langsoni*		二级	
*金线鲃属所有种	*Sinocyclocheilus* spp.		二级	
*四川白甲鱼	*Onychostoma angustistomata*		二级	
*多鳞白甲鱼	*Onychostoma macrolepis*		二级	仅限野外种群
*金沙鲈鲤	*Percocypris pingi*		二级	仅限野外种群
*花鲈鲤	*Percocypris regani*		二级	仅限野外种群

续表

中文名	学名	保护级别		备注
* 后背鲈鲤	*Percocypris retrodorslis*		二级	仅限野外种群
* 张氏鲈鲤	*Percocypris tchangi*		二级	仅限野外种群
* 裸腹盲鲃	*Typhlobarbus nudiventris*		二级	
* 角鱼	*Akrokolioplax bicornis*		二级	
* 骨唇黄河鱼	*Chuanchia labiosa*		二级	
* 极边扁咽齿鱼	*Platypharodon extremus*		二级	仅限野外种群
* 细鳞裂腹鱼	*Schizothorax chongi*		二级	仅限野外种群
* 巨须裂腹鱼	*Schizothorax macropogon*		二级	
* 重口裂腹鱼	*Schizothorax davidi*		二级	仅限野外种群
* 拉萨裂腹鱼	*Schizothorax waltoni*		二级	仅限野外种群
* 塔里木裂腹鱼	*Schizothorax biddulphi*		二级	仅限野外种群
* 大理裂腹鱼	*Schizothorax taliensis*		二级	仅限野外种群
* 扁吻鱼	*Aspiorhynchus laticeps*	一级		原名"新疆大头鱼"
* 厚唇裸重唇鱼	*Gymnodiptychus pachycheilus*		二级	仅限野外种群
* 斑重唇鱼	*Diptychus maculatus*		二级	
* 尖裸鲤	*Oxygymnocypris stewartii*		二级	仅限野外种群
* 大头鲤	*Cyprinus pellegrini*		二级	仅限野外种群
* 小鲤	*Cyprinus micristius*		二级	
* 抚仙鲤	*Cyprinus fuxianensis*		二级	
* 岩原鲤	*Procypris rabaudi*		二级	仅限野外种群
* 乌原鲤	*Procypris merus*		二级	
* 大鳞鲢	*Hypophthalmichthys harmandi*		二级	
鳅科	Cobitidae			
* 红唇薄鳅	*Leptobotia rubrilabris*		二级	仅限野外种群
* 黄线薄鳅	*Leptobotia flavolineata*		二级	
* 长薄鳅	*Leptobotia elongata*		二级	仅限野外种群
条鳅科	Nemacheilidae			
* 无眼岭鳅	*Oreonectes anophthalmus*		二级	
* 拟鲇高原鳅	*Triplophysa siluroides*		二级	仅限野外种群
* 湘西盲高原鳅	*Triplophysa xiangxiensis*		二级	
* 小头高原鳅	*Triphophysa minuta*		二级	

续表

中文名	学名	保护级别	备注
爬鳅科	Balitoridae		
*厚唇原吸鳅	*Protomyzon pachychilus*	二级	
鲇形目	SILURIFORMES		
鲿科	Bagridae		
*斑鳠	*Hemibagrus guttatus*	二级	仅限野外种群
鲇科	Siluridae		
*昆明鲇	*Silurus mento*	二级	
𩾌科	Pangasiidae		
*长丝𩾌	*Pangasius sanitwangsei*	一级	
钝头鮠科	Amblycipitidae		
*金氏𩷽	*Liobagrus kingi*	二级	
鮡科	Sisoridae		
*长丝黑鮡	*Gagata dolichonema*	二级	
*青石爬鮡	*Euchiloglanis davidi*	二级	
*黑斑原鮡	*Glyptosternum maculatum*	二级	
*鲃	*Bagarius bagarius*	二级	
*红鲃	*Bagarius rutilus*	二级	
*巨鲃	*Bagarius yarrelli*	二级	
鲑形目	SALMONIFORMES		
鲑科	Salmonidae		
*细鳞鲑属所有种	*Brachymystax* spp.	二级	仅限野外种群
*川陕哲罗鲑	*Hucho bleekeri*	一级	
*哲罗鲑	*Hucho taimen*	二级	仅限野外种群
*石川氏哲罗鲑	*Hucho ishikawai*	二级	
*花羔红点鲑	*Salvelinus malma*	二级	仅限野外种群
*马苏大马哈鱼	*Oncorhynchus masou*	二级	
*北鲑	*Stenodus leucichthys*	二级	

续表

中文名	学名		保护级别	备注
*北极茴鱼	*Thymallus arcticus*		二级	仅限野外种群
*下游黑龙江茴鱼	*Thymallus tugarinae*		二级	仅限野外种群
*鸭绿江茴鱼	*Thymallus yaluensis*		二级	仅限野外种群
海龙鱼目	SYNGNATHIFORMES			
海龙鱼科	Syngnathidae			
*海马属所有种	*Hippocampus* spp.		二级	仅限野外种群
鲈形目	PERCIFORMES			
石首鱼科	Sciaenidae			
*黄唇鱼	*Bahaba taipingensis*	一级		
隆头鱼科	Labridae			
*波纹唇鱼	*Cheilinus undulatus*		二级	仅限野外种群
鲉形目	SCORPAENIFORMES			
杜父鱼科	Cottidae			
*松江鲈	*Trachidermus fasciatus*		二级	仅限野外种群。原名"松江鲈鱼"
半索动物门　HEMICHORDATA				
肠鳃纲　ENTEROPNEUSTA				
柱头虫目	BALANOGLOSSIDA			
殖翼柱头虫科	Ptychoderidae			
*多鳃孔舌形虫	*Glossobalanus polybran-chioporus*	一级		
*三崎柱头虫	*Balanoglossus misakiensis*		二级	
*短殖舌形虫	*Glossobalanus mortenseni*		二级	
*肉质柱头虫	*Balanoglossus carnosus*		二级	
*黄殖翼柱头虫	*Ptychodera flava*		二级	
史氏柱头虫科	Spengeliidae			
*青岛橡头虫	*Glandiceps qingdaoensis*		二级	
玉钩虫科	Harrimaniidae			

中文名	学名	保护级别	备注
*黄岛长吻虫	*Saccoglossus hwangtauensis*	一级	
节肢动物门　ARTHROPODA			
昆虫纲　INSECTA			
双尾目	DIPLURA		
铗虮科	Japygidae		
伟铗虮	*Atlasjapyx atlas*	二级	
䗛目	PHASMATODEA		
叶䗛科♯	Phyllidae		
丽叶䗛	*Phyllium pulchrifolium*	二级	
中华叶䗛	*Phyllium sinensis*	二级	
泛叶䗛	*Phyllium celebicum*	二级	
翔叶䗛	*Phyllium westwoodi*	二级	
东方叶䗛	*Phyllium siccifolium*	二级	
独龙叶䗛	*Phyllium drunganum*	二级	
同叶䗛	*Phyllium parum*	二级	
滇叶䗛	*Phyllium yunnanense*	二级	
藏叶䗛	*Phyllium tibetense*	二级	
珍叶䗛	*Phyllium rarum*	二级	
蜻蜓目	ODONATA		
箭蜓科	Gomphidae		
扭尾曦春蜓	*Heliogomphus retroflexus*	二级	原名"尖板曦箭蜓"
棘角蛇纹春蜓	*Ophiogomphus spinicornis*	二级	原名"宽纹北箭蜓"
缺翅目	ZORAPTERA		
缺翅虫科	Zorotypidae		
中华缺翅虫	*Zorotypus sinensis*	二级	
墨脱缺翅虫	*Zorotypus medoensis*	二级	
蛩蠊目	GRYLLOBLATTODAE		
蛩蠊科	Grylloblattidae		

续表

中文名	学名	保护级别	备注
中华蛩蠊	*Galloisiana sinensis*	一级	
陈氏西蛩蠊	*Grylloblattella cheni*	一级	
脉翅目	NEUROPTERA		
旌蛉科	Nemopteridae		
中华旌蛉	*Nemopistha sinica*	二级	
鞘翅目	COLEOPTERA		
步甲科	Carabidae		
拉步甲	*Carabus lafossei*	二级	
细胸大步甲	*Carabus osawai*	二级	
巫山大步甲	*Carabus ishizukai*	二级	
库班大步甲	*Carabus kubani*	二级	
桂北大步甲	*Carabus guibeicus*	二级	
贞大步甲	*Carabus penelope*	二级	
蓝鞘大步甲	*Carabus cyaneogigas*	二级	
滇川大步甲	*Carabus yunanensis*	二级	
硕步甲	*Carabus davidi*	二级	
两栖甲科	Amphizoidae		
中华两栖甲	*Amphizoa sinica*	二级	
长阎甲科	Synteliidae		
中华长阎甲	*Syntelia sinica*	二级	
大卫长阎甲	*Syntelia davidis*	二级	
玛氏长阎甲	*Syntelia mazuri*	二级	
臂金龟科	Euchiridae		
戴氏棕臂金龟	*Propomacrus davidi*	二级	
玛氏棕臂金龟	*Propomacrus muramotoae*	二级	
越南臂金龟	*Cheirotonus battareli*	二级	
福氏彩臂金龟	*Cheirotonus fujiokai*	二级	

续表

中文名	学名	保护级别		备注
格彩臂金龟	*Cheirotonus gestroi*		二级	
台湾长臂金龟	*Cheirotonus formosanus*		二级	
阳彩臂金龟	*Cheirotonus jansoni*		二级	
印度长臂金龟	*Cheirotonus macleayii*		二级	
昭沼氏长臂金龟	*Cheirotonus terunumai*		二级	
金龟科	Scarabaeidae			
艾氏泽蜣螂	*Scarabaeus erichsoni*		二级	
拜氏蜣螂	*Scarabaeus babori*		二级	
悍马巨蜣螂	*Heliocopris bucephalus*		二级	
上帝巨蜣螂	*Heliocopris dominus*		二级	
迈达斯巨蜣螂	*Heliocopris midas*		二级	
犀金龟科	Dynastidae			
戴叉犀金龟	*Trypoxylus davidis*		二级	原名"叉犀金龟"
粗尤犀金龟	*Eupatorus hardwickii*		二级	
细角尤犀金龟	*Eupatorus gracilicornis*		二级	
胫晓扁犀金龟	*Eophileurus tetraspermexitus*		二级	
锹甲科	Lucanidae			
安达刀锹甲	*Dorcus antaeus*		二级	
巨叉深山锹甲	*Lucanus hermani*		二级	
鳞翅目	LEPIDOPTERA			
凤蝶科	Papilionidae			
喙凤蝶	*Teinopalpus imperialism*		二级	
金斑喙凤蝶	*Teinopalpus aureus*	一级		
裳凤蝶	*Troides helena*		二级	
金裳凤蝶	*Troides aeacus*		二级	
荧光裳凤蝶	*Troides magellanus*		二级	

续表

中文名	学名	保护级别	备注
鸟翼裳凤蝶	*Troides amphrysus*	二级	
珂裳凤蝶	*Troides criton*	二级	
楔纹裳凤蝶	*Troides cuneifera*	二级	
小斑裳凤蝶	*Troides haliphron*	二级	
多尾凤蝶	*Bhutanitis lidderdalii*	二级	
不丹尾凤蝶	*Bhutanitis ludlowi*	二级	
双尾褐凤蝶	*Bhutanitis mansfieldi*	二级	
玄裳尾凤蝶	*Bhutanitis nigrilima*	二级	
三尾褐凤蝶	*Bhutanitis thaidina*	二级	
玉龙尾凤蝶	*Bhutanitis yulongensisn*	二级	
丽斑尾凤蝶	*Bhutanitis pulchristriata*	二级	
锤尾凤蝶	*Losaria coon*	二级	
中华虎凤蝶	*Luehdorfia chinensis*	二级	
蛱蝶科	Nymphalidae		
最美紫蛱蝶	*Sasakia pulcherrima*	二级	
黑紫蛱蝶	*Sasakia funebris*	二级	
绢蝶科	Parnassidae		
阿波罗绢蝶	*Parnassius apollo*	二级	
君主娟蝶	*Parnassius imperator*	二级	
灰蝶科	Lycaenidea		
大斑霾灰蝶	*Maculinea arionides*	二级	
秀山霾灰蝶	*Phengaris xiushani*	二级	
蛛形纲 ARACHNIDA			
蜘蛛目	**ARANEAE**		
捕鸟蛛科	Theraphosidae		
海南塞勒蛛	*Cyriopagopus hainanus*	二级	

续表

中文名	学名	保护级别	备注
肢口纲　MEROSTOMATA			
剑尾目	XIPHOSURA		
鲎科♯	Tachypleidae		
*中国鲎	*Tachypleus tridentatus*	二级	
*圆尾蝎鲎	*Carcinoscorpius rotundicauda*	二级	
软甲纲　MALACOSTRACA			
十足目	DECAPODA		
龙虾科	Palinuridae		
*锦绣龙虾	*Panulirus ornatus*	二级	仅限野外种群
软体动物门　MOLLUSCA			
双壳纲　BIVALVIA			
珍珠贝目	PTERIOIDA		
珍珠贝科	Pteriidae		
*大珠母贝	*Pinctada maxima*	二级	仅限野外种群
帘蛤目	VENEROIDA		
砗磲科♯	Tridacnidae		
*大砗磲	*Tridacna gigas*	一级	原名"库氏砗磲"
*无鳞砗磲	*Tridacna derasa*	二级	仅限野外种群
*鳞砗磲	*Tridacna squamosa*	二级	仅限野外种群
*长砗磲	*Tridacna maxima*	二级	仅限野外种群
*番红砗磲	*Tridacna crocea*	二级	仅限野外种群
*砗蚝	*Hippopus hippopus*	二级	仅限野外种群
蚌目	UNIONIDA		
珍珠蚌科	Margaritanidae		
*珠母珍珠蚌	*Margarritiana dahurica*	二级	仅限野外种群
蚌科	Unionidae		
*佛耳丽蚌	*Lamprotula mansuyi*	二级	

续表

中文名	学名	保护级别	备注
*绢丝丽蚌	*Lamprotula fibrosa*	二级	
*背瘤丽蚌	*Lamprotula leai*	二级	
*多瘤丽蚌	*Lamprotula polysticta*	二级	
*刻裂丽蚌	*Lamprotula scripta*	二级	
截蛏科	Solecurtidae		
*中国淡水蛏	*Novaculina chinensis*	二级	
*龙骨蛏蚌	*Solenaia carinatus*	二级	
头足纲 CEPHALOPODA			
鹦鹉螺目	NAUTILIDA		
鹦鹉螺科	Nautilidae		
*鹦鹉螺	*Nautilus pompilius*	一级	
腹足纲 GASTROPODA			
田螺科	Viviparidae		
*螺蛳	*Margarya melanioides*	二级	
蝾螺科	Turbinidae		
*夜光蝾螺	*Turbo marmoratus*	二级	
宝贝科	Cypraeidae		
*虎斑宝贝	*Cypraea tigris*	二级	
冠螺科	Cassididae		
*唐冠螺	*Cassis cornuta*	二级	原名"冠螺"
法螺科	Charoniidae		
*法螺	*Charonia tritonis*	二级	
刺胞动物门 CNIDARIA			
珊瑚纲 ANTHOZOA			
角珊瑚目♯	ANTIPATHARIA		
*角珊瑚目所有种	*antipatharia* spp.	二级	

续表

中文名	学名	保护级别	备注
石珊瑚目 ♯	SCLERACTINIA		
*石珊瑚目所有种	*scleractinia* spp.	二级	
苍珊瑚目	HELIOPORACEA		
苍珊瑚科 ♯	Helioporidae		
*苍珊瑚科所有种	*Helioporidae* spp.	二级	
软珊瑚目	ALCYONACEA		
笙珊瑚科	Tubiporidae		
*笙珊瑚	*Tubipora musica*	二级	
红珊瑚科 ♯	Coralliidae		
*红珊瑚科所有种	*Coralliidae* spp.	一级	
竹节柳珊瑚科	Isididae		
*粗糙竹节柳珊瑚	*Isis hippuris*	二级	
*细枝竹节柳珊瑚	*Isis minorbrachyblasta*	二级	
*网枝竹节柳珊瑚	*Isis reticulata*	二级	
水螅纲　HYDROZOA			
花裸螅目	ANTHOATHECATA		
多孔螅科 ♯	Milleporidae		
*分叉多孔螅	*Millepora dichotoma*	二级	
*节块多孔螅	*Millepora exaesa*	二级	
*窝形多孔螅	*Millepora foveolata*	二级	
*错综多孔螅	*Millepora intricata*	二级	

续表

中文名	学名	保护级别	备注
* 阔叶多孔螅	*Millepora latifolia*	二级	
* 扁叶多孔螅	*Millepora platyphylla*	二级	
* 娇嫩多孔螅	*Millepora tenera*	二级	
柱星螅科♯	Stylasteridae		
* 无序双孔螅	*Distichopora irregularis*	二级	
* 紫色双孔螅	*Distichopora violacea*	二级	
* 佳丽刺柱螅	*Errina dabneyi*	二级	
* 扇形柱星螅	*Stylaster flabelliformis*	二级	
* 细巧柱星螅	*Stylaster gracilis*	二级	
* 佳丽柱星螅	*Stylaster pulcher*	二级	
* 艳红柱星螅	*Stylaster sanguineus*	二级	
* 粗糙柱星螅	*Stylaster scabiosus*	二级	

注:1.标"＊"者,代表水生野生动物,由渔业行政主管部门主管;未标"＊"者,由林业和草原主管部门主管。

　　2.标"♯"者,代表该分类单元所有种均列入名录。

附录3 中国外来入侵物种名单

附 3.1 第一批外来入侵物种名单

2003 年 1 月 10 日,国家环保总局与中国科学院联合发布第一批外来入侵物种名单,包括紫茎泽兰、薇甘菊、空心莲子草、豚草、毒麦、互花米草、飞机草、凤尾莲、假高粱、蔗扁蛾、湿地松粉蚧、强大小蠹、美国白蛾、非洲大蜗牛、福寿螺、牛蛙共 16 种。

附 3.2 第二批外来入侵物种名单

2010 年 1 月 7 日,环境保护部和中国科学院联合制定,由环境保护部发布第二批外来入侵物种名单,包括马缨丹、三裂叶豚草、大藻、加拿大一枝黄花、蒺藜草、银胶菊、黄顶菊、土荆芥、刺苋、落葵薯、桉树枝瘿姬小蜂、稻水象甲、红火蚁、克氏原螯虾、苹果蠹蛾、三叶草斑潜蝇、松材线虫、松突圆蚧、椰心叶甲共 19 种。

附 3.3 第三批外来入侵物种名单

2014 年 8 月 20 日,环境保护部发布第三批外来入侵物种名单,包括反枝苋、钻形紫菀、三叶鬼针草、小蓬草、苏门白酒草、一年蓬、假臭草、刺苍耳、圆叶牵牛、长刺蒺藜草、巴西龟、豹纹脂身鲇、红腹锯鲑脂鲤、尼罗罗非鱼、红棕象甲、悬铃木方翅网蝽、扶桑绵粉蚧、刺桐姬小蜂共 18 种。

附 3.4 第四批外来入侵物种名单

2016 年 12 月 20 日,环境保护部发布第四批外来入侵物种名单,包括长芒苋、垂序商陆、光荚含羞草、五爪金龙、喀西茄、黄花刺茄、刺果瓜、藿香蓟、大狼杷草、野燕麦、水盾草、食蚊鱼、美洲大蠊、德国小蠊、无花果蜡蚧、枣实蝇、椰子木蛾、松树蜂共 18 种。

附录4　有关法律条例目录

《中华人民共和国宪法》(2018 年修正)

《中华人民共和国标准化法》(2017 年修订)

《中华人民共和国草原法》(2021 年修正)

《中华人民共和国城乡规划法》(2019 年修正)

《中华人民共和国传染病防治法》(2013 年修正)

《中华人民共和国大气污染防治法》(2018 年修正)

《中华人民共和国防沙治沙法》(2018 年修正)

《中华人民共和国放射性污染防治法》

《中华人民共和国固体废物污染环境防治法》(2020 年修正)

《中华人民共和国海洋环境保护法》(2023 年修订)

《中华人民共和国海域使用管理法》

《中华人民共和国行政强制法》

《中华人民共和国行政许可法》(2019 年修正)

《中华人民共和国环境保护法》(2014 年修订)

《中华人民共和国环境保护税法》(2018 年修正)

《中华人民共和国环境影响评价法》(2018 年修正)

《中华人民共和国噪声污染防治法》

《中华人民共和国节约能源法》(2018 年修正)

《中华人民共和国可再生能源法》(2009 年修正)

《中华人民共和国矿产资源法》(2009 年修正)

《中华人民共和国陆生野生动物保护实施条例》(2016 年修订)

《中华人民共和国煤炭法》(2016 年修正)

《中华人民共和国农业法》(2012 年修正)

《中华人民共和国气象法》(2016 年修正)

《中华人民共和国清洁生产促进法》(2012 年修正)

《中华人民共和国森林法实施条例》(2018 年修订)

《中华人民共和国水法》(2016 年修正)

《中华人民共和国水土保持法》(2010 年修订)

《中华人民共和国水污染防治法》(2017 年修正)

《中华人民共和国土地管理法》(2019 年修正)

《中华人民共和国土壤污染防治法》

《中华人民共和国循环经济促进法》(2018 年修正)

《中华人民共和国野生动物保护法》(2022 年修订)

《中华人民共和国渔业法》(2013 年修正)

《中华人民共和国自然保护区条例》(2017 年修订)

《中华人民共和国野生植物保护条例》(2017 年修订)

《中华人民共和国植物新品种保护条例》(2014 年修订)

《中华人民共和国刑法》(2020 年修正)

《野生药材资源保护管理条例》

《植物检疫条例》(2017 年修订)

《重大动物疫情应急条例》(2017 年修订)

《草种管理办法》(2015 年修订)

《国家重点保护野生动物驯养繁殖许可证管理办法》(2015 年修正)

《湿地保护管理规定》(2017 年修正)

附录5 草地环境损害指标的野外调研方法和数据获取途径说明

附 5.1 植物群落的物种组成、相对多度及冠层盖度

(1)调查时间和频度:在植物生长旺盛期、各地区打草之前进行调查。

(2)调查方法:在每个调查样点,首先按照附图 5.1 所示空间布局示意图,确定草本和灌木样方的中心点位置。然后以该点为中心设置 1 m×1 m 草本样方,目测植物群落的冠层盖度,记录样方内出现的所有植物物种的学名,并对每个物种的株丛数、株丛大小(丛茎和分蘖数)、营养枝和生殖枝高度等几个指标进行测量和记录。如果调查样地内有灌木,则须以每个中心点为圆心设置半径为 5 m 的灌木样方,然后调查并记录样方内所有灌木的种类、数量、冠幅和高度。植物的相对多度用密度或基于密度、高度、丛幅计算获得的综合优势度来表征。

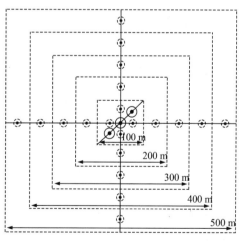

附图 5.1　单个监测样地上样线、样方、种-面积关系及点格局调查点的空间布局示意图

注:①草本样方清查之前须对其进行拍照并命名存档,以备后用;②如果样方的中心点恰好在灌木丛里,草本样方的设置须做适当的调整,可将其设置在离中心点最近的以草本植物为主的地方,灌木样方仍以该点为中心,无需调整;③丛生草本植物的丛径要从茎的基部测量,其大小、高度以及灌木的冠幅、高度均选代表性植株进行测定。

附 5.2 种-面积关系

(1)调查时间和频度:与植物样方调查同步进行。

(2)调查方法:在每个调查样点,首先按照附图 5.1 所示空间布局示意图,以样地中心点为参照,与罗盘和测量绳结合使用,确定样点中心点外的另外两个种-面积关系调查中心点(与样地中心点的距离为 45 m)的位置并做标记。然后,以种-面积关系调查中心点为圆心,采取同心圆的方式对种-面积关系进行调查。此方法仍然基于巢式样方法,但为方便野外调查,可以稍作调整,以不断扩大同心圆直径的方式来增加调查面积。具体的调查面积仍然与巢式样方取样面积相对应,分别为 20 m², 21 m², 22 m², …, 210 m²。在此基础上,按照巢式样方调查面积扩增原则,新增了四个更小的调查面积,分别为 2~1 m², 2~2 m², 2~3 m², 2~4 m²。野外观测时,以事先在测量绳上长度为 0.1410 m, 0.1995 m, 0.2821 m, 0.3989 m, 0.5642 m, 0.7979 m, 1.1284 m, 1.5958 m, 2.2568 m, 3.1915 m, 4.5135 m, 6.3831 m, 9.0270 m, 12.7662 m, 18.0541 m 处做好明显标记,然后以测量绳为半径,以种-面积关系调查中心点为圆心,调查并记录随半径增加而增加的调查面积内出现的所有新物种。

附 5.3 物种的点格局分析

(1)调查时间和频度:与植物样方调查同步进行。

(2)调查方法:在每个种-面积关系调查中心点的附近设置一个正南、正北的 2.5 m×2.5 m点格局调查样方。将事先制作的进行了 25 等分的 2.5 m×2.5 m 样方框置于草本植物之上,调整框的四角使其四边分别指向东、南、西、北四个方向,并固定好框的四角。然后从西南角的 0.5 m×0.5 m 样方开始拍照,依次向东拍摄,到最后一个样方后,从其上方折返向西拍摄,依次类推,对 25 个 0.5 m×0.5 m 的样方进行拍照存档。每个样地设置三个点格局分析样方。野外拍摄时,从北边的样方开始拍摄,然后是中间的样方,最后是南边的样方,以确保照片的编号不会出错。

注:①拍摄的照片需要进行植物物种的鉴定和空间位置读取等后期工作,因此照片一定要足够清晰。②拍摄时,从样方的正上方垂直拍摄,要避免拍摄者的阴影出现在照片中。③当天获取的照片数据要当天导入电脑并整理编号[样地号+空间位置(北、中、

南)＋照片编号(1～25)]，以一个样地一个文件夹的方式存档。

格局照片数据提取时,植物坐标位置的提取使用 AutoCAD 软件完成。首先,将拍摄的照片以光栅图像格式导入软件中,将左下角定为插入点,并且以 1∶1 的大小插入图片。其次,将图片调整至适合窗口大小,通过 UCS 命令把坐标原点重新定位到样方的左下角。再次,通过功能栏中的坐标位置标注功能,对植物的空间位置进行确定,标注时将植物的中心位置作为其坐标。最后,通过输出功能将所有标注的坐标值导出到 Excel 表格中,进行后续的数据分析。

(3)点格局分析方法:主要是通过 Programita 软件完成。采用 Programita 软件中的 O-ring O(t)函数进行统计分析,这种方法可以消除 Ripley K(t)函数分析方法中存在的积累效应,理论上可以提高格局分析的精确度。

附 5.4　植物功能性状

(1)调查时间和频度:与植物样方调查同步进行。

(2)调查指标和方法:植物功能性状数据获取包括两部分。一部分是野外直接测定,包括植株高度、茎叶比、比叶面积、单叶重、单叶面积、叶干物质含量、叶氮含量、叶磷含量、叶型(周长、面积比)。另一部分通过文献查阅获取,包括生长型、生活史策略(多年生、一二年生)、光合途径(C3、C4、CAM)、固氮能力(有或无)、克隆生长特性、根系结构(须根或轴根)和子叶类型(单子叶或双子叶)。植物功能性状测定集中在样地尺度上进行。在每个调查点中随机选取优势种和常见种个体 30 个,贴地面剪取每个植株的地上部分,然后卷上湿毛巾放置到冷藏箱内,并转移到室内进行处理。内业人员将取回的植物样品在室内逐个进行茎叶分拣、叶片图像扫描,并称量鲜重、烘干(60℃, 24 h)称干重,做好记录。称完干重的样品以物种为单位混合为一个样品,并将每种植物的茎、叶分装到信封内保存,以备后期进行植物氮磷元素含量的测定。为保证空间取样范围的一致性,植物性状测定的个体分别集中在种-面积关系和点格局测定的三个点上进行,每个点剪取 10 个个体。叶片性状测定可参考科内利森(Cornelissen)等在 2003 年编写的《植物功能性状测定手册》。

注:①用于功能性状测定的植株需区分营养株和繁殖株,因为二者的茎叶比有极大差异。另外,对繁殖株所处的物候期要单独记录。②进行植物干物质含量测定时须保证植物吸水时间不少于 6 h,以确保植物叶片达到水分饱和。③因植物叶片存在叶龄差异,建议将叶片简单分为幼叶、绿叶(最上部充分展开叶到最下部全绿叶)、老叶(部分干枯的叶片)、枯叶(完全干枯的叶片)四个龄组。绿叶用于叶面积测定。各部分叶片须单独计数、称重、分装,以备后期单独进行元素含量测定。

附 5.5　植物种库

(1)调查时间和频度:与植物样方调查同步进行。

(2)调查方法:在每个调查样点,首先按照附图 5.1 所示空间布局示意图,以样地中心点为参照,通过罗盘和测量绳确定东、南、西、北四个方向上的四条 250 m 样线,每隔 25 m 插一根标杆。然后从中心点开始调查,并记录每条样线上左右 5 m 范围内出现的所有植物物种,按 0~50 m、50~100 m、100~150 m、150~200 m、200~250 m 分段记录数据。

注:①当调查样地有明显地形起伏时,要对样线的方向进行调整,确保有一条样线沿坡面布设。②样带调查的主要目的是进行景观尺度上种库的调查,如果发现样带调查范围外(5 m 外)有新植物种出现也需记录。

附 5.6　植物多样性

(1)数据获取方法:基于群落清查获得数据。

(2)植物多样性包括物种多样性、功能多样性、谱系多样性三个方面。

①物种多样性。物种多样性的指标包括物种丰富度、物种均匀度、综合多样性指数、α 多样性指数、β 多样性指数和 γ 多样性指数。物种丰富度(S)指群落清查样方中出现的植物物种的总数。物种均匀度(E)以 Pielou 均匀度指数表征,综合多样性指数以香农-威纳多样性指数(H)表征。α 多样性指数为特定空间范围内所有调查样方的物种丰富度的均值;γ 多样性指数为这些样方内所出现的所有不同物种的总和;β 多样性指数等于 γ/α 或者 γ－α。Pielou 均匀度指数和香农-威纳多样性指数的计算公式分别如下:

$$E = H/\ln(S) \tag{附 5.1}$$

$$H = \sum_{i=1}^{s} P_i \ln(P_i) \tag{附 5.2}$$

式中,P_i 为样区内第 i 类植物的个体数(N_i)与群落所有植物的总个体数量(N)的比值。

②功能多样性。目前关于物种功能多样性的指标众多,按测度的方法大致可以归为三类,分别为基于植物功能性状数值(trait values)的功能多样性直接测度、基于距离矩阵(distance matrix)的功能多样性测度和基于功能系统树(functional dendrogram)的功能多样性测度。基于样方调查数据和植物功能性状数据,通过 Fdiversity 软件可以方便快捷地实现对各类功能多样性指标的计算。

③谱系多样性。谱系多样性整合了物种的进化信息,其值等于群落内物种间的谱系距离总和。谱系多样性常用的指数有谱系 α 多样性(群落内进化亲缘关系)指数、谱系 β

多样性(群落间进化亲缘关系)指数、谱系丰富度和谱系均匀度等。计算时,首先根据被子植物分类系统对物种名称进行核对和正确分类;其次,将核对好的植物名称以科、属、种的顺序排列,通过 Phylomati 软件生成相关物种的谱系树;然后,通过 Phylocom 软件中的 BLADJ 运算模块对谱系树的进化枝长进行估算;最后,将带有进化枝长估算的谱系树导入 R 软件,通过 picante 包计算出谱系 α 多样性指数、谱系 β 多样性指数。

附 5.7　哺乳动物多样性

调查方法:哺乳动物多样性可通过红外相机陷阱(camera trapping)法和社会调研两种方法进行调查。红外相机陷阱法是目前大型哺乳类动物种类和数量的监测中较为先进的方法。但由于红外相机在野外比较容易丢失,使用该方法监测哺乳动物多样性局限于管理较好的草地自然保护区内。由于红外相机装好后,只需定期取数据和更换电池,因此调查的时间和频度可根据实际情况进行调整。原则上,监测时间越连续,监测数据越可靠,价值越高。

社会调研与野外样地考察可结合进行,社区调研主要是针对珍稀、濒危、受威胁动物的有无进行问卷调查。在每个植物多样性调查样点周边,不同年龄段(20 岁,30 岁,…,70 岁)取 1~3 个当地牧户作为社调对象。然后通过问卷的方式,了解当地在不同时间段上大型野生哺乳动物的种类和丰富度的状况。

附 5.8　微生物多样性

(1)调查时间和频度:与植物样方调查同步取样。

(2)调查方法:用于土壤微生物多样性测定的土壤样品在 1 hm^2 样地内的四个植物样方中采集。为增加样品的代表性,每个样方内用土钻分别在 0~10 cm、10~20 cm、20~40 cm 土层钻取样品,每个土层取 5 钻土壤样品。将每层的 5 个土壤样品充分混匀,利用四分法取出足量样品放置于冷藏箱转运到实验室冷冻保存,以备后期土壤微生物多样性测定。微生物多样性测定采用目前最为先进的宏基因组学方法,从土壤样品中提取基因组 DNA,通过第二代高通量测序技术直接对土壤样品中所提取出来的基因片段进行测序分析。然后,将所得序列(通常为 16S/18S rRNA 等兼具保守及高变特性的序列)与专业数据库(Silva、RDP 等)进行比对,得出样品中所含物种的信息,并通过对所得序列进行进一步的聚类,得到相应的分类操作单元(OTUs)。OTUs 的数量即为微生物多样性的表征指标。

附5.9　昆虫多样性

(1)调查时间和频度:与植物多样性调查同步。

(2)调查指标和方法:昆虫多样性调查分为两部分,一部分与蝗虫数量的调查相结合进行,另一部分专门针对步甲进行调查。地栖型鞘翅目步甲的种类和数量的调查采用常规的陷阱诱捕法,调查范围在样地(1 hm²)尺度上进行。野外调查时在东南西北四条样线的 5 m、15 m、25 m、35 m、45 m 处,将高 10.4 cm、口径 7 cm 的玻璃罐头瓶埋入地表下,瓶口与地面齐平。24 h 后收集玻璃罐头瓶中诱捕到的步甲,并带回驻地进行种类鉴定和数量统计并记录。为防止小型哺乳动物和两栖动物掉入陷阱,可在瓶口覆盖具13 mm×20 mm 筛眼的筛网。

附5.10　鸟类的多样性

(1)调查时间和频度:与植物多样性调查同步。

(2)调查方法:繁殖鸟类的种类和数量调查采用样带法,具体方法参考英国环境变化监测网络关于鸟类监测的草案和北美繁殖鸟类监测网络的鸟类监测方法体系。野外观测时,沿东、西、南、北四个方向的四条 250 m 样线,以均匀的步速,识别和记录所有看到和听到的鸟类的种类和数量。野外观测须对每条样线调查的起止时间、发现鸟类时观测者所处样线的位置以及鸟类距离观测者的距离等信息进行记录。四条样线的总调查时间应控制在 1 h 左右。鸟类距观测者距离分为四个类别:25 m 范围内、25~100 m 范围内、100 m 以外以及飞行中的鸟类。

附5.11　蝴蝶的多样性

(1)调查时间和频度:与植物多样性调查同步。

(2)调查方法:蝴蝶多样性的调查同样采取样带法,参考英国蝴蝶多样性监测方案和英国环境变化监测网络确立的蝴蝶监测草案。野外观测时,沿东、西、南、北四个方向的四条样线,按照0~50 m、50~100 m、100~150 m、150~200 m、200~250 m 分段记录样线左右各 5 m 范围内出现的所有蝴蝶种类和数量,以及发现蝴蝶时观测者所处样线的位置和蝴蝶距离样线的垂直距离。每条样线的调查时间控制在 15 min 左右,四条样线合计控制在 60~90 min 内。无法直接识别的蝴蝶可先用捕网抓捕,对照蝴蝶图鉴进行种类鉴定。另外,野外观测时需对每条样线调查的起始时间进行记录。

附 5.12　蝗灾的状况

(1)调查时间和频度:与蝴蝶多样性调查同步。

(2)调查指标和方法:蝗虫的种类繁多,并且不同种类有很明显的时间上的生态位分化,在单个时间点上捕获的蝗虫通常是很多不同龄期的混合体,种类难以鉴定。因此,建议蝗灾的状况仅以蝗虫的数量来表征,野外调查仅对不同龄期蝗虫的数量进行调查和分析,不进行种类鉴定。在蝗虫数量调查的同时进行昆虫多样性调查。蝗虫数量和昆虫多样性的调查采取扫网法,在样地尺度的四条 50 m 样线上,每条样线上两步扫一网(一个往复),合计扫 25 网。将搜集到的所有昆虫装到带有编号的网袋中,并置于工业酒精中暂存。回到驻地后,将当天扫集到的昆虫样品进行处理,分离出所有蝗虫,按龄期计数并记录;其他类型昆虫仅记录种类,不进行数量统计。无法识别的昆虫通过装有甲醛的塑管进行保存,留待后期鉴定。

注:①标准扫网直径为 33 cm,洞口到网底为 66 cm,网眼为 40 目,手柄长 1.2 m。②为避免植物调查人员对昆虫取样的干扰,扫网操作可偏离样线一定距离(建议 10 m 左右),但平行于样线进行。

附 5.13　鼠害的状况

(1)调查时间和频度:与植物种库调查同步进行。

(2)调查指标和方法:鼠害的状况用鼠洞和土丘的数量来表征。按照500 m×500 m的景观尺度,基于样带的土丘和洞口统计法调查。土丘和洞口的计数调查与植物物种种库样线调查相结合进行:从样地中心点出发到样线终点的过程中进行植物物种的调查,从终点返回时按照与植物调查相同的分段(0～50 m、50～100 m、100～150 m、150～200 m、200～250 m)进行洞口和土丘数量的统计和记录。土丘和洞口调查的样带宽度为10 m,沿样线左右各 5 m。

附 5.14　净初级生产力

(1)调查时间和频度:调查时间为生物量高峰期,具体时间根据各调查样地的实际情况确定,调查频度应与多样性调查一致。

(2)调查指标和方法:净初级生产力分为地上和地下两部分。鉴于生产力指标野外测定相对困难,仅在样地尺度上进行。在无放牧样的情况下,地上净初级生产力(ANPP)等于生物量高峰期的群落地上总生物量;在有放牧的情况下,其值等于家畜采食量＋地上牧草现存量，家畜采食量通过移动围栏法进行测定。地上生物量的调查采取 1 m×1 m 的样方法，每个样地设置五个样方，其中四个与多样性调查样方一致，另外一个设置在样地的中心点。植物地下净初级生产力的测定采取改进的内生长法，在生长季初期先用直径 10 cm 的根钻，分别在 0～10 cm、10～20 cm、20～40 cm、40～60 cm 和 60～100 cm 土层取出土壤，移除根系后将土壤按层次回填，并标记好根钻的准确位置。生长季末期，用直径 7 cm 的根钻，在旧根钻中心分别在 0～10 cm、10～20 cm、20～40 cm、40～60 cm 和 60～100 cm 土层取出土壤，拣出新增根系后回填。生长季末期所获取的植物根系数据就是当季的净地下初级生产力（BNPP）。BNPP 的测定样点与 ANPP 样点应保持一致。植物根系的空间异质性很大，为增加取样的代表性，减少数据间的变异，建议每个取样点增加根钻取样的重复次数。

附 5.15　土壤碳、氮、磷储量

（1）调查时间和频度：在生物量高峰期进行取样调查，每五年调查一次。

（2）调查指标和方法：碳、氮、磷储量包括地上生物量，地下生物量，凋落物量和土壤总碳、氮、磷四部分。地上生物量、地下生物量、凋落物量的调查可与 ANPP、BNPP 的调查结合进行，其值等于每块样地的地上、地下（0～100 cm）根系及凋落物的现存量。通过样方法和根钻法一次测定即可获取这些参数，测量重复数与生产力测定相同。用于植物地下生物量测定的土壤根钻样品过 2 mm 筛后进行风干，风干后的土壤用于土壤总碳、氮、磷的测定。土壤样品中的根系和砾石水洗后分开，烘干后测定根系和砾石重量。所有植物、土壤样品烘干称重后带回实验室粉碎并进行土壤碳、氮、磷含量的测定。土壤容重是进行土壤碳储量计算必需的系数，应在每个样地进行一次测定。测量的方法采用常规的环刀法，每个样地重复五次，取样点位置及测定土层分类与土壤碳、氮、磷含量测定保持一致。

附 5.16　水土保持力

调查指标和方法：水土保持能力用植被盖度、裸地面积、凋落物量和地上生物量四个间接指标来表征。这些指标的测定方法参照前文相应介绍。此外，还有两个用来表征草地水土保持能力的间接指标，分别是归一化植被指数（NDVI）和积雪覆盖度。这两个指标可以通过对遥感数据的分析获取。为提高样地间的可比性，用于 NDVI 计算的遥感数据要尽量保持时间上的同步性。植被地上生物量空间分布格局最明显的时间段应该在植物生长旺盛期，因此建议采用这个时期的遥感数据进行 NDVI 计算。积雪覆盖度的遥感分析则以融雪初期的遥感影像数据为最佳，因为这个时候雪层较薄的地方冬雪已融化,而雪层较厚的地方还留有积雪,通过遥感影像可以清晰地分辨出草地的积雪覆盖状况。根据积雪覆盖状况可以进一步对每个观测样地的固雪能力进行评估。

附 5.17　地下水供给

(1)调查时间和频度:与哺乳动物多样性社会调研同步进行。

(2)调查指标和方法:地下水的供给状况用地下水的水位和水质两个指标来表征。在进行社会调研的居民点选取 2～3 个饮水井进行地下水水位的测量,并取井水样带回实验室进行水质分析。如果调查居民点有用于农田灌溉的机井,需额外选取 2～3 个机井进行地下水水位的测量和井水取样。

附 5.18　气象因子和其他环境变化因子

年均降水量、年均气温、年潜在蒸散量、年实际蒸散量、年总太阳辐射、年光和有效辐射、CO_2 分压、氮沉降量、酸沉降量等气象和环境指标可通过多样性监测样地附近(几千米范围内)的气象监测站直接获取,如附近无气象监测站则通过模型插值计算获得。

附 5.19　土壤理化性质

土壤类型数据可通过文献查阅获得;土壤质地、酸碱度、有机质含量、持水量等指标可通过对各个样地所取的土壤样品进行室内测定分析获得。

附 5.20　地形因素

地形因素主要测定坡向、坡度、地表起伏度和地表粗糙度,这些指标会对与植物生长密切相关的水分、养分、温度和光照条件造成不同程度的影响,进而影响植物群落的空间结构和多样性。这些指标的具体数据可基于 ASTER GDEM(先进星载热发射和反射辐射仪全球数字高程模型)通过 ArcGIS 软件计算获得。

附 5.21　土地利用

土地利用类型、土地利用强度、土地利用历史是影响草地生物多样性和生态系统功能的三个关键指标。这些指标的数据获取途径主要有四种:①社会调研,即通过对调查样地归属者的问卷调查获取相关数据。②遥感影像分析,即通过每个监测样地时间序列上植被状况、牧民住房建筑面积等指标的变化来判断土地利用的类型和强度，进而反演样地的土地利用历史。③野外观测，即通过调查样地的牧草采食情况、有无家畜粪便及其密度来判断调查样地的放牧类型及强度、是否存在放牧。家畜粪便密度的调查应与草本灌木样方的调查结合进行，羊粪密度的调查在 1 m×1 m 的草本样方中进行，马、牛等大型家畜的粪便密度调查在直径为 10 m 的灌木样方中进行。④文献检索，即通过草地监测部门发布的年鉴及草地资源类文献资料的检索来获取不同级别行政单元内的土地利用状况信息。

附 5.22　社会经济因素

社会经济发展的需要是草地开发利用的主要驱动力因素，社会经济指标可通过对监测样地附近居民的数量、经济来源和人均收入水平等社会经济指标进行调研来获取。社会调研方法、时间和频度可与其他调研指标（例如哺乳类动物多样性）同步进行。另外，较大的空间尺度上（例如以行政单元区划为基本调查单位）的社会经济指标可通过检索年鉴等统计资料获得。

附 5.23　景观因素

人类活动干扰除直接影响草地生态系统结构和功能外，其造成的生境破碎化会进一步对草地生物多样性及其生态系统服务功能造成影响。因此，可将生境破碎化程度作为一个重要的景观因素进行监测和分析，以更好地分析我国草地生物多样性变化的驱动机制。随着景观生态学发展，目前关于生境破碎化的分析技术已经比较成熟。人们利用我国现有的最新的植被类型图及土地利用类型图，通过空间分析软件 FRAGSTATS 对区域尺度的生境破碎化程度进行量化分析。

附 5.24　地史进化因素

关于草地生物多样性现有格局的形成和维持机制有现代成因和历史成因两类假说，前者强调现代环境因素的作用，后者强调地质和进化史的作用。因此，除对 20~26 个现代环境因子进行调查外，人们还可通过对我国草地地质和进化历史方面已有研究资料进行检索和整理，探索和揭示地史和进化因素在我国草地生物多样性格局形成和维持中的作用。

参考文献

[1]尚玉昌.普通生态学[M].3版.北京:北京大学出版社,2010.

[2]牛翠娟,娄安如,孙儒泳,等.基础生态学[M].3版.北京:高等教育出版社,2015.

[3]高晓龙,林亦晴,徐卫华,等.生态产品价值实现研究进展[J].生态学报,2020,40(1):24-33.

[4]孙振钧,周东兴.生态学研究方法[M].北京:科学出版社,2020.

[5]RICHARD B PRIMACK,马克平,蒋志刚.保护生物学[M].北京:科学出版社,2020.

[6]EUGENE P ODUM,GARY W BARRETT. Fundamentals of Ecology[M]. Boston:Cengage Learning,1980.

[7]郭中伟,李典谟.生物多样性的经济价值[J].生物多样性,1998,6(3):180-185.

[8]李晓文,胡远满,肖笃宁.景观生态学与生物多样性保护[J].生态学报,1999,19(3):399-407.

[9]张永民.生物多样性的保育及可持续利用对策[J].地球科学进展,2009,24(6):662-667.

[10]国家林业局中国森林资源生态系统服务功能评估项目组.中国森林资源及其生态功能四十年监测与评估[M].北京:中国林业出版社,2018.

[11]中国森林资源核算研究项目组.生态文明制度构建中的中国森林资源核算研究[M].北京:中国林业出版社,2015.

[12]王兵,牛香,陶玉柱,等.森林生态学方法论[M].北京:中国林业出版社,2018.

[13]王兵,丁访军.森林生态系统长期定位研究标准体系[M].北京:中国林业出版社,2012.

[14]千年生态系统评估项目概念框架工作组.生态系统与人类福祉:评估框架[M].张永民,译.北京:中国环境科学出版社,2007.

[15]苏志尧.植物特有现象的量化[J].华南农业大学学报,1999,20(1):92-96.

[16]MILLENNIUM ECOSYSTEM ASSESSMENT. Ecosystems and Human Well-Being[M]. Washington D C:Island Press,2005.

[17]王金南,刘倩,齐霁,等.加快建立生态环境损害赔偿制度体系[J].环境保护,2016,44(2):25-29.

[18]吴钢,曹飞飞,张元勋,等.生态环境损害鉴定评估业务化技术研究[J].生态学报,2016,36(22):7146-7151.

[19]车越,吴阿娜,曹敏,等.河流健康评价的时空特征与参照基线探讨[J].长江流域资源与环境,2011,20(6):761-767.

[20]曹东,田超,於方,等.解析环境污染损害鉴定评估工作流程[J].环境保护,2012(5):30-34.

[21]於方,张衍燊,徐伟攀.《生态环境损害鉴定评估技术指南总纲》解读[J].环境保护,2016,24(20):9-11.

[22]陈璋琪,陈秋兰,洪小琴,等.大气污染环境损害鉴定评估的基线确认方法探讨[J].环境与可持续发展,2018,43(4):136-140.

[23] MEYERS P A. Applications of organic geochemistry to paleolimnological re-constructions:A summary of examples from the Laurentian Great Lakes[J]. Organic Geochemistry,2003,34(2):261-289.

[24]龚雪刚,廖晓勇,阎秀兰,等.环境损害鉴定评估的土壤基线确定方法[J].地理研究,2016,35(11):2025-2040.

[25] LI J X,CAO F F,WU D,et al. Determining soil nutrients reference condition in alpine region grassland,China:a case study of hulun buir grassland [J]. Sustainability,2018,10(12):4666.

[26]BAMBER J L,ASPINALL W P. An expert judgement assessment of future sea level rise from the ice sheets[J]. Nature Climate Change,2013,3(4):424-427.

[27] CARREL G. Prospecting for historical fish data from the RhoneRiver basin:a contribution to the assessment ofreference conditions fig:3 tab:1[J]. Archiv für Hydrobiologie,2002,155(2):273-290.

[28]朱欢迎.滇池草海富营养化和营养物磷基准与控制标准研究[D].昆明:昆明理工大学,2015.

[29] GIBSON G,CARLSON R,SIMPSON J,et al. Nutrient Criteria Technical Guidance Manual Lakes and Reservoirs [M]. Washington:U. S. Environmental Protection Agency,2000:85-97.

[30]曹东,於方,朱文泉,等.遥感技术支持下的草地生态系统破坏经济损失评价[J].环境科学学报,2011,31(8):1799-1807.

[31]单鹏.草原生态系统损害基线判定方法研究[D].北京:中国科学院大学,2017.

[32]RUSU I,NEGRUT V,POCORA M,et al. Legal Liability in Environmental

Law[J]. Acta Universitatis Danubius Juridica,2011,7(3):43-55.

[33]王树义.环境法基本理论研究[M].北京:科学出版社,2012.

[34]刘翠,刘卫先.《国际油污损害民事责任公约》和《设立国际油污损害赔偿基金公约》体系下环境损害赔偿的局限性分析:生态保护的视角[J].海洋开发与管理,2010,27(1):41-46.

[35]张宝.论环境侵权案件中的举证责任分配:以贵阳市水污染责任纠纷案为例[J].环境保护,2013,41(14):64-66.

[36]陈泉生.论环境诉讼的因果关系[J].云南大学学报(法学版),1996,9(2):27-32

[37]陈君.论疫学因果关系在污染环境犯罪中的适用[J].北京理工大学学报(社会科学版),2011,13(6):5.

[38]余海燕.环境侵权民事责任的因果关系推定[J].环境经济,2013(8):48-52.

[39]王兵,鲁绍伟.中国经济林生态系统服务价值评估[J].应用生态学报,2009,20(2):417-425.

[40]王兵,马向前,郭浩,等.中国杉木林的生态系统服务价值评估[J].林业科学,2009,45(4):124-130.

[41]王兵,任晓旭,胡文.中国森林生态系统服务功能及其价值评估[J].林业科学,2011,47(2):145-153.

[42]王兵,宋庆丰.森林生态系统物种多样性保育价值评估方法[J].北京林业大学学报,2012,34(2):156-160.

[43]王兵,魏江生,胡文,等.中国灌木—经济林—竹林的生态系统服务功能评估[J].生态学报,2011,31(7):1936-1945.

[44]王兵,郑秋红,郭浩.基于Shanon-Wiener指数的中国森林物种多样性保育价值评估方法[J].林业科学研究,2008,21(2):268-274.

[45]王红,张爱军,周大迈,等.山地植被恢复技术[J].中国农学通报,2007,23(4):332-334.

[46]周武江.贵州省遵义县喀斯特山地植被恢复技术措施[J].黑龙江生态工程职业学院学报,2007,20(6):6,10.

[47]曹飞飞,付晓,李嘉珣,等.基于灰色拓扑理论的草地生态系统损害基线动态预测研究[J].生态学报.2020,40(2):540-548.

[48]郭义强,罗明,王军.中德典型露天煤矿排土场土地复垦技术对比研究[J].中国矿业,2016,25(2):63-68.

[49]侯扶江,于应文,傅华,等.阿拉善草地健康评价的CVOR指数[J].草业学报,2004,13(4):117-126.

[50]侯扶江,徐磊.生态系统健康的研究历史与现状[J].草业学报,2009,18(6):

210-225.

[51]焦居仁.生态修复的要点与思考[J].中国水土保持,2003(2):1-2.

[52]李嘉珣,曹飞飞,汪铭一,等.参照点位法下的参照状态在草原生态系统损害基线判定中的应用分析[J].生态学报,2019,39(19):6966-6973.

[53]李胜军,朝鲁孟其其格,赵有富,等."生物笆"技术恢复草原矿区植被的方法与效果[J].内蒙古草业,2011,23(4):19-21.

[54]李孜军.1992—2001年我国灰色系统理论应用研究进展[J].系统工程,2003,21(5):8-12.

[55]廖国藩,贾幼陵.中国草地资源[M].北京:中国科学技术出版社,1996.

[56]刘加文.大力开展草原生态修复[J].草地学报,2018(19):57-59.

[57]刘亚玲,邢旗,王瑞珍,等.锡林郭勒草原生态修复技术体系探讨[J].草原与草业,2018,30(4):13-19.

[58]罗园.基于生态系统的河流污染损害评估方法与应用[D].北京:清华大学,2014.

[59]孟琳,赵雨森.生物固沙对土壤植被的影响[J].防护林科技,2015(6):38-41.

[60]潘庆民,薛建国,陶金,等.中国北方草原退化现状与恢复技术[J].科学通报,2018,63(17):1642-1650.

[61]任继周,南志标,郝敦元.草业系统中的界面论[J].草业学报,2000,9(1):1-8.

[62]萨仁高娃.内蒙古沙漠化综合治理实践应用分析[J].内蒙古水利,2016(8):47-48.

[63]孙鸿烈.中国生态系统[M].北京,中国科学出版社,2005.

[64]铁生年,姜雄,汪长安.沙漠化防治化学固沙材料研究进展[J].科技导报,2013,31(5):106-111.

[65]万宏伟,潘庆民,白永飞.中国草地生物多样性监测网络的指标体系及实施方案[J].生物多样性,2013,21(6):639-650.

[66]王明玖,邢旗,王君芳,等.草地生态修复工程与发展趋势[C]//中国畜牧业协会.第四届(2016)中国草业大会论文集.草地管理与技术,2016:327-335.

[67]王轩萱.中美环境标准比较研究[D].长沙:湖南师范大学,2014.

[68]吴璇,王立新,刘华民,等.内蒙古高原典型草原生态系统健康评价和退化分级研究[J].干旱区资源与环境,2011,25(5):47-51.

[69]谢高地,张钇锂,鲁春霞,等.中国自然草地生态系统服务价值[J].自然资源学报,2001,16(1):47-53.

[70]杨华龙,刘金霞,郑斌.灰色预测GM(1,1)模型的改进及应用[J].数学的实践与认识,2011,41(23):39-46.

[71]於方,张衍燊,齐霁,等.环境损害鉴定评估关键技术问题探讨[J].中国司法鉴定,2016,84(1):18-25.

[72]张峰玮,甄选,陈传玺.世界露天煤矿发展现状及趋势[J].中国煤炭,2014,40(11):113-116.

[73]张举,丁宏伟.灰色拓扑预测方法在黑河出山径流量预报中的应用[J].干旱区地理,2005,28(6):751-755.

[74]张新时,唐海萍,董孝斌,等.中国草原的困境及其转型[J].科学通报,2016,61(2):165-177.

[75]赵萌莉,韩冰,红梅,等.内蒙古草地生态系统服务功能与生态补偿[J].中国草地学报,2009,31(2):10-13.

[76]赵士洞,张永民,赖鹏飞.千年生态系统评估报告集[M].北京:中国环境科学出版社,2007.

[77]周道玮,姜世成,王平.中国北方草地生态系统管理问题与对策[J].中国草地学报,2004,26(1):57-64.

[78]朱丽,张庆川,秦天宝.新环保法实施后首例大气污染环境公益诉讼案评析[J].环境保护,2016,44(20):58-60.

[79]卓正大,张宏建.生态系统[M].广州:广东高等教育出版社,1991.

[80]BAILEY R C,NORRIS R H,REYNOLDSON T B. Bioassessment of freshwater ecosystems:Using the reference condition approach[M]// Bioassessmentof Freshwater Ecosystems. Springer,Boston,MA,2004:145-153.

[81]BARNTHOUSE L W,STAHL JR R G. Quantifying natural resource injuries and ecological service reductions:Challenges and opportunities[J]. Environmental management,2002,30(1):1-12.

[82]BONHAM C,AHMED J. Measurements for Terrestrial Vegetation[M]. 2th ed. New Jersey:John Wiley & Sons,2013.

[83]BURGER J, GOCHFELD M, POWERS C W,et al. Defining an ecological baseline for restoration and natural resource damage assessment of contaminated sites:The case of the Department of Energy[J]. Journal of Environmental Planning and Management,2007,50(4):553-566.

[84]CASANOVES F,PLA L,DI RIENZO JA,et al .FDiversity:a software package for the integrated analysis of functional diversity [J]. Methods in Ecology and Evolution,2011(2):233-237.

[85]CORNELISSEN J H C,LAVOREL S,GARNIER E,et al. A handbook of protocols for standardised and easy measurement of plant functional traits worldwide[J].

Australian Journal of Botany,2003,51(4):335-380.

[86]DELMONT TO,ROBE P,CECILLON S,et al. Accessing the soil metagenome for studies of microbial diversity[J]. Applied and Environmental Microbiology,2003,77(4):1315-1324.

[87]KANG L,HAN X,ZHANG Z,et al. Grassland ecosystems in China:review of current knowledge and research advancement[J]. Philosophical Transactions of the Royal Society B:Biological Sciences,2007,362:997-1008.

[88]KENNARD M J,HARCH B D,PUSEY B J,et al. Accurately defining the reference condition for summary biotic metrics:A comparison of four approaches[J]. Hydrobiologia,2006,572(1):151-170.

[89]MITTELBACH GG,SCHEMSKE DW,CORNELL HV,et al. Evolution and the latitudinal diversity gradient:speciation,extinction and biogeography[J]. Ecology Letters,2007,10(4):315-331.

[90]STODDARD J L,LARSEN D P,HAWKINS C P,et al. Setting expectations for the ecological condition of streams:the concept of reference condition[J]. Ecological Applications,2006,16(4):1267-1276.

[91]WIEGAND T,MOLONEY K A. Rings,circles and null-models for point pattern analysis in ecology[J]. Oikos,2004,104(2):209-229.

[92]ARZAYUS K M,CANUEL E A . Organic matter degradation in sediments of the York River estuary:Effects of biological vs. physical mixing[J]. Geochimica Et Cosmochimica Acta,2005,69(2):455-464.

[93]CONSTANZA R,D'ARGE R,DE GROOT R,et al. The value of the world's ecosystem services and natural capital[J]. Nature,1997,387(6630):253-260.

[94]GORHAM E. Northern peatlands:role in the carbon cycle and probable responses to climatic warming[J]. 1991,1(2):182-195.

[95] WEI H,YING L,LI J,et al. Effect of ionic strength on phosphorus sorption in different sediments from a eutrophic plateau lake[J]. RSC Advances, 2015, 5 (97) 97607-97615.

[96] LU S ,ZHANG X,WANG J,et al. Impacts of different media on constructed wetlands for rural household sewage treatment[J]. Journal of Cleaner Production,2016, 127(127):325-330.

[97]MARSH G A,Fairbridge R W. Lentic and lotic ecosystems[M]// ALEXANDER D E, FARBRIDGE R W. Environmental Geology. Dordercht:Springer, 1999:471-472.

[98]ASSESMENT M E. Ecosystems and human well-being:synthesis[J]. Physics Teacher,2005,34(9):534-534.

[99]NIEDERMEIER A,ROBINSON J S. Hydrological controls on soil redox dynamics in a peat-based,restored wetland[J]. Geoderma,2007,137(3):318-326.

[100]WEI Z,JI G. Constructed wetlands,1991-2011:A review of research development,current trends,and future directions[J]. Science of the Total Environment,2012,441(15):19-27.

[101]陈能场,郑煜基,何晓峰,等.《全国土壤污染状况调查公报》探析[J]. 农业环境科学学报,2017,36(9):1689-1692.

[102]陈睿哲,马骏. 骆马湖湿地生态服务功能价值评估研究[J]. 水利经济,2018,36(6):62-65.

[103]陈宜瑜,吕宪国. 湿地功能与湿地科学的研究方向[J]. 湿地科学,2003,1(1):7-11.

[104]陈增奇,金均,陈奕.中国滨海湿地现状及其保护意义[J]. 环境污染与防治,2006,28(12):930-933.

[105]崔保山,杨志峰. 湿地生态系统健康评价指标体系Ⅱ.方法与案例[J]. 生态学报,2002,22(8):61-69.

[106]邓正苗,谢永宏,陈心胜,等. 洞庭湖流域湿地生态修复技术与模式[J]. 农业现代化研究,2018,39(6):994-1008.

[107]国家林业局. 中国湿地保护行动计划[M]. 北京:中国林业出版社,2000.

[108]滑丽萍,华珞,高娟. 中国湖泊底泥的重金属污染评价研究[J]. 土壤,2006,38(4):366-373.

[109]李迪,姜艳君. 莫莫格保护区湿地生态系统服务功能价值评估[J]. 环境与发展,2019,31(10):194-196.

[110]李永涛,葛忠强,王霞,等. 山东省滨海自然湿地生态系统服务功能价值评估[J]. 生态科学,2018,37(2):106-113.

[111]马学慧. 湿地的基本概念[J]. 湿地科学与管理,2005,1(1):56-57.

[112]毛义伟. 长江口沿海湿地生态系统健康评价[D]. 上海:华东师范大学,2008.

[113]彭高卓,黄谦,朱丹丹. 洞庭湖湿地生态修复技术研究进展[J]. 环境与发展,2019,31(10):198-199.

[114]宋庆丰,牛香,殷彤,等. 黑龙江省湿地生态系统服务功能评估[J]. 东北林业大学学报,2015,43(6):149-152.

[115]孙毅,郭建斌,党普兴,等. 湿地生态系统修复理论及技术[J]. 内蒙古林业科技,2007,33(3):33-35.

[116]王舒曼.生物入侵法律问题研究[D].哈尔滨:东北林业大学,2005.

[117]王学雷.沼泽土壤热学特性研究[J].地理科学,1993,13(1):85-86.

[118]殷书柏,李冰,沈方.湿地定义研究进展[J].湿地科学,2014,12(4):504-514.

[119]尹少华,安消云.基于可持续发展的洞庭湖流域生态足迹评价研究[J].中南林业科技大学学报,2011,31(6):107-110.

[120]张彪,史芸婷,李庆旭,等.北京湿地生态系统重要服务功能及其价值评估[J].自然资源学报,2017,32(8):1311-1324.

[121]章光新,郭跃东.嫩江中下游湿地生态水文功能及其退化机制与对策研究[J].干旱区资源与环境,2008,22(1):122-128.

[122]赵成章,王小鹏,任珩.黑河中游社区湿地生态恢复成本的CVM评估[J].西北师范大学学报(自然科学版),2011,47(1):93-98.

[123]赵欣胜,崔丽娟,李伟.吉林省湿地生态系统水质净化功能分析及其价值评价[J].水生态学杂志,2016,37(1):31-38.

[124]袁伟玲,曹凑贵.农田生态系统服务功能及可持续发展对策初探[J].湖南农业科学,2007(1):1-3.

[125]祝文烽,王松良,Caldwell C D.农业生态系统服务及其管理学要义[J].中国生态农业学报,2010,18(4):889-896.

[126]付静尘.丹江口库区农田生态系统服务价值核算及影响因素的情景模拟研究[D].北京:北京林业大学,2010.

[127]韦茂贵,王晓玉,谢光辉.中国各省大田作物田间秸秆资源量及其时间分布[J].中国农业大学学报,2012,17(6):32-44.

[128]周育红,花海蓉,乔启成.中国农作物秸秆回收利用体系框架初探[J].农学学报,2014,4(2):51-54.

[129]POWLSON D S. Soil health-useful terminology for communication or meaningless concept? Or both? [J]. Frontiers of Agricultural Science and Engineering,2020,7(3):246-250.

[130]杨颖,郭志英,潘恺,等.基于生态系统多功能性的农田土壤健康评价[J].土壤学报,2021.

[131]陈欣,唐建军.农业系统中生物多样性利用的研究现状与未来思考[J].中国生态农业学报,2013,21(1):54-60.

[132]彭涛,高旺盛,隋鹏.农田生态系统健康评价指标体系的探讨[J].中国农业大学学报,2004,9(1):21-25.

[133]李园园,郭增长,马守臣,等.矿粮复合区农田生态系统健康评价体系及可持续发展对策[J].湖南农业科学,2011(9):64-67.

[134]李美荣.重庆市农田生态系统健康评价研究[D].重庆:西南大学,2012.

[135]彭涛.华北山前平原村级农田生态系统健康评价方法探讨[D]北京:中国农业大学,2004.

[136]朱世康.浅谈农田环境污染损害损失的鉴定评估[J].中国绿色画报,2016(2):105

[137]张盼.农田环境污染损害损失的鉴定评估[J].经济技术协作信息,2018(35):88.

[138]王伟.浅析农业生态环境损失评估司法鉴定[J].中国司法鉴定,2012(5):130-135.

[139]王伟,周其文.基于直接市场法的农业环境污染事故经济损失估算研究[J].生态经济,2014,30(1):157-161.

[140]陈海波,赵跃华,管于春,等.从错案看指纹鉴定中限定特征数量的必要性[J].中国刑警学院学报,2009(3):33-34.

[141]王世贵.农田灌溉水质和土壤盐碱化评价指标[J].长春地质学院学报,1987,17(4),449-454.

[142]程梦雨,程梦奇,汪祝方,等.不同耐盐植物协同复合填料强化人工湿地净化含盐废水效果研究[J].环境工程,2021(18):7-14.

[143]薛涛,廖晓勇,王凌青,等.农艺强化措施治理稻田镉污染的效果评价[J].农业环境科学学报,2018,37(7):1537-1544.

[144]陈思慧,张亚平,李飞,等.钝化剂联合农艺措施修复镉污染水稻土[J].农业环境科学学报,2019,38(3):563-572.

[145]封吉昌.国土资源实用词典[M].武汉:中国地质大学出版社,2011.

[146]曾小箕.内蒙古露天煤矿开采的景观时空格局及其环境社会经济影响:以鄂尔多斯和锡林郭勒为例[D].北京:北京师范大学,2018.

[147]潘安.大巴山中西段地质景观分类与成因研究[D].成都:成都理工大学,2019.

[148]赵梅红.基于地质景观特性保护的游线基础设施规划设计研究[D].武汉:华中科技大学,2017.

[149]方星,许权辉,胡映,等.矿山生态修复理论与实践[M].北京:地质出版社.2019.

[150]MEESTER T D. Soil erosion and conservation[J]. Earth Science Reviews,1985,24(1):68-69.

[151]范立民.榆神府区煤炭开采强度与地质灾害研究[J].中国煤炭,2014,40(5):52-55.

[152]王京,施泽明,林清,等.矿区含水层破坏程度评价[J].科技创新与应用,2016(25):175.

[153]郑涛.岩土工程模型试验的理论与方法[J].矿业快报,2008,24(3):18-21.

[154]SINGH A N,SINGH J S.Experiments on ecological restoration of coal mine spoil using native trees in a dry tropical environment,India:a synthesis[J]. New forests,2006,31(1):25-39.

[155]MUKHOPADHYAY S,MASTO R E,YADAV A,et al. Soil quality index for evalua -tion of reclaimed coal mine spoil[J]. Science of the Total Environment. 2016 (542):540-550.

[156]高明辉,沈万斌,董德明.矿产资源损失价值核算及实例研究[J].中国矿业, 2007,16(1):37-40.